작도부터 3차원 그래프까지 그릴 수 있는 무료 소프트웨어 수학 도구

Geo Gebra
지오지브라
무작정 따라하기

최중오 지음

지오지브라는 미래사회를 살아갈 아이들에게 수학 창의력을 길러줄 수 있는 무료 수학 프로그램입니다. 그 이유는 지오지브라로 수학 개념들을 시각화하고, 다양한 문제를 프로그래밍하는 능력을 길러주기 때문입니다.

지오북스

저자 **최 중 오**

- 이학박사
- 유튜브 크리에이터 "수학귀신"

지오지브라 무작정 따라하기

초판인쇄 2020년 5월 1일
초판발행 2020년 5월 1일

저　　자 최중오
펴 낸 곳 지오북스
주　　소 서울 중구 퇴계로 213 일흥빌딩 408호
등　　록 2016년 3월 7일 제395-2016-000014호
전　　화 02)381-0706 | 팩스 02)371-0706
이 메 일 emotion-books@naver.com
홈페이지 www.geobooks.co.kr

ISBN 979-11-87541-78-3
값 19,000원

이 도서의 국립중앙도서관 출판예정도서목록(CIP)은 서지정보유통지원시스템 홈페이지(http://seoji.nl.go.kr)와 국가자료공동목록시스템(http://www.nl.go.kr/kolisnet)에서 이용하실 수 있습니다. (CIP제어번호 : CIP2020010751)

이 책은 저작권법으로 보호받는 저작물입니다.
이 책의 내용을 전부 또는 일부를 무단으로 전재하거나 복제할 수 없습니다.
파본이나 잘못된 책은 바꿔드립니다.

작도부터 3차원 그래프까지 그릴 수 있는 무료 소프트웨어 수학 도구

GeoGebra
지오지브라
무작정 따라하기

수학 창의성을 기르는 수학 수업!!

지오지브라는 미래사회를 살아갈 아이들에게 수학 창의력을 길러줄 수 있는 무료 수학 프로그램입니다. 지오지브라로 "도형의 작도", "함수나 방정식의 그래프 그리기", "3차원 그래프", "미분과 적분", "확률과 통계" 등을 모두 할 수 있고, 단순히 문제만 푸는 수학에서 "보고, 이해하고, 만들 수 있는 수학"을 구현할 수 있습니다.

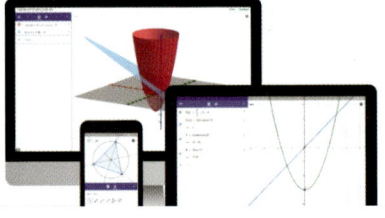

제4차 산업 혁명으로 인해 미래사회는 예측하기 어려울 정도로 빠르게 변화·발전할 것이라고 예상되는데요. 미래사회에서 요구하는 가장 중요한 핵심역량이 바로 "수학 창의력" 또는 "수학적 사고능력"입니다.

단순히 문제를 푸는 것만으로는 미래사회에서 요구하는 수학 창의력을 기를 수 없습니다. 지오지브라로 수학 개념들을 시각화하고, 다양한 문제를 프로그래밍하는 능력을 길러주어야 하는 이유입니다.

YouTube "수학귀신"에서 동영상 강의 시청 가능!!

<<지오지브라 무작정 따라하기>>는 초·중·고등학교 수학에서 배우는 모든 도형과 함수의 그래프뿐만 아니라, 미분과 적분, 그리고 확률과 통계를 다루고 있습니다. 본문의 설명을 그대로 따라 하다 보면, 어느새 지오지브라의 전문가가 되어 있을 겁니다. 또한, 본문에서 설명하고 있는 대부분의 내용들은 동영상으로 시청할 수 있도록 YouTube에 올려놓았습니다. YouTube에서 "수학귀신"을 검색하여 동영상을 보면서 그대로 따라 하면 매우 쉽게 지오지브라에 익숙해질 것입니다. 동영상을 시청하시다가 궁금한 점이 있으면, 언제든지 댓글로 질문을 남겨주세요. 질문에 대한 자세한 답변을 하거나, 보충 설명을 위한 동영상을 제작하여 즉시 업로드하겠습니다.

00 지오지브라 시작하기

01 지오지브라 소개하기 · · · · · · · · · · · · · · · 14
  • 지오지브라의 시작 · · · · · · · · · · · · · · · 14
02 지오지브라 시작하기 · · · · · · · · · · · · · · · 15
  • 크롬 브라우저 설치 · · · · · · · · · · · · · · · 15
  • 지오지브라 찾아가기 · · · · · · · · · · · · · · · 16
  • 지오지브라 회원 가입하기 · · · · · · · · · · · · · · · 18
  • 지오지브라 로그인하기 · · · · · · · · · · · · · · · 19
03 지오지브라의 4가지 대표 앱 · · · · · · · · · · · · · · · 22
  • 그래픽 계산기 · · · · · · · · · · · · · · · 22
  • 기하 · · · · · · · · · · · · · · · 24
  • 지오지브라 클래식 6 · · · · · · · · · · · · · · · 26
  • 3차원 계산기 · · · · · · · · · · · · · · · 32

01 지오지브라 클래식 6

01 지오지브라 클래식 6 다운로드 / 설치 · · · · · · · · · · · · · · · 38
  • 지오지브라 클래식 6  다운로드 / 설치 · · · · · · · · · · · · · · · 38

02 지오지브라 6 기하 도구 메뉴   41
- 이동 도구   42
- 점 도구   44
- 직선 도구   53
- 수직선 도구   58
- 다각형 도구   66
- 원 도구   69
- 타원 도구   74
- 각 도구   77
- 도형의 대칭 / 회전 / 평행이동 도구   83
- 슬라이더 도구   89
- 기하창 이동 도구   98

02 3차원 그래프

01 3차원 그래프 기하 도구 메뉴   102
- 지오지브라 6과 3차원 그래프의 메뉴창 도구   102
- 수직선 도구   103
- 원 도구   104
- 교선 도구   107

- 평면 도구 108
- 다면체 도구 113
- 구 도구 120
- 대칭 도구 121
- 보기 도구 123

02 이차곡선(원뿔곡선) 124
- 이차곡선의 종류 124
- 원뿔 그리기 126
- 무한원뿔 그리기 128
- 원 그리기 131
- 타원 그리기 135
- 포물선 그리기 136
- 쌍곡선 그리기 137

03 미분과 적분

01 미분계수 140
- 미분계수 140

02 도함수와 그 그래프 142
- 다항함수의 도함수 142
- 삼각함수의 도함수 144

03 구분구적법 146
- 구분구적법 146

- 지오지브라 클래식 6의 명령어 찾기   148
- **04 적분**   150
  - 함수의 그래프와 x축으로 둘러싸인 도형의 넓이   150
  - 두 함수의 그래프로 둘러싸인 영역의 넓이   152
  - 부정적분   154

04 확률 / 통계

- **01 스프레드시트**   158
  - 스프레드시트 열기 & 자료 입력하기   158
- **02 자료의 정리**   161
  - 히스토그램 / 도수분포다각형   161
  - 이변량 회귀 분석   163
- **03 확률 계산기 (정규분포/이항분포)**   164
  - 확률 계산기   164
  - 정규분포   167
  - 이항분포   170

05 도형의 작도

- **01 기본 도형의 작도**   172
  - 선분의 수직이등분선 작도   172

- 각의 이등분선 작도 173
- 평행선 작도 175
- 삼각형 작도(SSS) [1] 세 변의 길이를 알 때 178
- 삼각형 작도(SAS) [2] 두 변의 길이와 그 끼인 각의 크기를 알 때 182
- 삼각형 작도(ASA) [3] 한 변의 길이와 양 끝 각의 크기를 알 때 186

02 작도의 활용 191
- 직선에 접하는 원 작도 191
- 각의 두 변에 접하는 원 작도 193
- 직선 위를 구르는 원 작도 196
- 원주 위를 구르는 원 작도 199

03 삼각형의 성질 202
- 이등변삼각형 작도 (원을 이용) 202
- 이등변삼각형 작도 (선분의 수직이등분선을 이용) 203
- 직각삼각형 작도 (수선을 이용) 206
- 직각삼각형 작도 (반원 이용) 207
- 삼각형의 외심과 외접원 209
- 삼각형의 내심과 내접원 211
- 삼각형의 무게중심 214

04 사각형의 성질 216
- 마름모 작도 (선대칭 이용 / 원 이용) 216
- 직사각형 작도 220
- 사다리꼴 작도 221
- 등변사다리꼴 작도 223

- 평행사변형 작도   224
- 닮은 도형의 작도   226

05 원의 성질   227
- 원 밖의 한 점에서 그은 두 접선   227
- 원의 중심과 현의 길이   229
- 원주각과 중심각 사이의 관계   232
- 원의 접선과 현이 이루는 각의 크기   233

06 수학탐구 프로젝트

01 다각형의 성질 탐구   238
- 피타고라스 정리_1   238
- 피타고라스 정리_2   240
- 삼각비   243
- [심화탐구] 볼록 사각형의 무게중심   245
- [심화탐구] 오목 사각형의 무게중심   252

02 수학 주제 탐구   255
- 페르마 포인트 (Fermet Point)   255
- 아폴로니우스의 원 (Apollonius' Circle)   259
- 구르는 원(Rolling Circle)의 자취   263
- 사이클로이드 곡선 (Cycloid Curve)   267
- 사인함수 $y = \sin x$의 그래프   271
- 탄젠트함수 $y = \tan x$의 그래프   273
- 매개변수 방정식 (이차곡선)   276

03 스트링 아트 279
- 미끄럼틀 모양 279
- 정사각형 모양 281
- 하트 모양 283

07 함수와 방정식의 그래프

01 함수 명령어 288
02 중학교 수학 289
- 슬라이더 만들기 290
- 정비례 $y=ax$ 292
- 반비례 $y=\dfrac{a}{x}$ 293
- 일차함수 $y=ax+b$의 그래프 294
- 연립일차방정식의 해 295
- 이차함수 $y=a(x-p)^2+q$의 그래프 297

03 고등학교 수학 299
- 두 점 사이의 거리 299
- 직선의 방정시 $ax+by+c=0$ 300
- 원의 방정식 $(x-p)^2+(y-q)^2=r^2$ 302
- 원과 직선의 위치 관계 304
- 유리함수 $y=\dfrac{b}{a(x-p)}+q$의 그래프 307
- 무리함수 $y=\sqrt{a(x-p)}+q$의 그래프 310

- 지수함수와 로그함수 312
- 삼각방정식의 그래프 317
- 합성함수의 그래프 320
- 음함수의 그래프 322

04 극좌표 325
- $r=\sin\theta$의 그래프 325
- $r=\sin 2\theta$의 그래프 326
- $r=2(1-\cos\theta)\,/\,r=\cos\left(\dfrac{\pi}{3}\right)$의 그래프 328

제0장

지오지브라
시작하기

LESSON 01 : 지오지브라 소개하기

 지오지브라의 시작

"지오지브라GeoGebra"는 기하학을 의미하는 Geometry와 대수학을 의미하는 Algebra의 합성어입니다. 이름에서 알 수 있듯이 도형의 작도뿐만 아니라, 함수와 방정식의 그래프를 그릴 수 있는 수학 프로그램인데요. 2001년에 마르쿠스 호헨바터Markus Hohenwarter가 처음 개발하였고 이후에 누구나 무료로 사용할 수 있도록 프로그램을 오픈했습니다.

지오지브라는 컴퓨터뿐만 아니라 스마트폰에서도 사용할 수 있도록 다양한 버전의 앱App들이 개발되어 있는데요. 현재 전 세계에서 1억 명에 가까운 사람들이 지오지브라를 이용하고 있다고 합니다. 최근에 교육부와 전국 시도교육청이 공동으로 개발하여 운영하고 있는 "알지오매스"도 "지오지브라 클래식" 프로그램을 거의 모방했다고 봐도 과언이 아닐 정도로 기능이 매우 탁월합니다.

LESSON 02 지오지브라 시작하기

지오지브라는 인터넷에서 직접 이용할 수도 있고, 프로그램을 다운받아 컴퓨터에 설치한 후에 앱을 실행하여 사용할 수도 있는데요. 프로그램을 다운받지 않고 웹기반으로 지오지브라를 실행할 때는 인터넷 익스플로러보다는 "크롬Chrome" 브라우저를 이용할 것을 권장합니다.

 크롬 브라우저 설치

"네이버"나 "다음"에서 "크롬"을 검색하면 "구글 크롬www.google.com/chrome" 홈페이지를 찾을 수 있습니다.

"구글 크롬www.google.com/chrome"을 마우스 왼쪽 버튼으로 클릭하면 크롬 브라우저를 설치할 수 있는 홈페이지로 이동합니다. 화면 하단에 있는 "Chrome 다운로드"를 마우스로 클릭하여 크롬을 설치하면 바탕화면에 크롬 단축키 가 생성됩니다. 크롬 단축키를 마우스로 클릭하면 크롬 브라우저 화면이 열립니다.

지오지브라 찾아가기

　구글 검색창에 "지오지브라"를 입력하고 '엔터키'를 누르면 "지오지브라 홈페이지"가 맨 위에 나타납니다. 지오지브라 홈페이지를 마우스 왼쪽 버튼으로 클릭하면 지오지브라 홈페이지 화면이 열립니다. 여기서 직접 원하는 지오지브라 앱을 실행할 수도 있고, 프로그램을 컴퓨터에 다운로드 받아서 설치할 수도 있습니다.

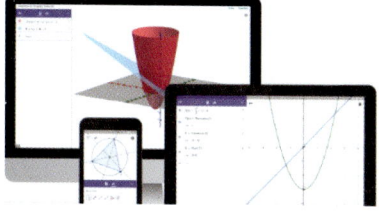

화면 하단에 있는 앱의 이름을 마우스 왼쪽 버튼으로 클릭하면 실행화면이 열리고, 다운로드 받을 수도 있습니다. 화면의 오른쪽 상단에 있는 ▦ 을 클릭하면 지오지브라에서 가장 많이 사용하는 5개의 프로그램을 볼 수 있고, 바로 실행할 수도 있습니다.

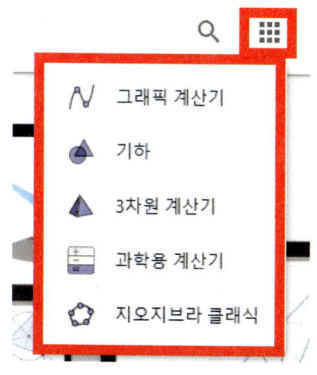

제0장 지오지브라 시작하기 | 17

지오지브라의 다섯 가지 대표적인 앱으로는 "그래픽 계산기", "기하", "3차원 계산기", "과학용 계산기", "지오지브라 클래식"이 있는데요. 그중에서 가장 많이 사용하는 앱은 "지오지브라 클래식"입니다.

 지오지브라 회원 가입하기

지오지브라 홈페이지 화면의 오른쪽 상단에 있는 "로그인" 글자를 마우스 왼쪽 버튼으로 누르면 로그인 창이 열립니다.

지오지브라 계정을 별도로 만들어도 되고, 구글이나 페이스북 등의 계정으로도 로그인할 수 있습니다.

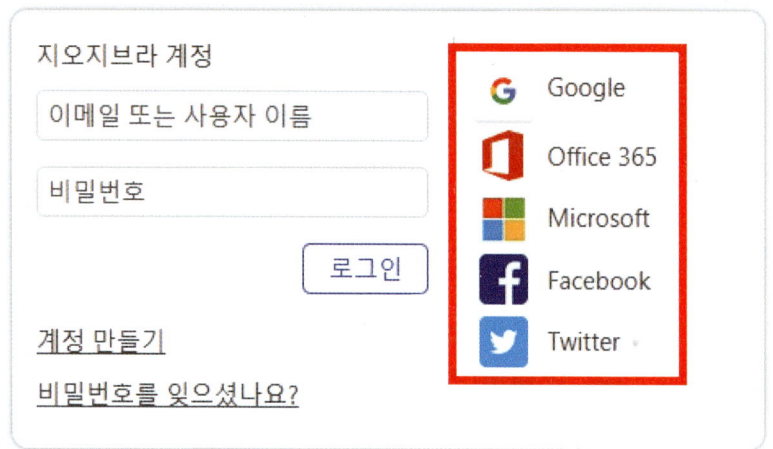

 지오지브라 로그인하기

지오지브라를 시작하기에 앞서 반드시 로그인을 할 것을 권합니다. 로그인을 해야 자신이 만든 지오지브라 파일을 저장할 수 있을 뿐만 아니라, 때에 따라서는 내가 만든 지오지브라 파일을 다른 사람들과 공유할 수도 있습니다.

본 교재에서 설명하는 대부분의 내용들은 유튜브 동영상으로 시청하실 수 있습니다. 책에 있는 "QR코드"를 휴대폰 앱으로 실행하면 책에서 설명하는 내용을 동영상으로 시청하실 수 있고요. 아니면 유튜브에서 직접 검색해서 동영상을 찾을 수도 있습니다.

저의 YouTube 닉네임이 "수학귀신"인데요. 검색창에 "수학귀신 지오지브라"를 입력하신 후에 엔터키를 누르면 지오지브라 관련 동영상을 모아 놓은 "보관함"을 찾을 수 있습니다!

LESSON 03 : 지오지브라의 4가지 대표 앱

지오지브라에는 컴퓨터용과 스마트폰용(아이폰$_{iPhone}$과 아이패드 $_{iPad}$) 앱이 있습니다. 물론 컴퓨터와 스마트폰에서 모두 사용할 수 있는 앱도 있는데요. 여기서는 컴퓨터용 앱 위주로 설명을 할 예정입니다.

 그래픽 계산기

그래픽 계산기는 "함수의 그래프를 그리고, 방정식을 탐구하며 자료를 그림으로 표현하는 무료 그래프 앱"입니다.

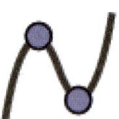 그래픽 계산기
함수의 그래프를 그리고, 방정식을 탐구하며 자료를 그림으로 표현하는 무료 그래프 앱

다운로드   시작

오른쪽에 있는 <시작> 버튼을 누르면 그래픽 계산기 창이 열리는데요. 기본적인 구성과 기능은 "지오지브라 클래식6"과 거의 같습니다. 단지 대수식을 이용한 그래프 그리기와 도형의 작도 기능만 모아 놓은 앱이라고 생각할 수 있습니다. 따라서 "지오지브라 클래식6"를 사용하시는 분은 굳이 "그래픽 계산기"를 별도로 사용할 필요가 없습니다. 본문에서도 그래픽 계산기의 기능은 별도로 설명하지 않을 예정입니다.

대수창 상단에 있는 "도구  " 메뉴를 마우스 왼쪽 버튼으로 클릭하면 작도에 필요한 도구창이 열립니다.

 기하

기하는 "원이나 각을 작도하고, 변환 등을 수행할 수 있는 무료 기하 도구 앱"입니다.

기하
원이나 각을 작도하고, 변환 등을 수행할 수 있는 무료 기하 도구

다운로드　　　　　　　　　　　　　　시작

　오른쪽에 있는 <시작> 버튼을 마우스 왼쪽 버튼으로 클릭하면 기하 창이 열리는데요. 기본적인 구성과 기능은 "그래픽 계산기"와 동일합니다. 단지 그래픽 계산기에 있는 "표 　 " 메뉴는 없습니다.

　처음 "기하" 앱을 실행하면 화면 오른쪽의 기하창에 좌표와 격자가 없는 백지로 되어 있는데요. 자와 컴퍼스만으로 도형을 그리는 작도에서는 좌표와 격자가 필요 없기 때문에 기본 설정을 백지로 해놓은 겁니다. 하지만 화면 오른쪽 상단에 있는 "설정 　 "을 클릭하여 "그래픽 계산기"의 초기화면처럼 격자와 좌표를 만들 수 있습니다.

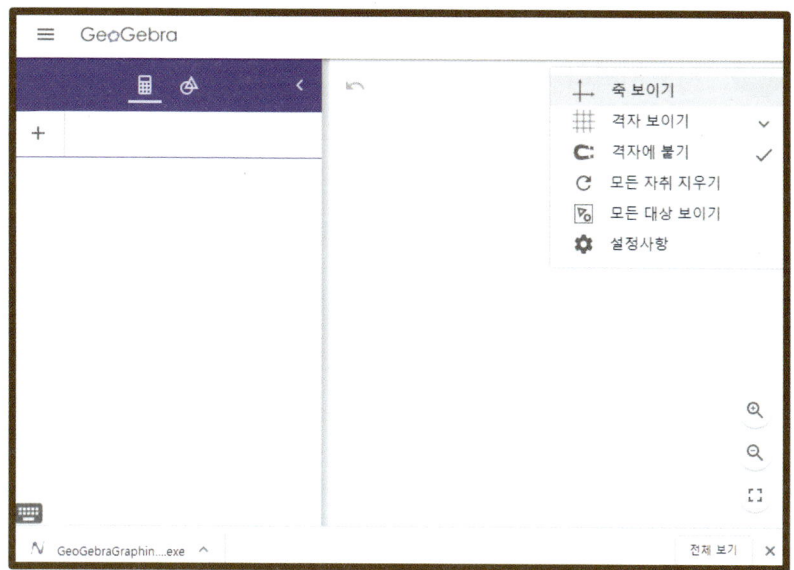

대수창 상단에 있는 "도구 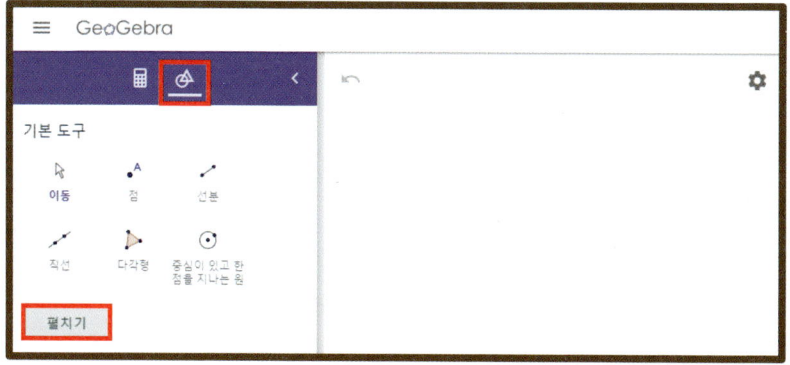 " 메뉴를 마우스 왼쪽 버튼으로 클릭하면 작도에 필요한 도구창이 열리는데요. 대수창 하단에 있는 "펼치기" 버튼을 클릭하면 "지오지브라 클래식6"에 있는 거의 모든 도구들을 볼 수 있습니다.

제0장 지오지브라 시작하기

지오지브라 클래식 6

지오지브라 클래식 6은 "기하, 스프레드시트, 확률, CAS 기능을 사용할 수 있는 앱"으로, 중·고등학교에서 배우는 모든 '작도', '도형', '함수의 그래프', '방정식의 그래프' 등을 그릴 수 있습니다. 이 책에서 가장 중점적으로 사용할 앱으로 기본적인 구성은 "알지오매스"와 거의 같습니다.

화면의 상단에 "도구 메뉴"가 있고, 화면의 왼쪽에는 "대수 입력창"과 그 아래에 "대수창"이 있습니다. 화면의 오른쪽에 직교좌표가 보이는 곳은 도형이나 그래프가 그려지는 "기하창"입니다.

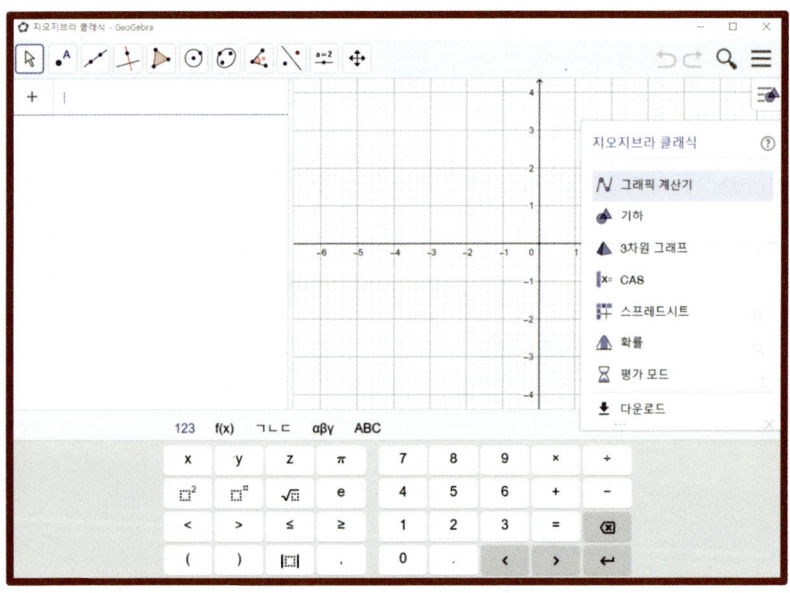

 도구 메뉴

화면의 위쪽에는 11개의 도구 메뉴가 있고, 각각의 메뉴를 마우스 왼쪽 버튼으로 클릭하면 다양한 하위메뉴가 나타납니다. "도구 메뉴"는 주로 작도를 하거나 도형을 그릴 때 필요한 함수들로 중·고등학교에서 배우는 모든 도형을 그릴 수 있습니다.

 대수 입력창과 대수창

화면의 왼쪽의 상단에 대수식을 입력할 수 있는 "대수 입력창"이 있고 그 아래 백지상태로 보이는 창이 "대수창"입니다. 대수창에는 "대수 입력창"에 적은 대수식이나, "기하창"에 그리는 도형의 대수식들이 차례로 나열됩니다.

 기하창

화면의 오른쪽에 있는 좌표평면이 "기하창"인데요. 기하창 오른쪽 상단에 있는 단축키 " " 를 클릭하면 기하창 도구 메뉴 가 나타나고 이 도구들을 이용해서 원하는 화면을 설정할 수 있습니다.

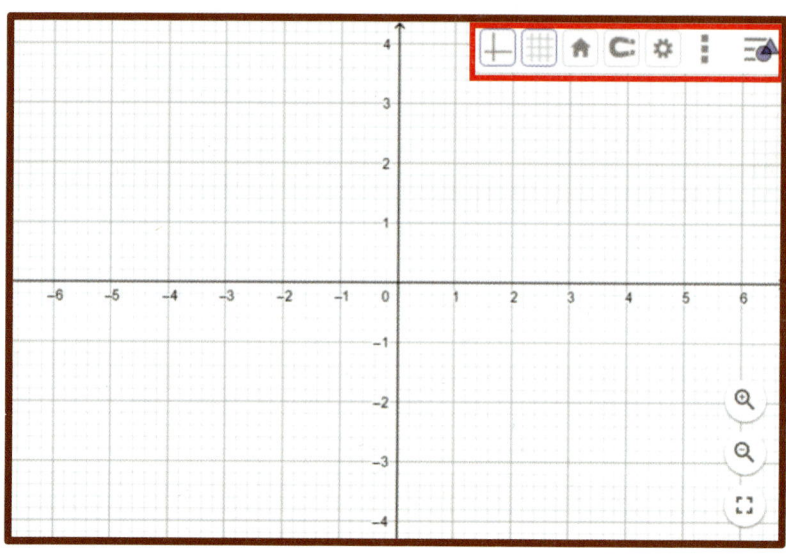

● **직교좌표 감추기**

을 마우스 왼쪽 버튼 으로 클릭하면 '직교좌표 숨기기'가 되고, 다시 클릭하면 '직교좌표 보이기'가 됩니다.

- 격자 무늬 ⊞

⊞ 를 마우스 왼쪽 버튼🖱으로 클릭하면 격자를 없앨 수도 있고, 다른 모양으로 바꿀 수도 있습니다.

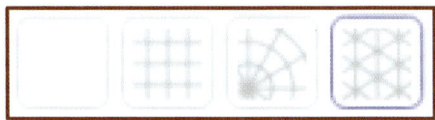

- 좌표 위치 초기화 🏠

🏠 를 마우스 왼쪽 버튼🖱으로 클릭하면 직교좌표가 기하창의 정중앙으로 이동합니다.

- 점 붙기 설정 ⊂

⊂ 를 마우스 왼쪽 버튼🖱으로 클릭하면 4개의 하위메뉴 "자동", "격자에 붙기", "격자에 고정", "사용 안 함"을 볼 수 있고, 주로 "점 •ᴬ " 도구를 이용하여 격자점에 점을 찍을 때 사용합니다.

- 닫기 ⋮

⋮ 를 마우스 왼쪽 버튼🖱으로 클릭하면 창을 닫을 수도 있고, "CAS", "기하창2", "3차원 기하창", "스프레드시트", "확률계산기", "구성단계" 등을 열 수도 있습니다.

"3차원 기하창"을 선택하면 기하창에 그려진 도형이나 그래프를 3차원 입체로 볼 수 있는 창이 열리고, 마우스 왼쪽 버튼을 누른 채 드래그하여 상하좌우로 움직일 수도 있습니다.

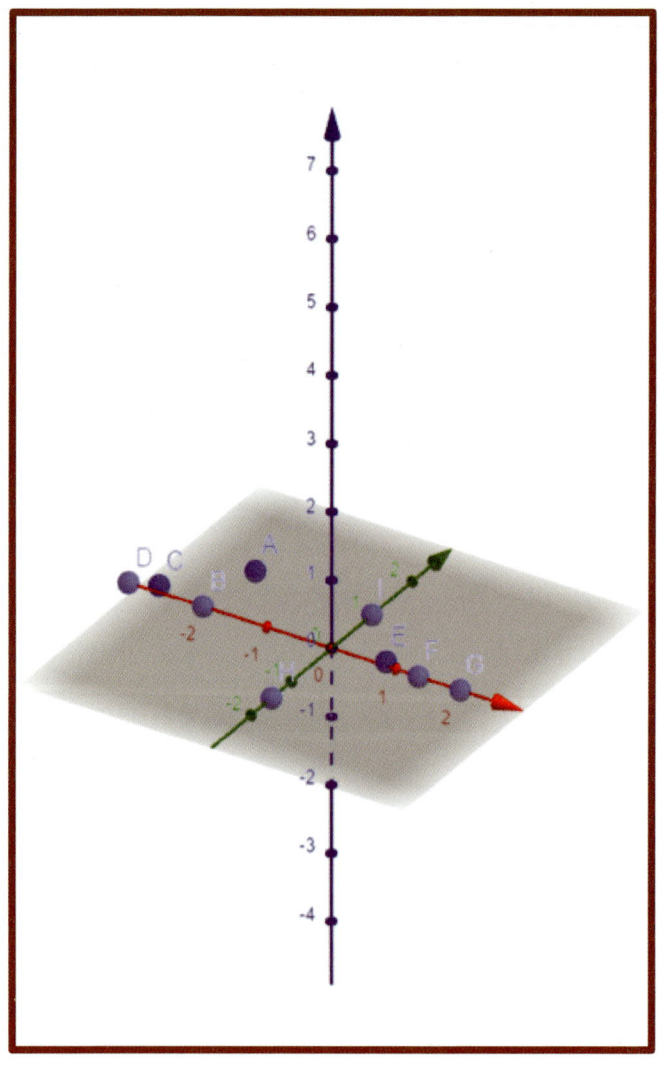

- 설정 ⚙

⚙ 를 마우스 왼쪽 버튼🖱으로 클릭하면 기하창을 설정할 수 있는 4개의 하위메뉴 "기본", "x축", "y축", "격자" 등을 볼 수 있습니다.

 3차원 계산기

지오지브라 홈페이지 화면의 오른쪽 상단에 있는 를 마우스 왼쪽 버튼 으로 클릭하여 "3차원 계산기"를 열 수 있습니다.

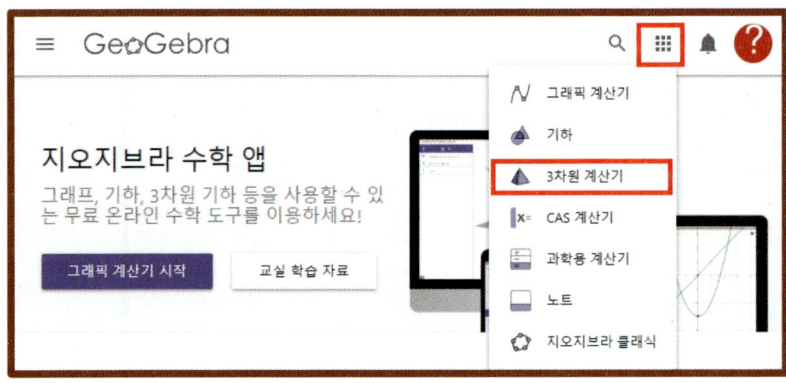

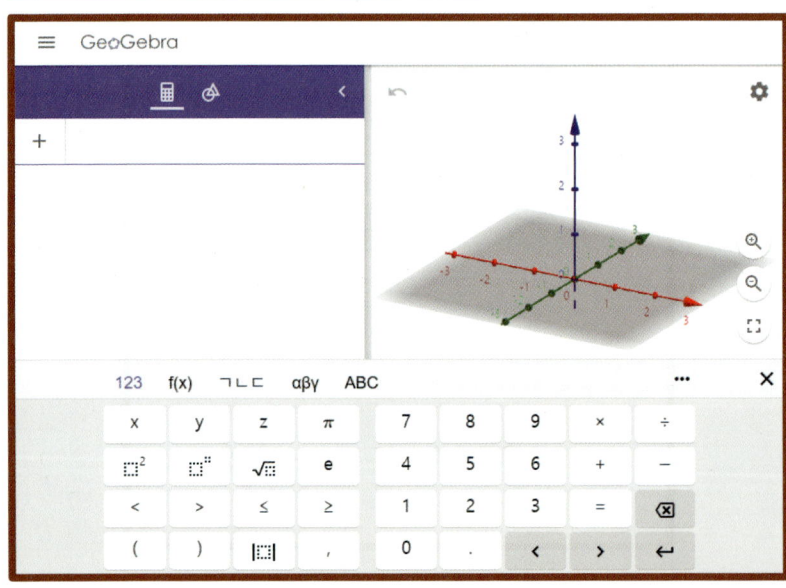

"3차원 계산기"에서 3차원 입체 도형을 그리는 방법은 2가지가 있습니다. "대수 " 메뉴를 이용하는 방법과 "도구 " 메뉴를 이용하여 입체도형을 그릴 수 있다.

 대수 메뉴

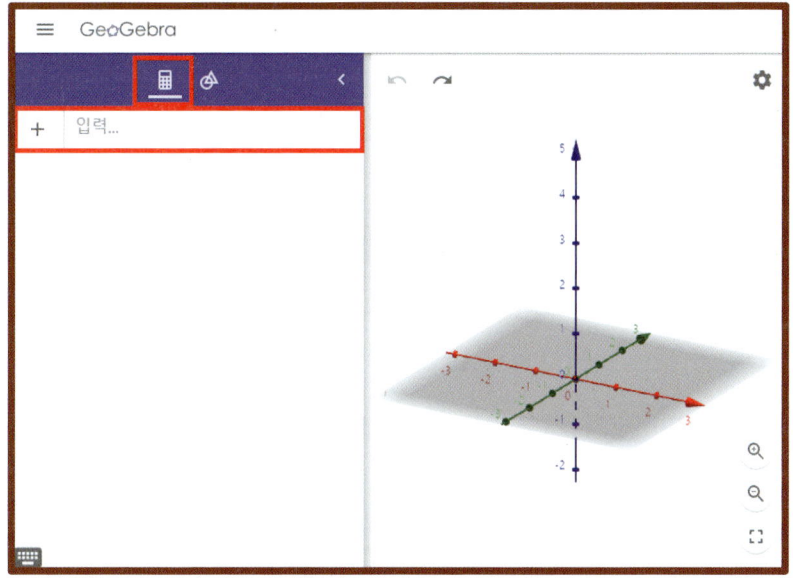

대수창 위에 있는 계산기 모양의 단축키 를 마우스 왼쪽 버튼으로 클릭하면 "대수 입력창"이 나타나고 대수 입력창에 3차원 함수식이나 3차원 대수식을 입력하면 도형이 그려집니다. 예를 들어, 구의 방정식 $x^2+y^2+z^2=4$를 입력하면 반지름의 길이가 2인 구(球)가 그려집니다.

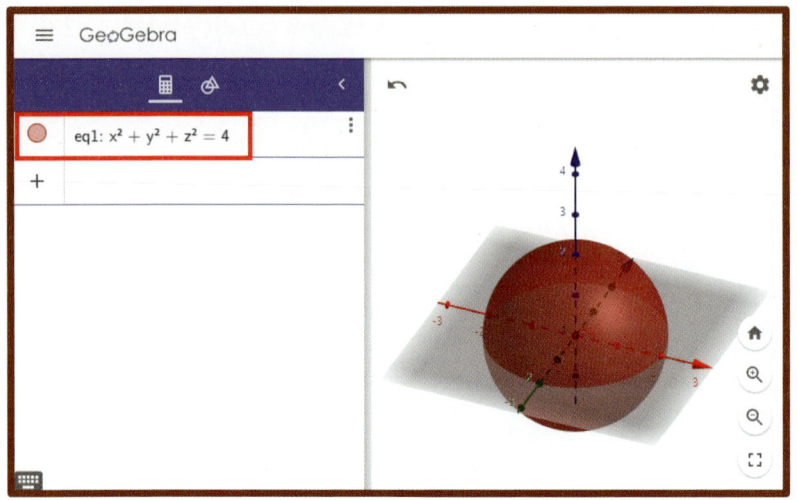

"3차원 계산기"에서 대수 메뉴  를 사용하면 미지수의 개수가 3개 이하인 모든 함수식과 대수 방정식의 그래프를 그릴 수 있습니다. 이때 3개의 미지수는 기본적으로 x, y, z를 사용하는데요. 미지수의 개수가 2이면 평면 그래프가 그려지고, 미지수의 개수가 3이면 입체 그래프가 그려집니다.

[3차원 계산기]

 도구 메뉴

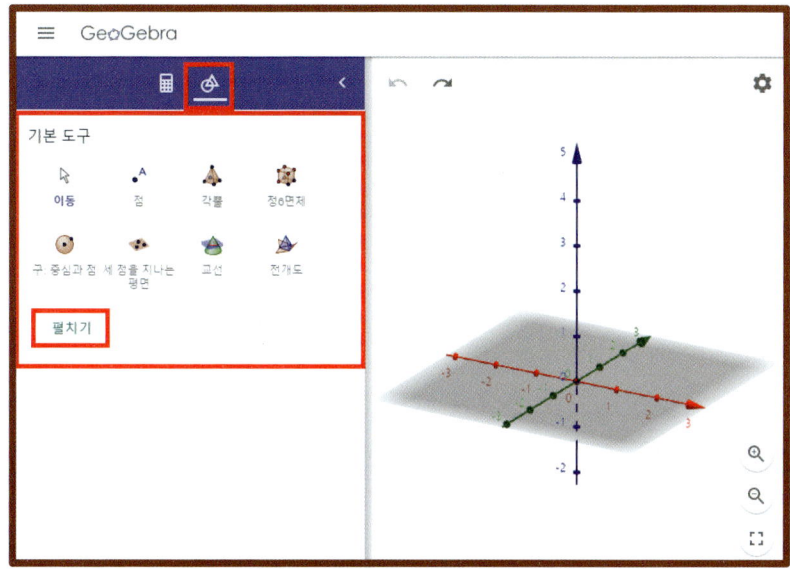

"도구 메뉴 "를 이용해서도 3차원 입체 도형을 그릴 수 있습니다. 마우스 왼쪽 버튼 으로 도구 메뉴 를 클릭하면 "대수창"에 도형을 그릴 때 사용할 수 있는 "기본 도구"가 나타납니다.

마우스 왼쪽 버튼 으로 기본 도구에 있는 메뉴를 클릭하면 대수창 하단에 도움말이 보이고, 도움말을 참고하면서 도형을 그리면 됩니다. 예를 들어, "구: 중심과 점"을 마우스로 클릭하면 하단에 도움말 창이 나타나고 "중심점을 선택한 후 구 위의 한 점을 선택하세요."라는 안내를 볼 수 있습니다.

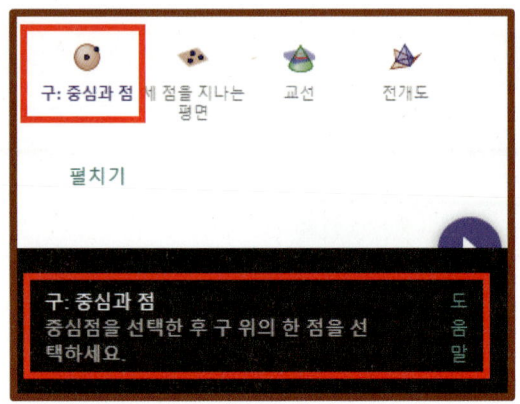

도움말의 안내를 따라서 "구"를 그리면 되는데요. 이때 "펼치기"를 누르면 필요한 도구를 사용할 수 있습니다.

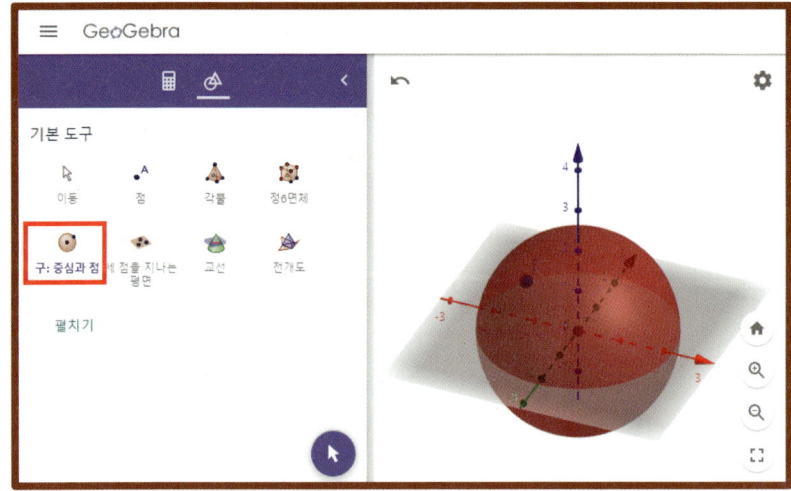

제1장

지오지브라
클래식 6

LESSON 01 | 지오지브라 클래식 6 다운로드 / 설치

지오지브라 클래식 6 다운로드 / 설치

지오지브라 6는 누구나 무료로 사용할 수 있는 오픈 앱이고, 사용방법은 2가지가 있습니다. 단 지오지브라는 "인터넷 익스플로러"에서는 제대로 작동하지 않을 수 있으니 먼저 "크롬"을 먼저 설치한 후에 크롬에서 지오지브라를 검색해야 합니다.

구글의 검색창에 "지오지브라"를 입력하고 찾기를 하면 지오지브라 주소가 화면 첫 번째에 보입니다.

● 웹 기반 홈페이지에서 직접 열기

먼저 "지오지브라 클래식 6"을 다운로드하지 않고 바로 웹 기반으로 실행하는 방법을 설명해 드리겠습니다. 아래의 그림과 같이 지오지브라 홈페이지에서 "더 많은 앱들" 메뉴에서 "지오지브라 클래식"을 마우스 왼쪽 버튼🖱으로 클릭하면 바로 "지오지브라 클래식 6"의 창이 열립니다.

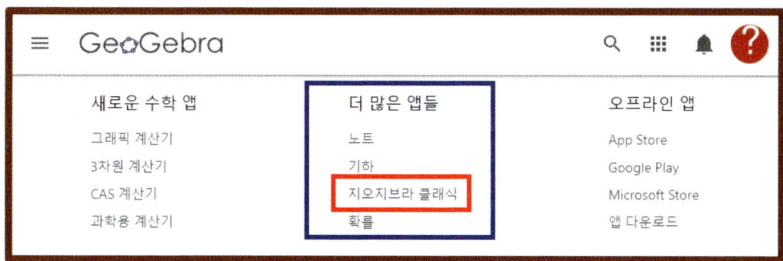

● 지오지브라 크래식 6 다운로드 / 설치

매번 번거롭게 지오지브라 홈페이지를 찾아가지 않고, 다운로드 / 설치를 통해 컴퓨터 바탕화면에 지오지브라 6 단축키 를 만드는 방법을 설명하겠습니다.

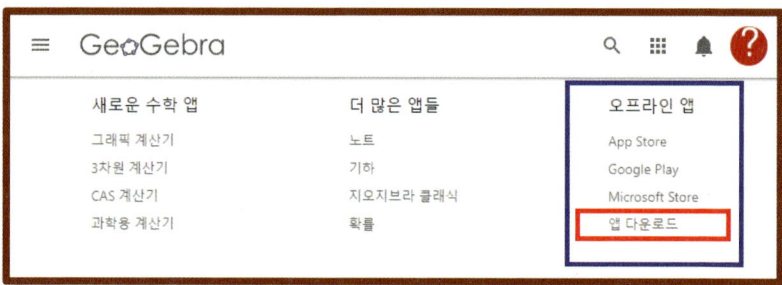

지오지브라 홈페이지에서 "오프라인 앱" 메뉴에서 "앱 다운로드"를 마우스 왼쪽 버튼 으로 클릭하면 지오지브라 앱을 다운로드 받을 수 있는 창으로 이동됩니다. 여기서 "다운로드"를 클릭하면 자동으로 설치됩니다.

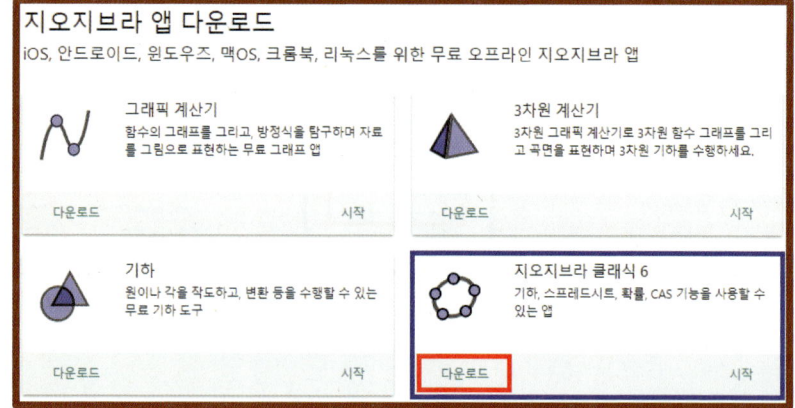

LESSON 02 지오지브라 6 기하 도구 메뉴

"지오지브라 클래식 6"의 화면 상단에는 11개의 "기하 도구 메뉴"가 있습니다. 11개의 메뉴에는 주로 도형을 작도할 때 필요한 "기하 도구"들을 기능별로 묶어 놓았습니다. 초·중·고등학교 수학에서 배우는 거의 모든 도형은 "기하 도구"를 이용하여 그릴 수 있습니다.

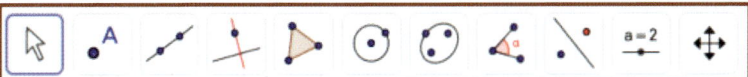

왼쪽에서부터 차례대로 "이동", "점", "직선", "수직선", "다각형", "중심이 있고 한 점을 지나는 원", "타원", "각", "직선에 대하여 대칭", "슬라이더", "기하창 이동" 등 11가지 도구가 있습니다. 또 각 기하 도구를 마우스로 클릭하면, 비슷한 기능을 가지고 있는 하위 메뉴들을 볼 수 있습니다. 이어서 기하 도구의 각각의 하위 메뉴를 설명해 드리겠습니다.

 이동 도구

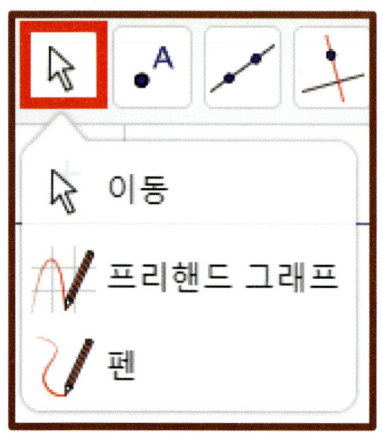

[이동 도구 설명]

- **이동**

평면상에 그려진 도형이나 그래프 등 객체를 선택하거나, 마우스 왼쪽 버튼으로 도형을 누른 채 드래그하여 옮길 수도 있는 기능입니다.

다른 도구를 이용하여 도형을 그린 후에는 반드시 "이동 도구"를 선택하는 습관을 들여야 합니다. 이동 도구는 도형을 이동시키는 것뿐만 아니라, 다른 도구의 기능을 해제하는 역할로도 사용하는데요. 기하 도구 메뉴를 이용하여 도형을 그릴 때 가장 많이 사용하는 도구입니다.

● 프리핸드 그래프 ☑

"프리핸드 그래프 ☑ " 도구를 선택하면 커서의 모양이 "검은색 펜"으로 바뀝니다. 기하창에 마우스 왼쪽 버튼🖱을 누른 채 드래그하여 그래프를 그리면, 마우스로 그린 그래프에 가장 근사한 대수 방정식이 "대수창"에 자동으로 써지면서 기하창에는 그래프가 그려집니다.

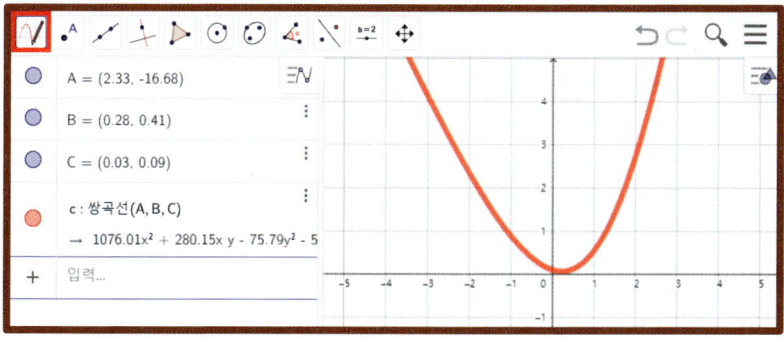

● 펜 ☑

글을 쓰거나 중요한 부분에 체크를 할 때 사용하는 도구로, 마우스 왼쪽 버튼🖱을 누른 채 드래그하면서 글을 쓸 수 있습니다.

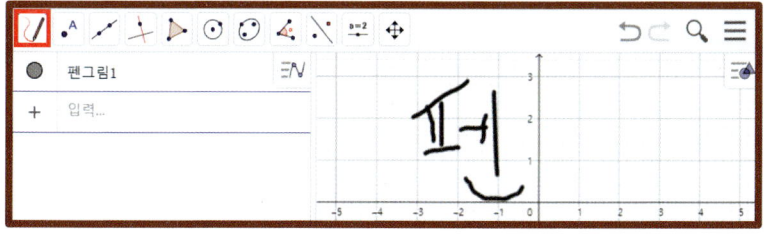

 점 도구

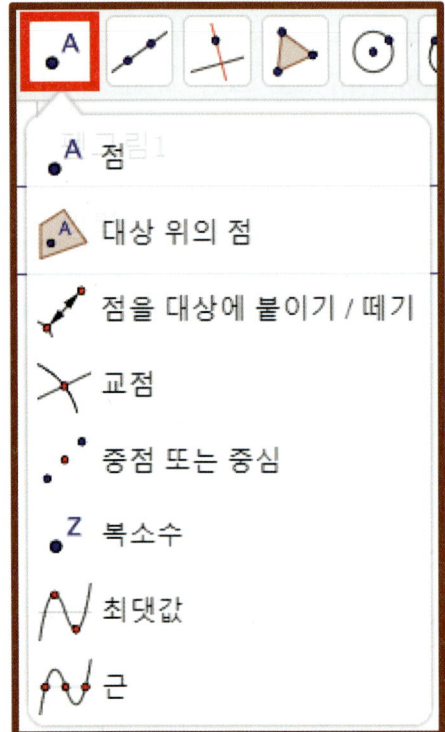

[점 도구 설명]

● 점

"점" 도구는 좌표평면이나 도형 위에 점을 찍을 때 사용합니다. 원하는 위치에 커서를 갖다 대고 마우스 왼쪽 버튼을 클릭하면 그려지는 순서에 따라 점 A, B, C 순서로 이름이 붙여집니다.

점의 "이름"이나 "색", "크기" 등을 수정할 수 있는데요. 그 방법은 다음과 같습니다.

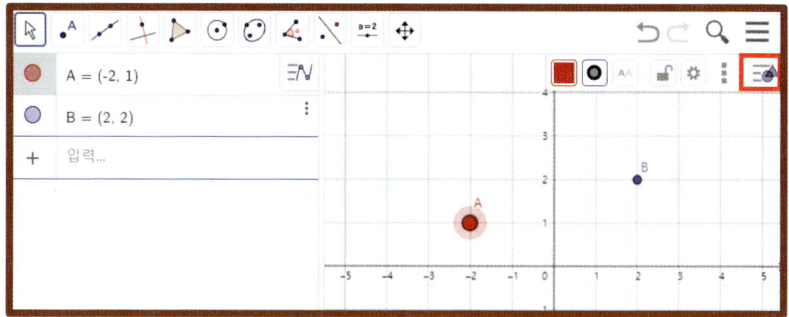

❶ "점 ▪A "을 선택하고, 좌표평면 위에 2개의 점 A, B를 그린다.

❷ "이동 ▣ "을 선택하고, 점 A를 클릭하여 활성화한다.

❸ 기하창 오른쪽·상단에 있는 "설정 ≡▲ "을 선택한다.

❹ ▣ ◉ AA 🔓 ⚙ ⁝ ≡▲ 에서 점 A의 "색", "모양", "크기", "이름" 등을 수정한다.

● **대상 위의 점** 🔺

"대상 위의 점 🔺 "을 선택한 후에 아무것도 없는 평면 위에 점을 찍으면 "점 ▪A " 도구로 점을 그릴 때와 같습니다. 단, 도형 위에 점을 그리면 그 점을 마우스 왼쪽 버튼🖱으로 누른 채 드래그해도 점은 도형 내부와 경계선에서만 움직이고 도형 밖으로는 나오지 않습니다.

아래 그림에서 점 D는 도형 밖에, 점 E는 도형 내부에 점을 그린 건데요. 그 과정은 다음과 같습니다.

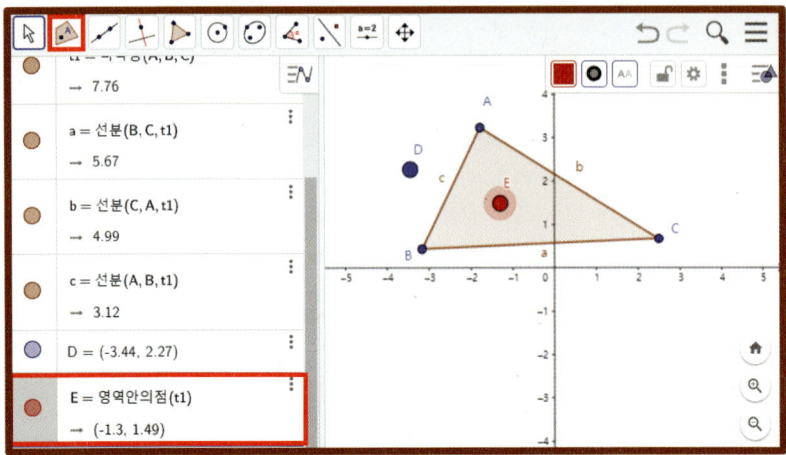

❶ "다각형 ▷ "을 선택하고, 기하창에 삼각형 ABC를 그린다.

** 마우스 왼쪽 버튼🖱으로 3개의 점을 찍고, 마지막으로 맨 처음 그렸던 점 A를 다시 클릭하면 삼각형이 그려진다.

❷ "대상 위의 점 △ "을 선택하고, 도형 밖의 점 D와 도형 내부의 점 E를 그린다.

❸ "이동 ▷ "을 선택하고, 마우스 왼쪽 버튼🖱으로 점 D와 E를 누른 채 드래그해 본다.

** 점 D는 좌표평면 위를 자유롭게 움직이는 반면에, 점 E는 삼각형 ABC의 내부와 경계에서만 움직일 수 있다.

● **점을 대상에 붙이기 / 떼기** ✏️

도형 밖의 점을 드래그하여 "도형의 내부" 또는 "선분"에 붙일 때 사용하는 도구입니다.

아래 그림에서 점 D를 삼각형 ABC의 변 AB에 붙이는 과정을 설명해 드리겠습니다.

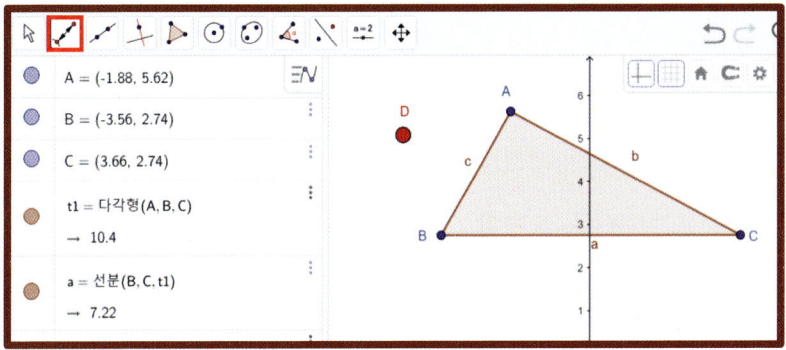

❶ "다각형 ▷ "을 선택하고, 삼각형 ABC를 그린다.

❷ "점 •ᴬ "을 선택하고, 점 D를 그린다.

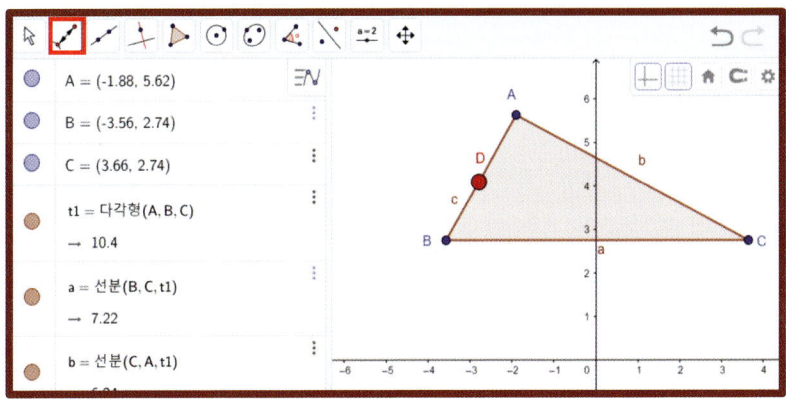

❸ "점을 대상에 붙이기/떼기 ✎ "를 선택하고, 점 D와 변 AB를 차례대로 클릭한다.

** 마우스 왼쪽 버튼🖱으로 "점"을 먼저 선택하고, 붙일 도형을 순서대로 클릭한다.

** 점 D와 삼각형 ABC의 내부를 차례대로 선택하면 점 D는 삼각형 ABC의 내부로 옮겨진다.

- **교점** ✕

서로 만나는 두 도형의 교점을 만드는 도구입니다. 두 도형을 차례대로 선택하면 서로 만나는 모든 교점이 생기고, 교차 되는 부분을 마우스 왼쪽 버튼🖱으로 클릭하면 마우스로 클릭하는 곳에만 교점이 만들어집니다.

예를 들어, 서로 다른 두 점에서 만나는 "원"과 "직선"의 교점을 잡는 방법을 설명해 드리겠습니다.

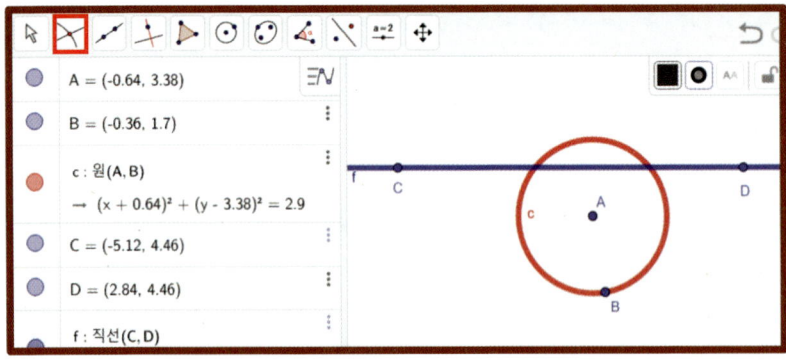

❶ "중심이 있고 한 점을 지나는 원 ⊙ "을 선택하고, 점 A를 중심으로 하고 점 B를 지나는 원을 그린다.

❷ "직선 ✎ "을 선택하고, 직선 CD를 그린다.

** 원과 직선이 서로 다른 두 점에서 만나도록 그린다.

❸ "교점 ✕ "을 선택하고, "원"과 "직선"을 차례대로 선택한다.

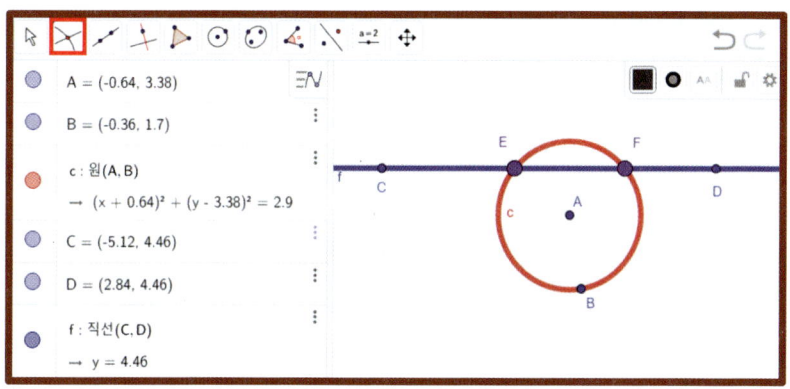

• 중점 또는 중심 ⋰

두 점 또는 선분의 중점을 잡을 때 사용하는 도구입니다. 예를 들어, 선분 AB의 중점을 잡는 방법을 설명하겠습니다.

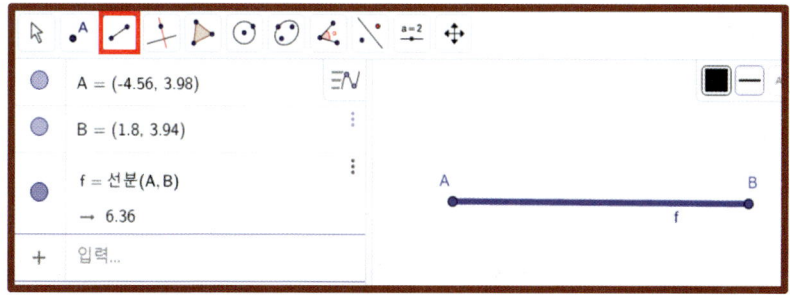

❶ "선분 ✏️"을 선택하고, 선분 AB를 그린다.

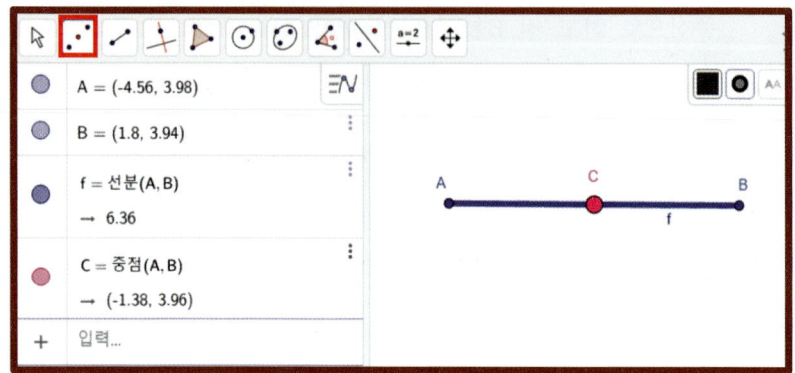

❷ "중점 또는 중심 ∴"을 선택하고, 마우스 왼쪽 버튼🖱으로 점 A, B를 차례대로 클릭한다.

❸ 선분 AB의 중점 C가 그려진 것을 확인할 수 있다.

● 복소수 ∴ᶻ

복소수는 (실수부)+(허수부)i 꼴로 표현됩니다. 이때 (실수부)를 "x좌표", (허수부)를 "y좌표"로 하는 점을 찍을 수 있습니다. 이때 기하창에 찍은 복소수 점의 좌표는 대수창에 표시됩니다.

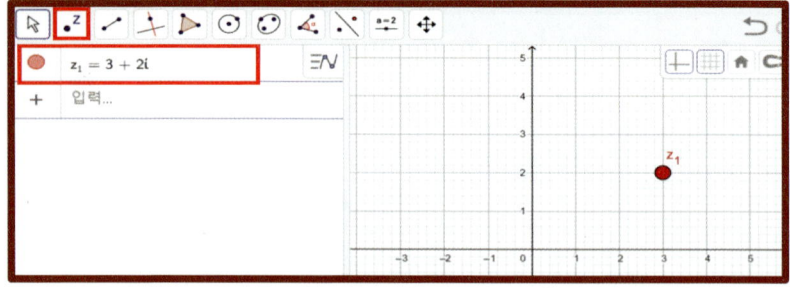

● 최댓값 [N]

함수의 그래프에서 최댓값과 최솟값을 갖는 "점"을 찾아주는 도구입니다. 예를 들어, 포물선 $y=(x-1)^2$은 $x=1$에서 최솟값 0을 가진다.

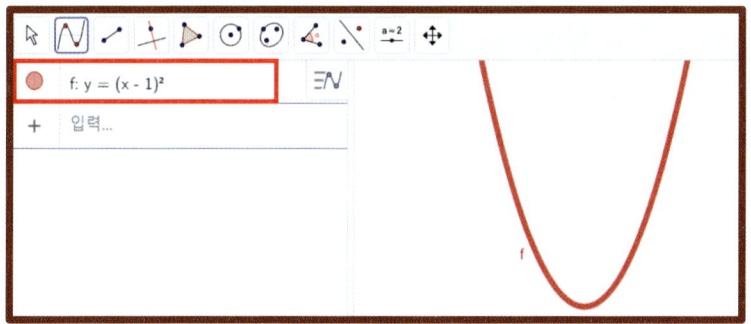

❶ 대수창에 "y=(x-1)^2"을 입력한다.

** 대수창에는 이차함수 $y=(x-1)^2$으로 표시된다.

❷ "최댓값 [N] "을 선택하고, 마우스 왼쪽 버튼🖱으로 포물선을 클릭한다.

❸ 포물선의 최솟값에 점 A가 그려진다.

** 점 A의 좌표는 A(1, 0)이다.

● 근

"근$_{Root}$"은 "함수의 그래프가 x축과 만나는 점의 x좌표"를 말합니다. 지오브라 클래식 6에서는 "근" 도구를 이용하여 그래프와 x축이 만나는 교점을 자동으로 찾아줍니다.

예를 들어, 이차함수 $y=x^2-2$ 의 그래프와 x축의 교점 A, B를 찾는 과정을 설명해 보겠습니다.

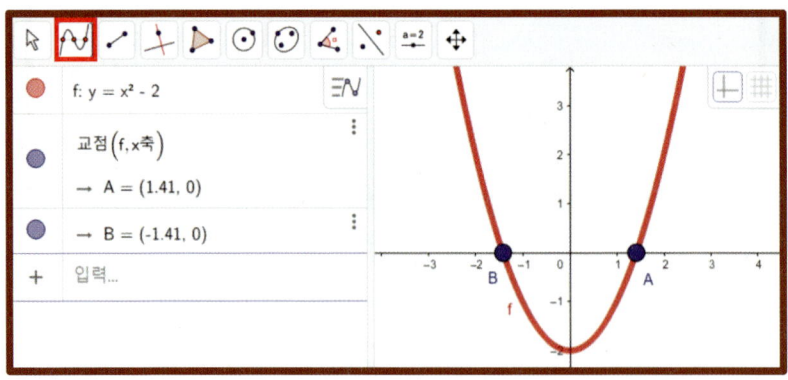

❶ 대수창에 "y=x^2 +2"를 입력한다.

** 대수창에는 $y=x^2-2$ 로 표시된다.

❷ "근"을 선택하고, 마우스 왼쪽 버튼으로 기하창에 있는 포물선을 클릭한다.

❸ 포물선과 x축의 교점 A, B가 만들어진다.

직선 도구

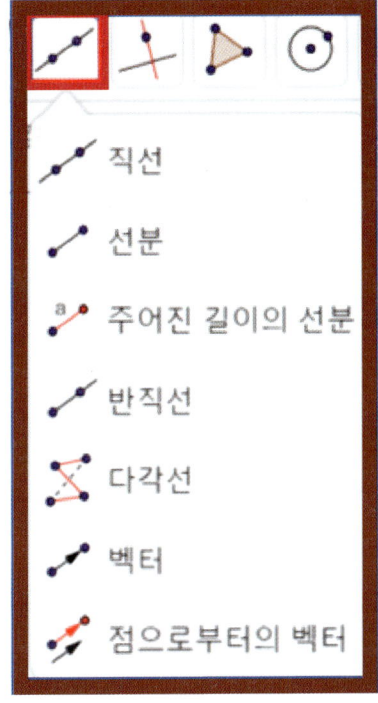

[직선 도구 설명]

- 직선 / 선분 / 반직선

"직선", "선분", "반직선"은 모두 서로 다른 두 개의 점으로 그릴 수 있습니다. 이때 "직선"과 "선분"은 두 점의 순서에 관련 없이 같은 도형이 그려지고, "반직선"은 먼저 그려지는 점이 "출발점" 또는 "시작점"이 되고 나중에 그리는 점은 반직선의 "방향"을 결정합니다.

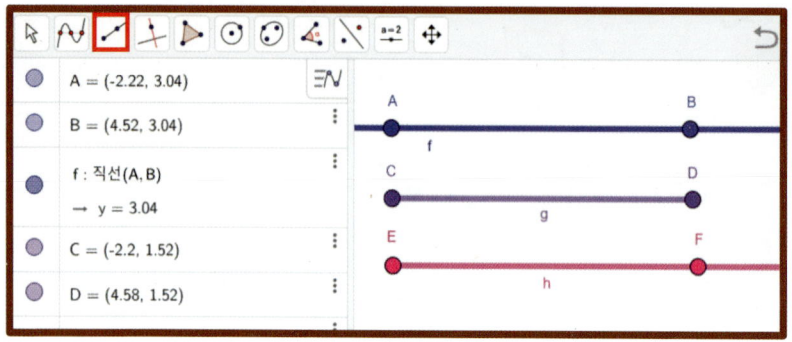

❶ "직선 [/] "을 선택하고, 마우스 왼쪽 버튼🖱으로 두 점을 차례로 클릭하여 직선 AB를 그린다.

❷ "선분 [/] "을 선택하고, 선분 CD를 그린다.

❸ "반직선 [/] "을 선택하고, 마우스 왼쪽 버튼🖱으로 점 E를 출발점으로 하고 점 F를 지나는 반직선을 그린다.

** "점"이나 "직선", "선분", "반직선"의 "굵기"나 "색", "모양" 등을 수정하려면, 기하창 우측 상단에 있는 [≡] 을 클릭하면 된다.

● 주어진 길이의 선분 [a.]

"주어진 길이의 선분 [a.] "은 길이가 같은 선분을 여러 개 그릴 때 유용하게 사용할 수 있는 도구입니다.

마우스 왼쪽 버튼🖱으로 클릭하면 "한 끝점"이 그려지고 "선분의 길이"를 입력할 수 있는 "창"이 나타납니다.

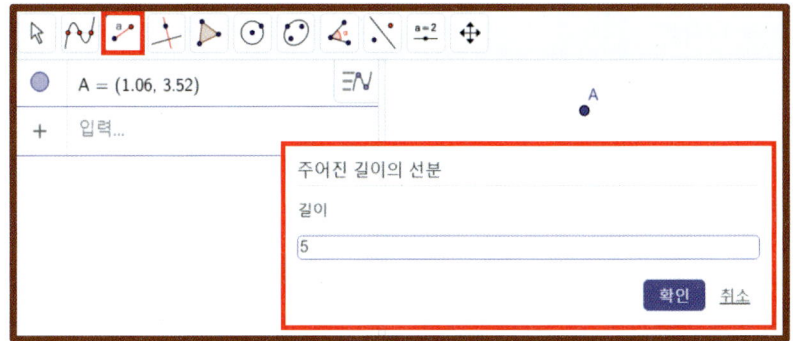

❶ "주어진 길이의 선분 "을 선택하고, 마우스 왼쪽 버튼 으로 클릭하면 점 A가 그려지고 길이를 입력하는 창이 뜬다.

❷ 길이를 입력하고 "확인" 버튼을 누른다.

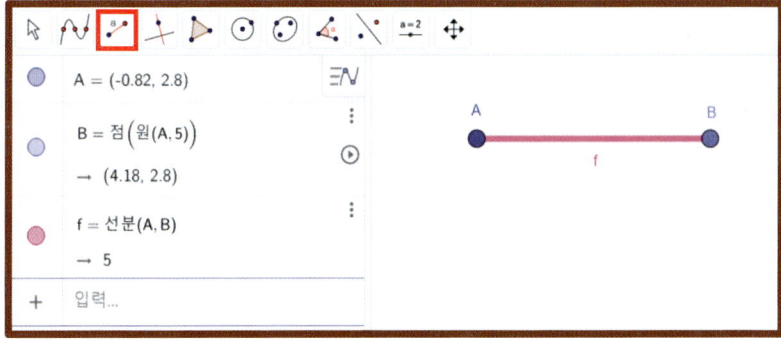

❸ 길이가 5인 선분 AB가 그려진다.

** 마우스 왼쪽 버튼 으로 점 B를 누른 채 드래그해도 길이 5가 유지되면서 움직인다.

- **다각선** ⊠

"다각선"은 우리나라 수학 교육과정에서는 다루지 않는 개념입니다. "다각형"과 혼동하는 분들이 많은데 "다각선"과 "다각형"은 다르다는 것을 알아야 합니다.

"다각형"은 "3개 이상의 선분으로 둘러싸인 평면도형"입니다. 반면에 "다각선"은 다각형에서 "둘러싸인"이라는 조건을 만족하지 않는 도형입니다. 다각선을 그리는 방법은 다각형을 그리는 방법과 같습니다.

"여러 개의 점을 그린 후에 맨 처음에 그린 점을 다시 선택한다."

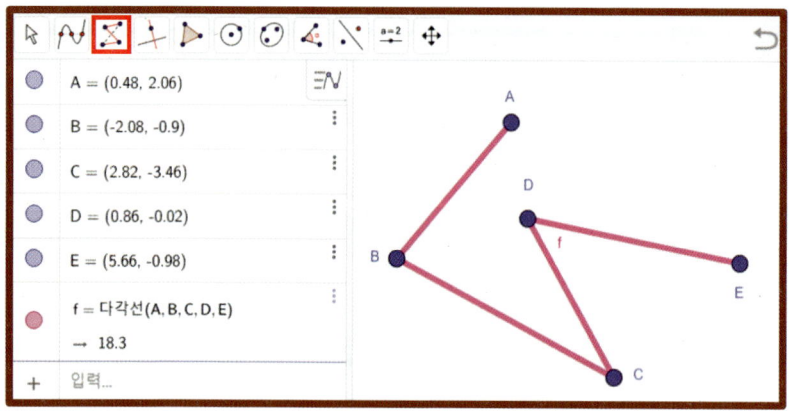

❶ "다각선 ⊠ "을 선택하고, 마우스 왼쪽 버튼🖱으로 5개의 점 A, B, C, D, E를 그린 후에 마지막으로 점 A를 다시 클릭한다.

● 벡터 / 점으로부터의 벡터 / 벡터에 의한 평행이동

"벡터"는 "방향"과 "거리"라는 2개의 개념을 동시에 표현하는 수학 개념입니다. 지오지브라 클래식 6에서 "벡터 " 도구는 보통 "점으로부터의 벡터 ", "벡터에 의한 평행이동 "과 함께 사용합니다.

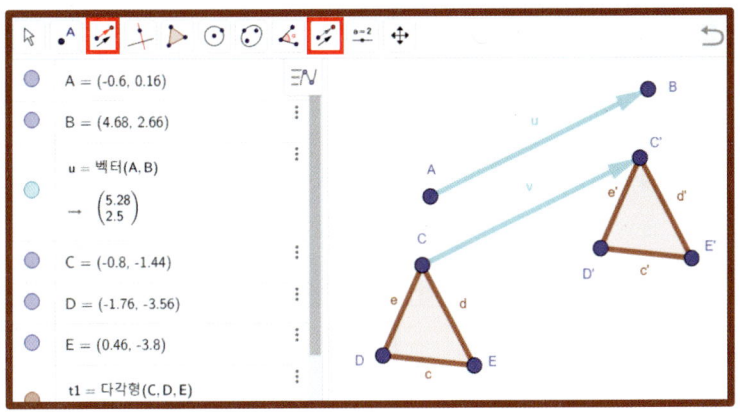

❶ "벡터 "를 선택하고, 벡터 AB를 만든다.

❷ "다각형 "을 선택하고, 삼각형 CDE를 그린다.

❸ "벡터에 의하여 평행이동 "을 선택하고, 삼각형 CDE와 벡터 AB를 차례대로 선택한다.

** 벡터에 의한 평행이동을 하기 위해서는 "이동할 도형"과 "벡터"를 차례대로 선택해야 한다.

❹ "점으로부터의 벡터 "를 선택하고, 점 C와 벡터 AB를 차례대로 선택한다.

** 벡터 CC′이 만들어진다.

수직선 도구

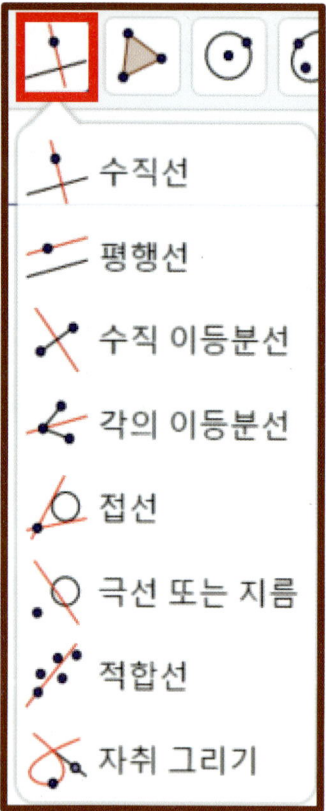

[수직선 도구 설명]

● 수직선 ⊥ / 평행선 ∕

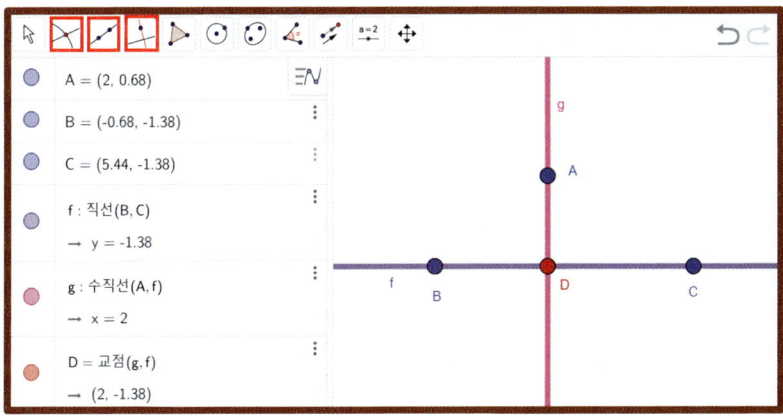

수직선을 그린 후에 두 직선의 교점을 잡고, 다시 점 A를 지나는 평행선을 그리는 과정까지 설명해 볼게요.

❶ "점 •A "을 선택하고, 점 A를 그린다.

❷ "직선 ∕ "을 선택하고, 직선 BC를 그린다.

❸ "수직선 ⊥ "을 선택하고, 점 A와 직선 BC를 차례대로 선택한다.

❹ "교점 ✕ "을 선택하고, 두 직선 f, g를 차례대로 선택하여 교점 D를 만든다.

❺ "평행선 ∕ "을 선택하고, 점 A와 직선 BC를 차례대로 선택한다.

● 수직 이등분선

선분 AB를 먼저 그린 후에 "수직 이등분선 "을 이용하겠습니다. 이때 선분과 수선의 교점을 별도로 잡아 줘야 합니다.

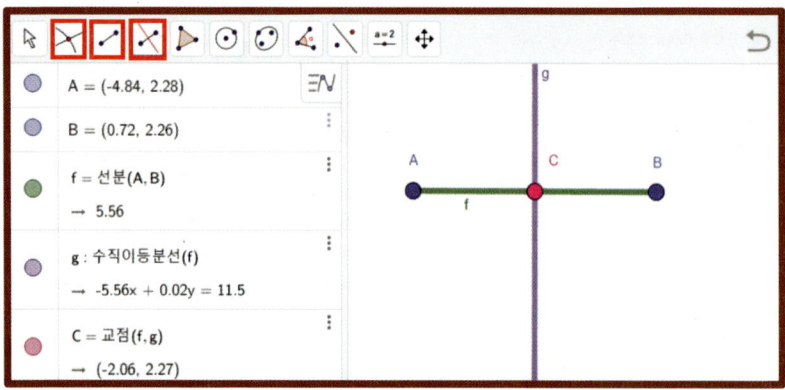

❶ "선분 "을 선택하고, 선분 AB를 그린다.

❷ "수직 이등분선 "을 선택하고, 마우스 왼쪽 버튼 으로 선분 AB를 클릭하여 수직 이등분선 g를 그린다.

❸ "교점 "을 선택하고, 선분 AB와 직선 g를 차례대로 클릭하여 교점 C를 만든다.

● 각의 이등분선

"각의 이등분선 " 도구를 사용하기 위해서는 "3개의 점"이나 "각" 먼저 그려져 있어야 합니다.

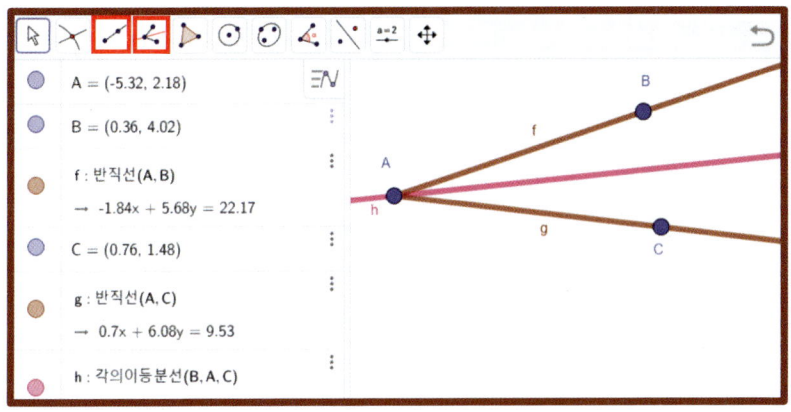

❶ "반직선 "을 선택하고, 반직선 AB와 AC를 그린다.

❷ "각의 이등분선 "을 선택하고, 마우스 왼쪽 버튼🖱으로 점 B, A, C를 차례대로 선택하여 각의 이등분선 h를 그린다.

** 각의 꼭짓점 A는 반드시 두 번째로 선택해야 한다.

- 접선

하나의 "점"과 "원"을 먼저 그려야 합니다.

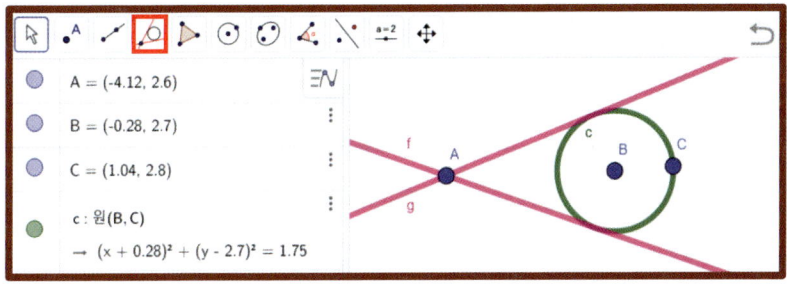

❶ "점 [·A] "을 선택하고, 점 A를 그린다.

❷ "중심이 있고 한 점을 지나는 원 [⊙] "을 선택하고, 원 c를 그린다.

❸ "접선 [ ] "을 선택하고, 마우스 왼쪽 버튼🖱으로 점 A와 원 c를 차례대로 클릭한다.

- **극선 또는 지름** [ ]

"극선 또는 지름 [ ] "를 사용하기 위해서는 점이나 직선, 그리고 원이 먼저 그려져 있어야 합니다. 직선과 원이 그려져 있는 경우에 "극선"은 원의 중심을 지나고 직선에 수직인 직선을 의미합니다.

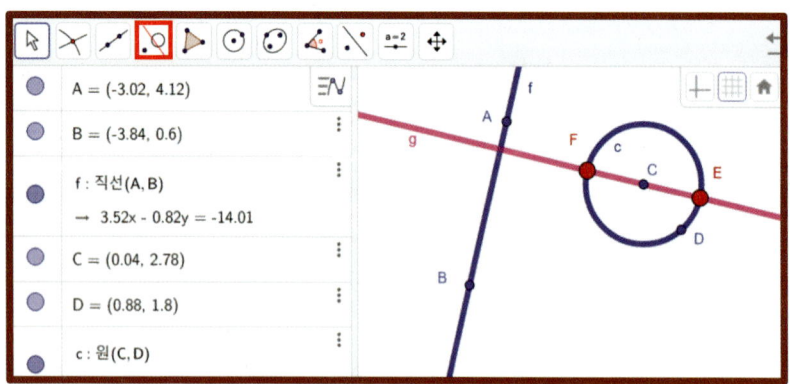

❶ "직선 [ ] "을 선택하고, 직선 AB를 그린다.

❷ "중심이 있고 한 점을 지나는 원 [⊙] "을 선택하고, 점 C를 중심으로 하고 점 D를 지나는 원을 그린다.

❸ "극선 또는 지름 ▣ "을 선택하고, 마우스 왼쪽 버튼🖱으로 직선 AB와 원 c를 차례대로 클릭한다.

** 원의 중심 점 C를 지나고 직선 AB에 수직인 직선이 그려진다.

❹ "교점 ▣ "을 선택하고, 원과 극선을 선택하여 지름의 양 끝점 E, F를 만든다.

● **적합선** ▣

"적합선 또는 적합직선 ▣ "은 "2개 이상의 점들로부터의 거리의 합이 최소가 되는 직선"으로 점들을 마우스로 직접 클릭하면 제대로 그려지지 않는 경우가 많아서, 대수창에 직접 입력하는 방법을 알려드리겠습니다.

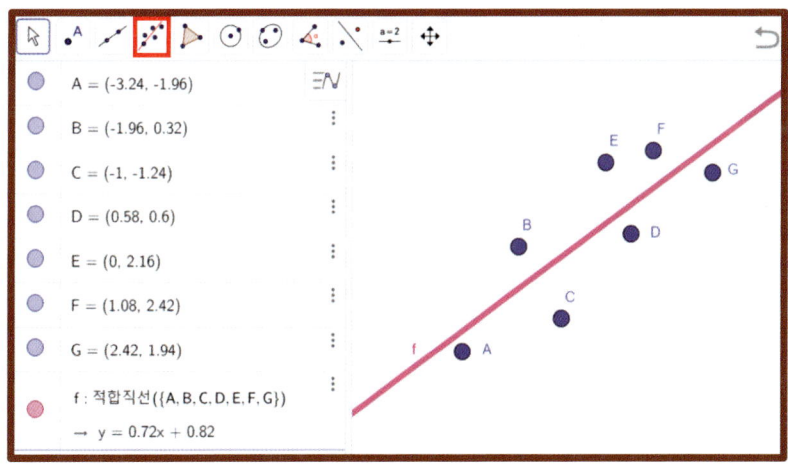

❶ "점 ▣ "을 선택하고, 마우스 왼쪽 버튼🖱으로 클릭하여 점 A, B, C, D, E, F, G를 그린다.

❷ "적합선 ![icon] "을 선택하고, 점 A, B를 선택한다.

** 두 점 A, B를 지나는 직선이 그려지고, 대수창에 "f : **적합직선**({A, B})"로 표시된다.

❸ 컴퓨터 자판을 이용해서 대수창에 나머지 점들을 직접 입력한다.

"f : **적합직선**({A, B, C, D, E, F, G})"

** 엔터키를 누르면 7개의 점들에 대한 적합선이 그려진다.

● **자취 그리기** ![icon]

"자취 그리기 ![icon] " 도구는 보통 "슬라이더 ![icon] "와 함께 사용하면서 "점이 움직이는 자취"를 그릴 때 사용합니다.

예를 들어, "직선 AB 위를 움직이는 점 D와 직선 밖의 점 C와의 중점의 자취"를 그려보겠습니다.

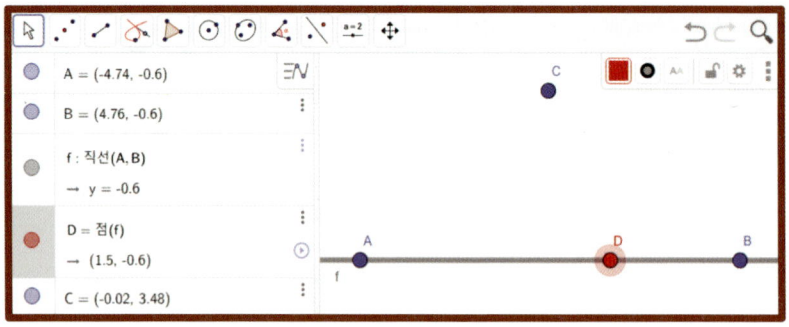

❶ "직선 ![icon] "을 선택하고, 직선 AB를 그린다.

❷ "점 ![icon] "을 선택하고, 직선 밖의 점 C를 그린다.

❸ "대상 위의 점 [A] "을 선택하고, 직선 AB 위에 점 D를 그린다.

** 대수창의 점 D 오른쪽에 "플레이 버튼 [▶] "이 만들어지는데, 이 버튼을 누르면 점 D는 직선 AB 위를 자동적으로 움직인다.

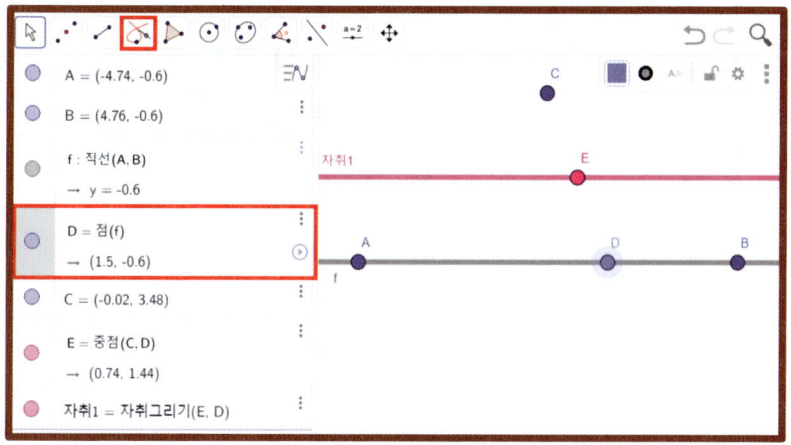

❹ "중점 또는 중심 [·.·] "을 선택하고, 두 점 C, D를 차례대로 클릭하여 중점 E를 만든다.

❺ "자취 그리기 [⊗] "를 선택하고, 점 E를 선택한다.

❻ 대수창에 있는 점 D의 플레이 버튼 [▶] 을 누른다.

 다각형 도구

[다각형 도구 설명]

● 다각형

마우스 왼쪽 버튼을 여러 개의 점을 클릭하여 다각형의 꼭짓점을 지정하고 마지막으로 맨 처음에 선택했던 점을 클릭하면 다각형이 그려집니다.

주로 정다각형이 아닌 일반적인 다각형을 그릴 때 "다각형 " 도구를 이용하면 매우 편리하게 삼각형, 사각형, 오각형, 육각형 등을 그릴 수 있습니다.

● 정다각형 🔷

"정다각형 🔷 " 도구를 사용하는 방법은 매우 간단합니다. 마우스 왼쪽 버튼🖱으로 두 점을 클릭하면 "점의 개수를 입력하는 창"이 열리는데요. 원하는 꼭짓점의 개수를 입력한 후에 "확인" 버튼을 누르면 됩니다.

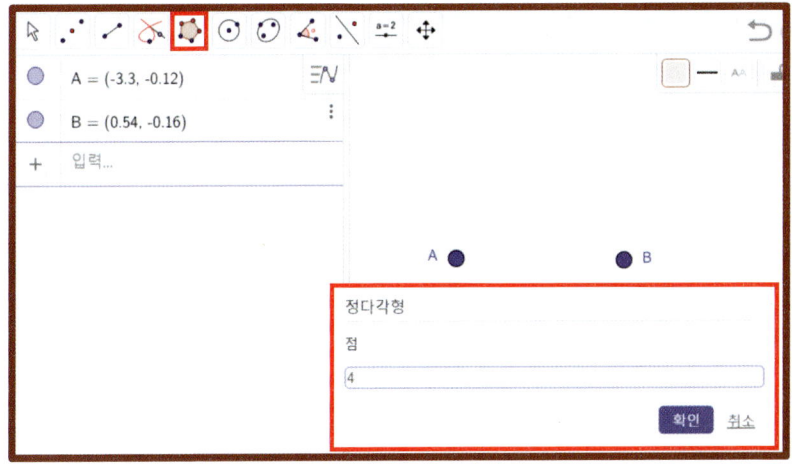

● 고정된 다각형 🔺

"고정된 다각형 🔺 " 도구를 이용하여 그린 다각형은 크기와 모양이 고정되어 있습니다. 마우스 왼쪽 버튼으로 다각형의 꼭짓점이나 선분을 누른 채 드래그하면 단지 다각형의 위치만 바뀌고 크기와 모양은 변함이 없습니다.

- **벡터 다각형**

"벡터 다각형" 도구로 다각형을 그리면 각 꼭짓점의 좌표가 미지수를 포함한 벡터의 "성분 표시" 모양으로 정해집니다.

예를 들어, 아래 그림처럼 사각형 ABCD를 "벡터 다각형" 도구로 그리면 점 A를 제외한 나머지 3개의 점들의 좌표는 미지수를 포함하고, 각각의 미지수는 값을 변화시킬 수 있도록 "슬라이더"로 만들어집니다.

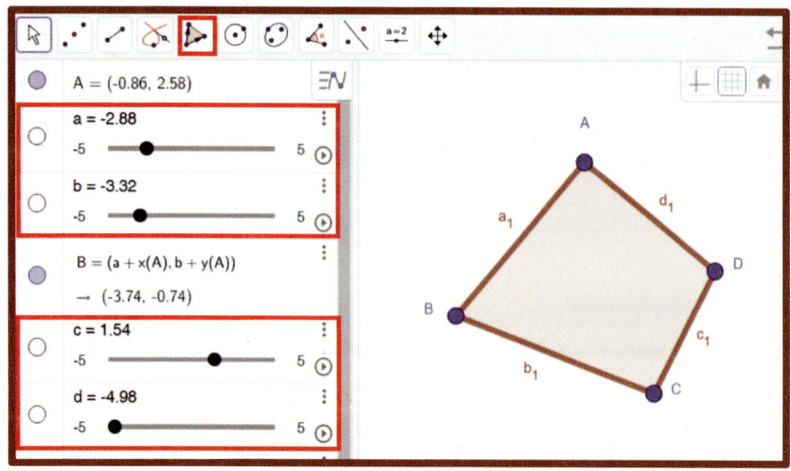

❶ "벡터 다각형"을 선택하고, 사각형 ABCD를 그린다. 이때 마지막에 점 A를 다시 클릭해야 한다.

❷ 대수창의 슬라이더를 드래그하면서 모양의 변화를 관찰한다.

 원 도구

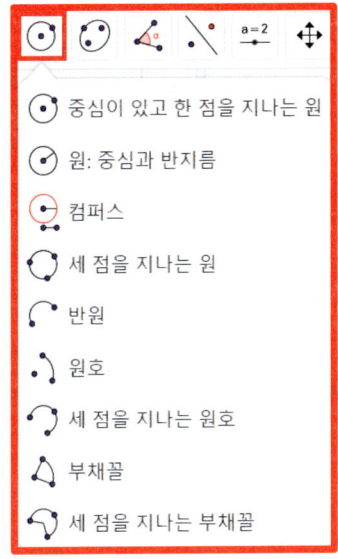

[원 도구 설명]

- **중심이 있고 한 점을 지나는 원**

마우스 왼쪽 버튼으로 먼저 찍는 점 A가 원의 중심이 되고, 나중에 찍는 점 B는 원주 위의 점이 됩니다.

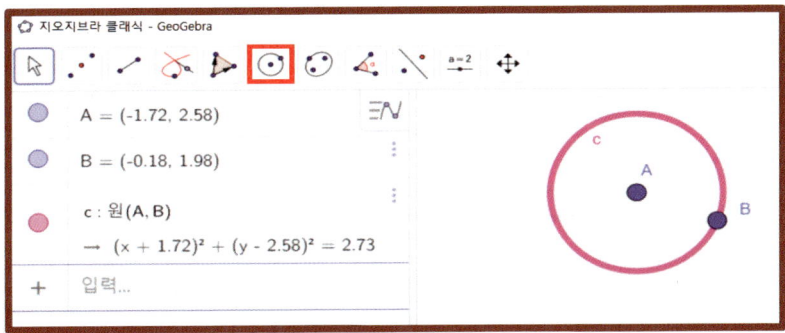

- **원 : 중심과 반지름**

반지름이 같은 여러 개의 원을 그릴 때 유용한 도구로 반지름의 길이를 입력창에 적은 후에 "확인" 버튼을 누르면 원이 그려집니다.

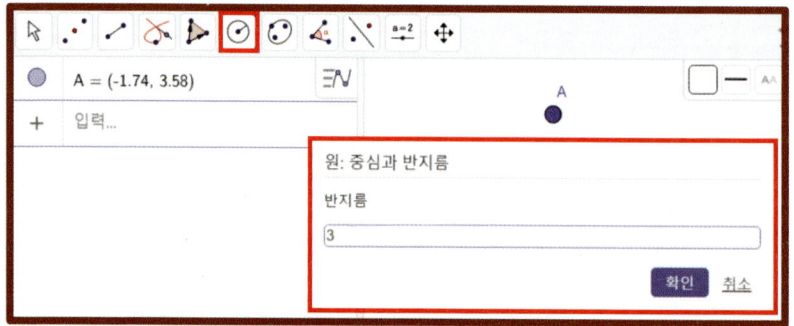

- **컴퍼스**

"컴퍼스" 도구는 "선분의 길이" 또는 "두 점 사이의 거리"를 반지름으로 하는 원을 그릴 때 사용합니다.

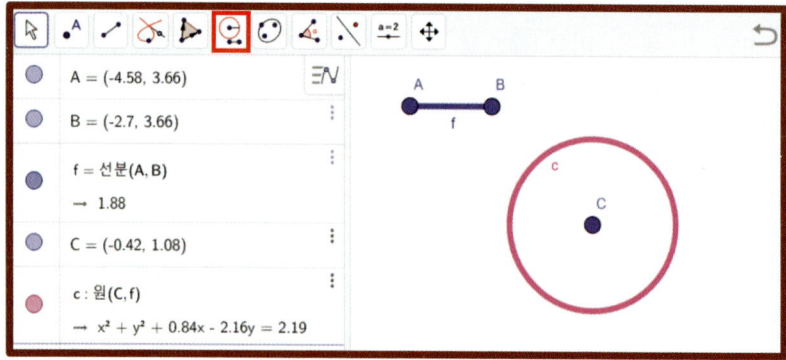

중학교에서 작도 개념으로 도형을 그릴 때 매우 많이 사용하는 도구입니다. 원을 그린 후에 선분의 길이에 따라 원의 반지름의 길이도 변하는 것을 확인해 보세요.

❶ "선분 ✏ "을 선택하고, 선분 AB를 그린다.

❷ "점 ·ᴬ "을 선택하고, 점 C를 그린다.

❸ "컴퍼스 🖸 "를 선택하고, 선분 AB와 점 C를 차례대로 선택한다.

** 원을 완성한 후에 마우스 왼쪽 버튼🖱으로 점 B를 누른 채 드래그하면서 원의 반지름의 길이도 함께 변하는 것을 관찰해 본다.

● 세 점을 지나는 원 🖸

"서로 다른 세 점은 하나의 원을 결정한다"는 성질을 이용하여 원을 그리는 도구입니다.

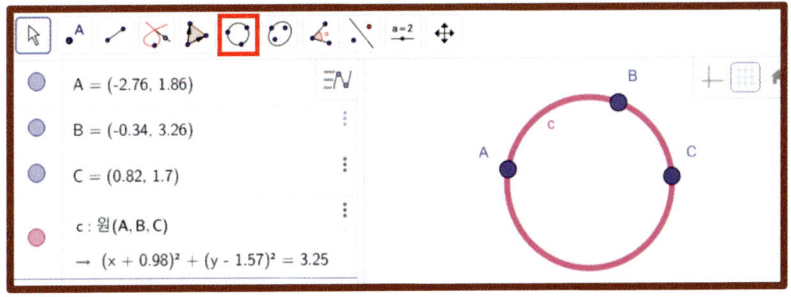

● 반원 ⌒

마우스로 클릭하는 두 점 A, B가 지름이 되도록 반원을 그리는 도구입니다.

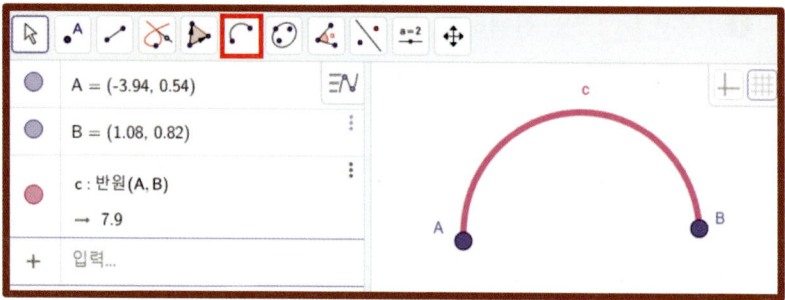

●원호 ⌢

원의 중심과 원주 위의 두 점을 이용하여 "호"를 그리는 도구입니다.

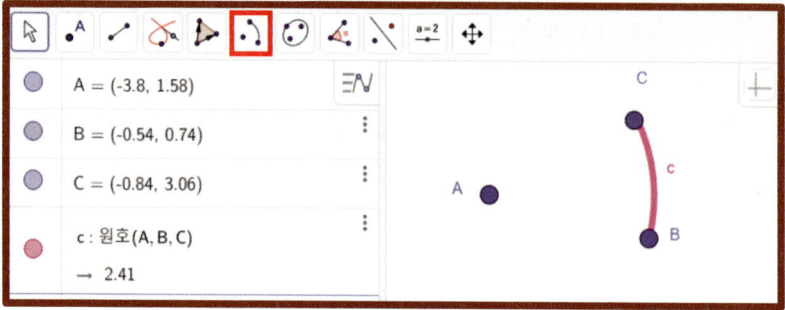

** 원주 위의 호는 "시계 반대 방향"으로 그려진다는 점을 주의해야 한다. 아래쪽에 점 B를 찍은 후에 위에 점 C를 찍어야 한다.

● 세 점을 지나는 원호

마우스 왼쪽 버튼 으로 세 점 A, B, C를 클릭하면 세 점을 지나는 "호"가 그려집니다. 이때 주의할 점은 세 점을 "시계 반대 방향"의 순서대로 그려야 한다는 겁니다.

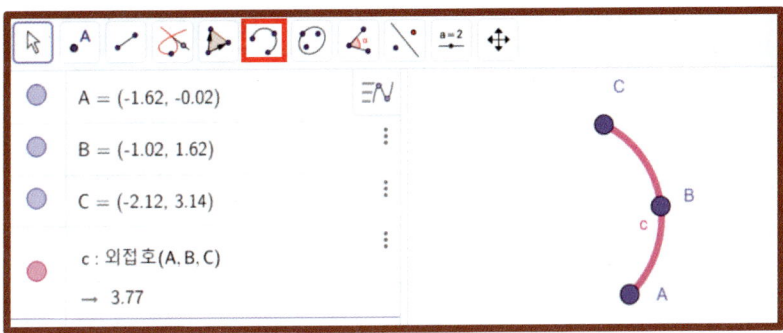

● 부채꼴 / 세 점을 지나는 부채꼴

"부채꼴 "은 먼저 그리는 점이 꼭짓점이 되고, 나중에 그리는 두 점은 호의 양 끝점이 됩니다. "세 점을 지나는 부채꼴 "은 세 점을 시계 반대 방향으로 선택해야 합니다.

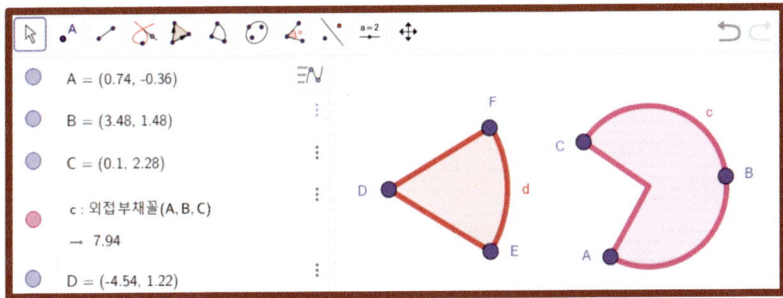

타원 도구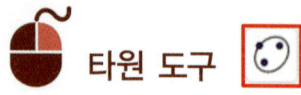

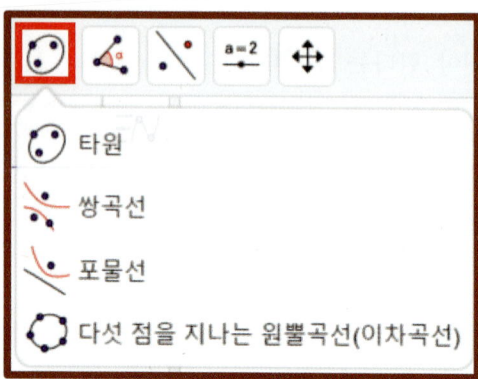

[타원 도구 설명]

● 타원

"타원"의 정의는 **"두 초점으로부터의 거리의 합이 일정한 점들의 집합"**입니다. "타원" 도구로 먼저 찍는 두 개의 점 A, B를 "초점", 나중에 찍는 한 개의 점 C를 "타원 위의 점"으로 하는 타원을 그릴 수 있습니다.

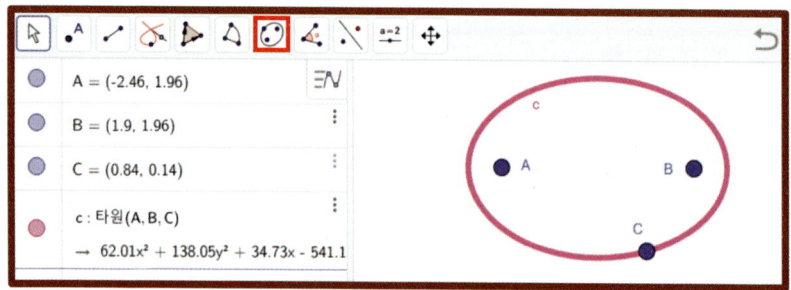

● 쌍곡선

"쌍곡선"은 "**두 초점으로부터 거리의 차가 일정한 점들의 집합**"입니다. 먼저 찍는 두 점 A, B가 쌍곡선의 "초점", 나중에 찍는 점 C는 "쌍곡선 위의 점"이 됩니다.

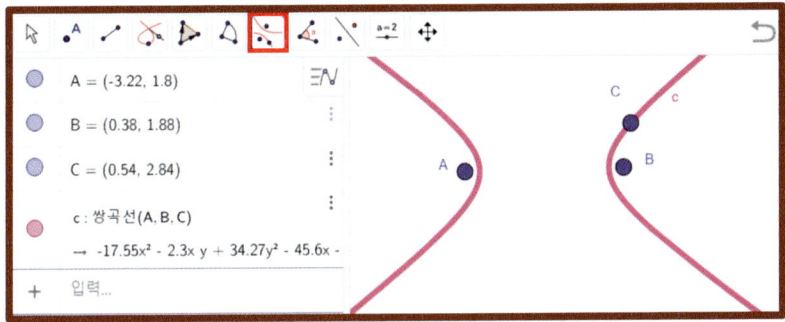

● 포물선

"포물선"은 "**한 직선과 한 정점으로부터의 거리가 같은 점들의 집합**"입니다.

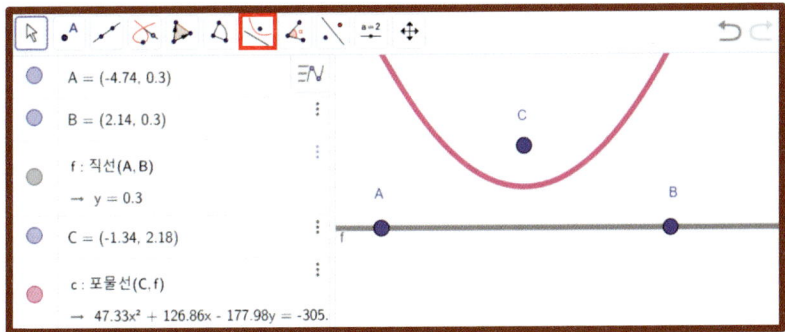

❶ "직선"을 선택하고, 직선 AB를 그린다.

❷ "점"을 선택하고, 점 C를 그린다.

❸ "포물선 [✏️]"을 선택하고, 점 C와 직선 AB를 차례대로 선택한다.

** 포물선의 정의에 따라 작도개념으로 포물선을 그리는 방법은 뒤에서 자세하게 소개할 것이다.

● 다섯 점을 지나는 원뿔곡선(이차곡선) [⬡]

원, 타원, 포물선, 쌍곡선 등의 이차곡선은 원뿔을 평면으로 자른 단면이 만드는 곡선이기도 합니다. 이와 같은 이유로 이차곡선을 원뿔곡선이라고도 부르는데요. 서로 다른 3개의 점이 하나의 원을 결정하듯이, 서로 다른 5개의 점은 원뿔곡선을 결정합니다.

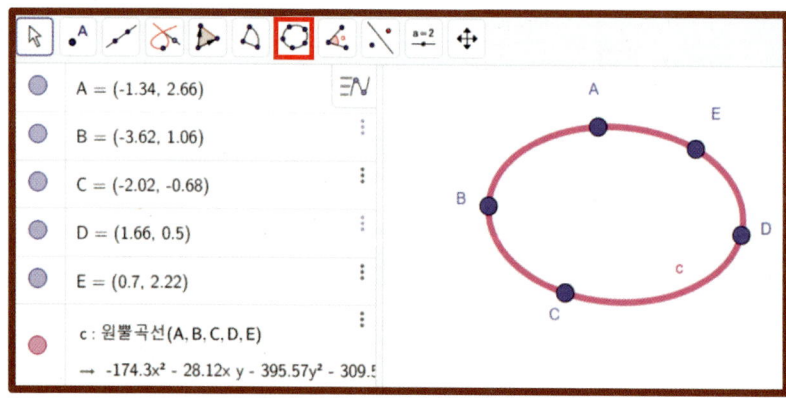

각 도구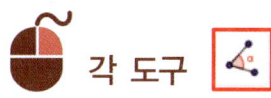

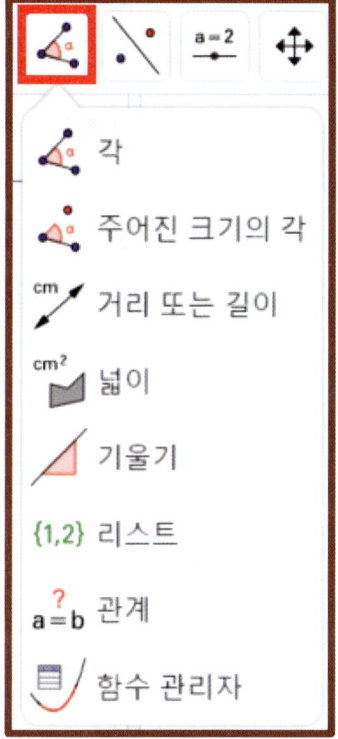

[각 도구 설명]

● 각

"각"은 "시작점이 같은 두 반직선(선분, 직선)으로 만들어지는 도형"입니다. "각" 도구로 각을 이루는 3개의 점을 시계 반대 방향으로 선택하여 각을 지정할 수 있습니다.

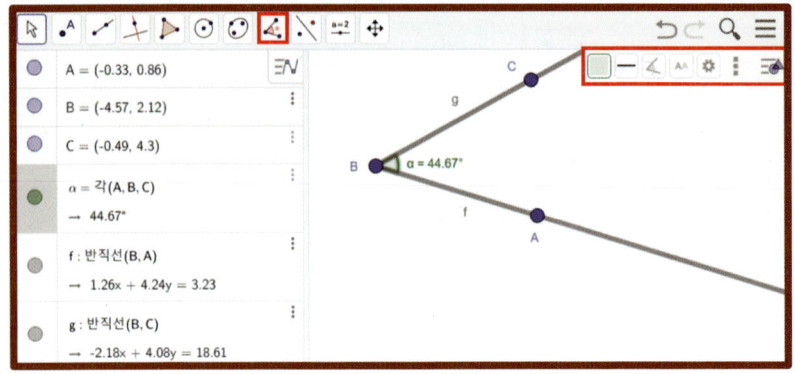

 ** 화면 우측 상단에 있는 설정 메뉴를 이용하여 각의 "이름", "색깔", "모양" 등을 변경할 수 있다.

● **주어진 크기의 각**

마우스로 먼저 선택한 점 A가 "회전할 점"이고 나중에 선택한 점 B는 "회전의 중심"이 됩니다.

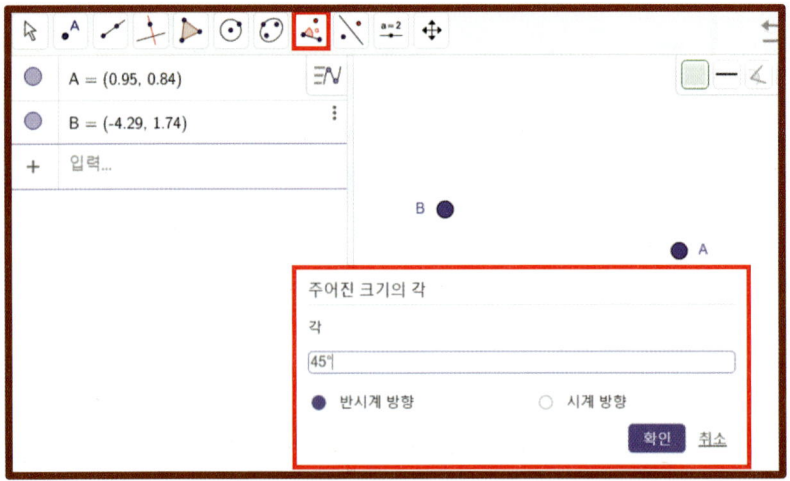

- 거리 또는 길이 [cm] / 넓이 [cm²]

[cm] 도구로는 "두 점 사이의 거리" 또는 "선분의 길이"를 계산할 수 있고, [cm²] 도구로는 "다각형이나 원의 넓이"를 계산할 수 있습니다.

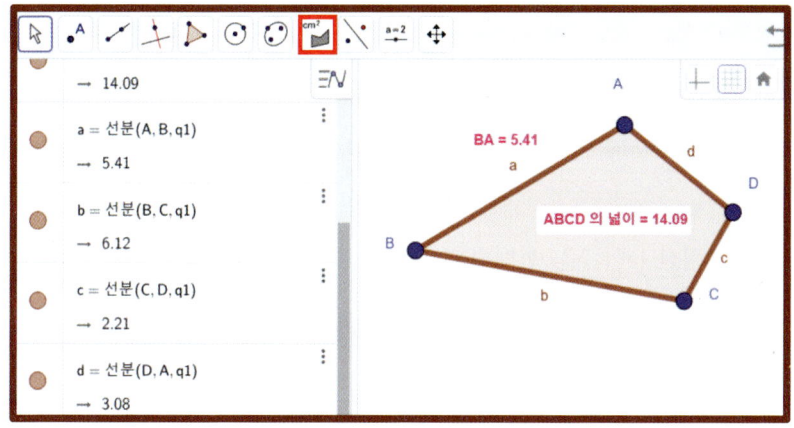

❶ "다각형 ▷ "을 선택하고, 사각형 ABCD를 그린다.

❷ "거리 또는 길이 [cm] "를 선택하고, 두 점 B, A를 차례대로 선택하여 두 점 사이의 거리를 구한다.

❸ "넓이 [cm²] "를 선택하고, 마우스로 도형의 내부를 클릭하여 사각형 ABCD의 넓이를 구한다.

- 기울기 [△]

"기울기"는 좌표평면 위에서 "x값의 증가량에 대한 y값의 증가량"으로 정의됩니다. x, y축이 있는 좌표평면 위에 그려진 직선의 기울기를 구할 때 사용할 수 있는 도구입니다.

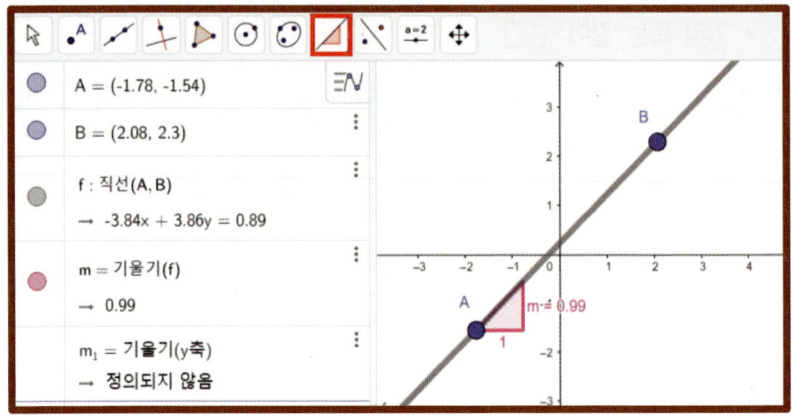

❶ "직선 ✏️ "을 선택하고, 직교좌표 위에 직선 AB를 그린다.

❷ "기울기 ◿ "를 선택하고, 마우스 왼쪽 버튼🖱으로 직선 AB를 클릭한다.

** 기울기는 x 값의 증가량이 1일 때의 y 값의 증가량으로 나타난다.

● 리스트 {1,2}

"리스트 {1,2} "는 "스프레드시트"를 이용하여 자료를 입력할 때 사용하는 도구로, 제4장 확률 / 통계의 LESSON 01의 "스프레드시트"에서 별도로 다룰 예정입니다. 여기서는 지오지브라 6에서 스프레드시트를 여는 방법만 간단하게 소개해 드리겠습니다.

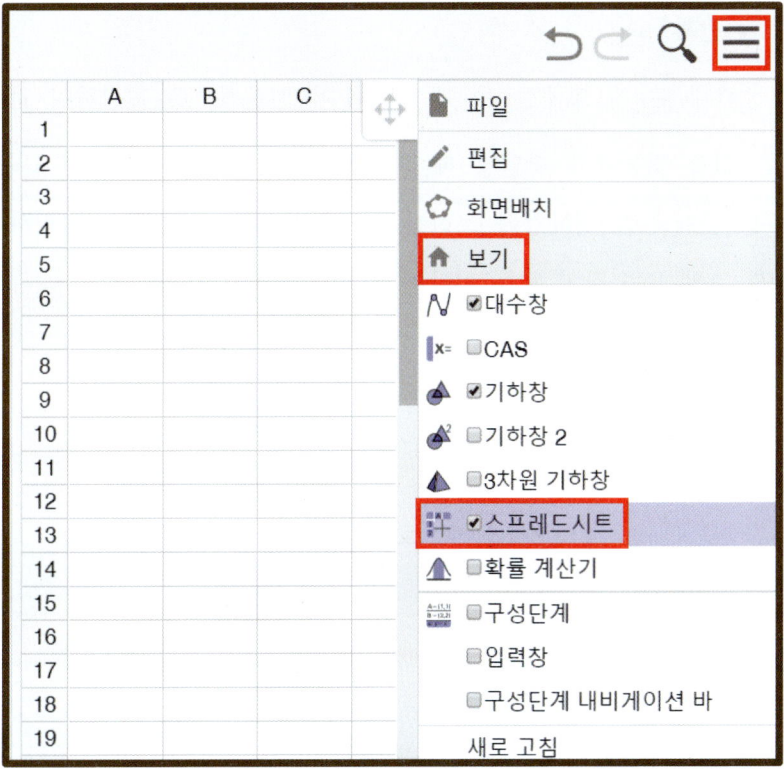

❶ 화면 오른쪽 상단에 있는 ≡ 를 마우스로 클릭한다.

❷ 하위 메뉴 보기 를 누른다.

❸ 하위 메뉴 스프레드시트 를 선택한다.

스프레드시트 창이 열리면, 왼쪽 상단에 4개의 도구 메뉴를 볼 수 있는데요. "리스트"에 자료를 입력한 후에 목적에 맞는 도구를 선택하여 사용할 수 있습니다.

● 관계 [a=b]

"관계 [a=b] " 도구는 두 대상을 수치 연산적으로 계산하여 같은 값을 갖는지를 확인할 때 사용합니다. 예를 들어, "관계 [a=b] "를 선택하고, 기하창에 그려진 두 점 A, B를 차례대로 클릭하면 "A와 B는 같지 않음"이라는 메시지가 표시됩니다.

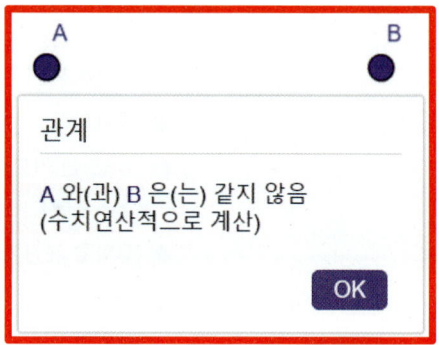

● 함수 관리자 [아이콘]

"함수 관리자 [아이콘] " 도구 역시 지오지브라 舊버전에서 사용하던 메뉴로, "함수 관리자 [아이콘] "를 선택하고 기하창에 그려져 있는 함수를 마우스로 클릭하면 함수에 대한 다양한 정보를 보여주는 창이 만들어져야 하는데요.

지오지브라 클래식 6에서는 사용할 수 없는 도구로, 실제 "함수 관리자 [아이콘] "를 선택한 후에 기하창에 있는 함수의 그래프를 마우스로 클릭해도 아무런 반응이 없습니다.

도형의 대칭 / 회전 / 평행이동 도구

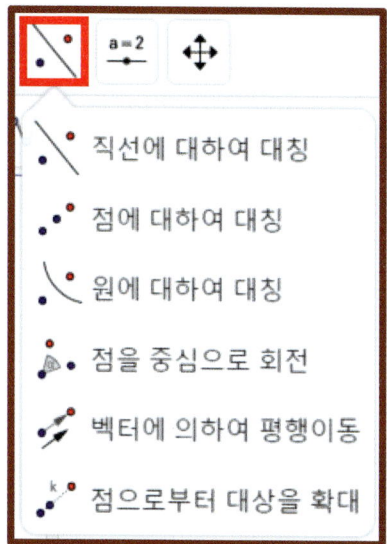

[대칭/회전/평행이동
도구 설명]

● 직선에 대하여 대칭

"도형을 직선(선분, 반직선)에 대하여 대칭이동" 시킬 때 사용하는 도구입니다.

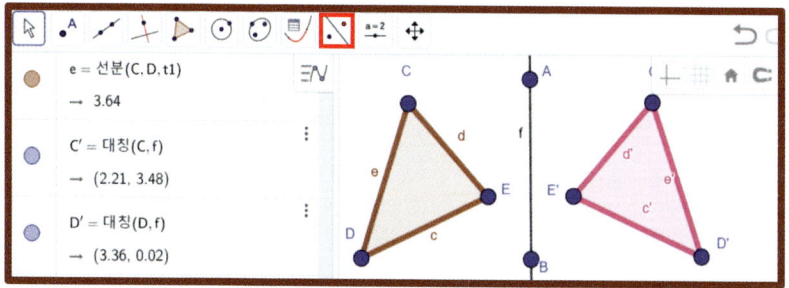

❶ "직선 ✎ "을 선택하고, 직선 AB를 그린다.

❷ "다각형 ▷ "을 선택하고, 삼각형 CDE를 그린다.

❸ "직선에 대하여 대칭 ⋮ "을 선택하고, 삼각형 CDE와 직선 AB를 차례대로 선택한다.

** 선대칭도형을 완성한 후에 마우스 왼쪽 버튼🖱으로 점 B를 누른 채 드래그하면서 직선의 위치에 따라서 대칭도형이 변하는 모습을 관찰해 본다.

● 점에 대하여 대칭 ⋰

"점대칭 도형"을 완성한 후에는 대칭점들을 선분으로 연결하는 것이 이해에 도움이 됩니다.

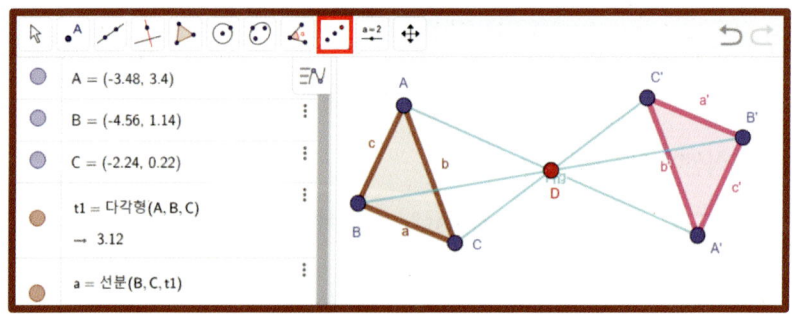

❶ "다각형 ▷ "을 선택하고, 삼각형 ABC를 그린다.

❷ "점 •ᴬ "을 선택하고, 대칭의 중심인 점 D를 그린다.

❸ "점에 대하여 대칭 ⋰ "을 선택하고, 삼각형 ABC와 점 D를 차례대로 선택하여 점대칭도형을 그린다.

❹ "선분 [✎] "을 선택하고, 대칭점들을 선분으로 이어준다.

● **원에 대하여 대칭** [◡]

"원에 대하여 대칭 [◡] " 도구는 평면도형을 원점을 중심으로 "구면" 위에 축소 또는 확대하는 효과를 나타낼 때 사용합니다.

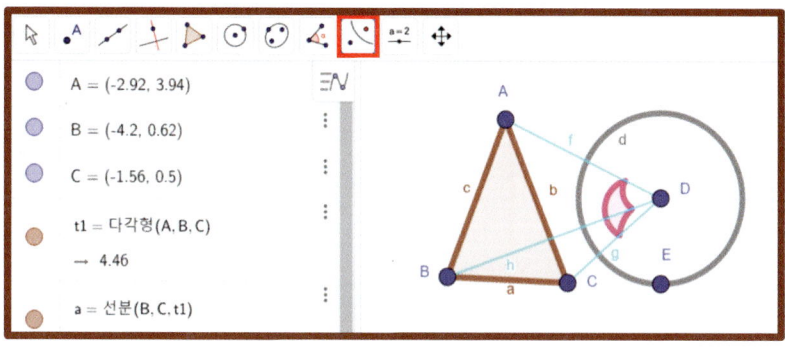

❶ "다각형 [△] "을 선택하고, 삼각형 ABC를 그린다.

❷ "중심이 있고 한 점을 지나는 원 [⊙] "을 선택하고, 점 D를 중심으로 하는 원을 그린다.

❸ "원에 대하여 대칭 [◡] "을 선택하고, 삼각형 ABC와 원의 내부를 차례대로 클릭하여 대칭도형을 그린다.

❹ "선분 [✎] "을 선택하고, 삼각형 ABC의 꼭짓점들과 중심 D를 연결하는 선분을 그린다.

- **점을 중심으로 회전**

"점을 중심으로 회전 "은 도형을 회전이동시킬 때 사용하는 도구입니다.

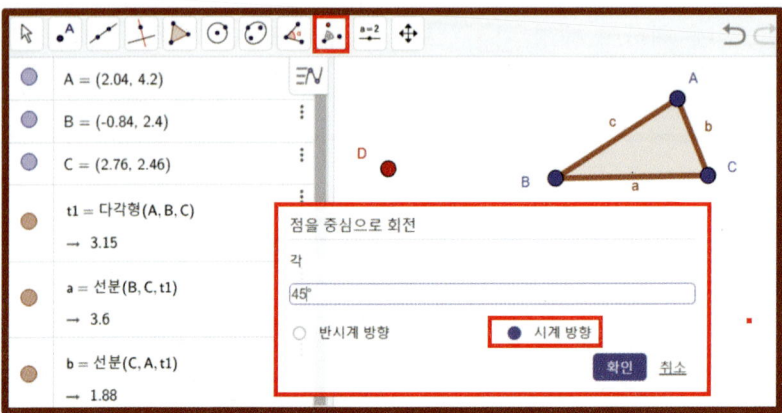

❶ "다각형 "을 선택하고, 삼각형 ABC를 그린다.

❷ "점 "을 선택하고, 회전의 중심인 점 D를 그린다.

❸ "점을 중심으로 회전 "을 선택하고, 삼각형 ABC와 점 D를 차례대로 클릭한다.

❹ 각의 입력창에 회전각을 입력하고, 여기서는 "시계방향"으로 선택한 후에 "확인" 버튼을 누른다.

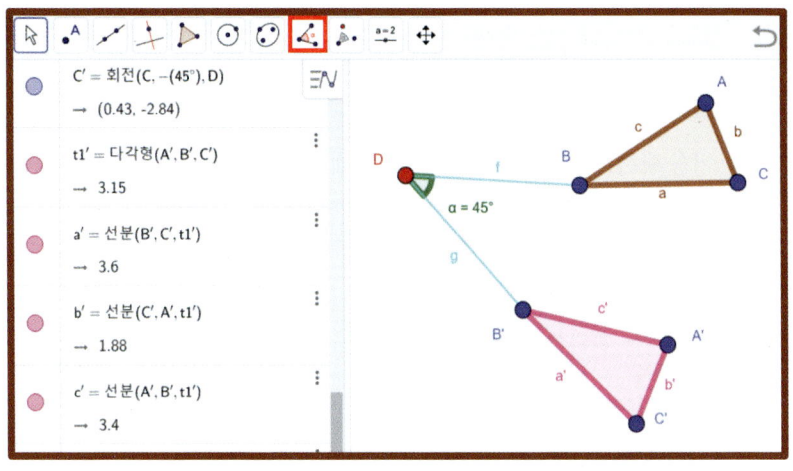

** 회전이동을 끝낸 후에는 회전이동한 도형의 성질을 시각적으로 표현하기 위해서 "회전각"을 표현해 주는 것이 좋다.

❺ "선분 ✐ "을 선택하고, 선분 BD와 B´D를 그린다.

❻ "각 ◁ "을 선택하고, 3개의 점 B´, D, B를 차례대로 클릭하여 각의 크기를 구한다.

** 각의 크기를 구할 때 3개의 점은 시계 반대 방향의 순서대로 선택해야 한다.

● **벡터에 의하여 평행이동** ✐

"벡터에 의하여 평행이동 ✐ " 도구는 도형을 평행이동시킬 때 사용하는 것으로 앞의 "벡터 ✐ "에서 설명했습니다.

- **점으로부터 대상을 확대**

"점으로부터 대상을 확대" 도구는 도형의 확대 또는 축소를 이용해서 "닮은 도형"을 그릴 때 사용합니다.

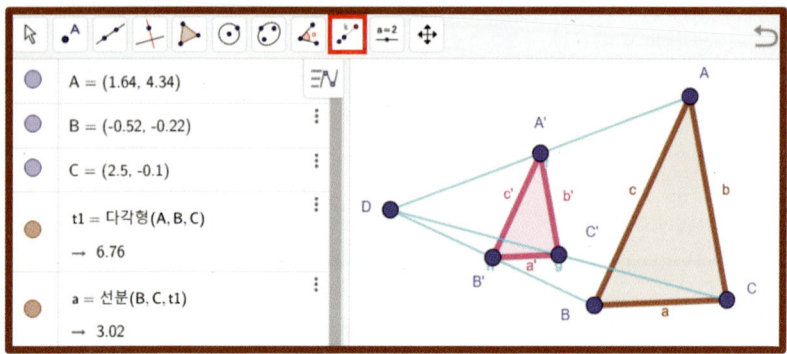

❶ "다각형"을 선택하고, 삼각형 ABC를 그린다.

❷ "점"을 선택하고, 닮음의 중심인 점 D를 그린다.

❸ "점으로부터 대상을 확대"을 선택하고, 삼각형 ABC와 점 D를 차례대로 클릭한다.

❹ 확대 비율 입력창에 "0.5"를 입력하고 "확인" 버튼을 누른다.

❺ "선분"을 선택하고, 삼각형 ABC의 세 꼭짓점과 점 D를 잇는 3개의 선분을 그린다.

** $\frac{1}{2}$로 축소된 도형을 그린 후에 마우스로 삼각형 ABC의 꼭짓점을 드래그하면서 모양의 변화를 관찰해 본다.

슬라이더 도구

[슬라이더 도구 설명]

● **슬라이더**

　슬라이더는 함수나 방정식에서 사용하는 "미지수"를 의미합니다. 미지수는 고정된 값이 아니라 임의의 수를 의미하며, 미지수의 값에 따라서 함수나 방정식의 그래프의 모양이 변함을 관찰할 수 있습니다. 특히 함수의 그래프를 그릴 때 "슬라이더" 기능을 활용해 볼 것을 권장합니다.

❶ "슬라이더 "를 선택하고, 마우스 왼쪽 버튼 으로 기하 창을 클릭하면 위와 같은 창이 열린다.

** 슬라이더 창에서는 "이름", "수", "각", "정수", "최솟값", "최댓값", "증가"를 선택할 수 있고, "애니메이션" 미지수가 자동으로 변하게 하는 기능을 한다.

"슬라이더 " 도구는 그 활용 범위가 매우 넓은데요. 구체적인 활용 예제들은 본문에서 다룰 예정이고, 여기서는 일차함수 $y=ax+b$ 에서 미지수 a, b를 슬라이더로 지정하는 방법을 설명해 보겠습니다.

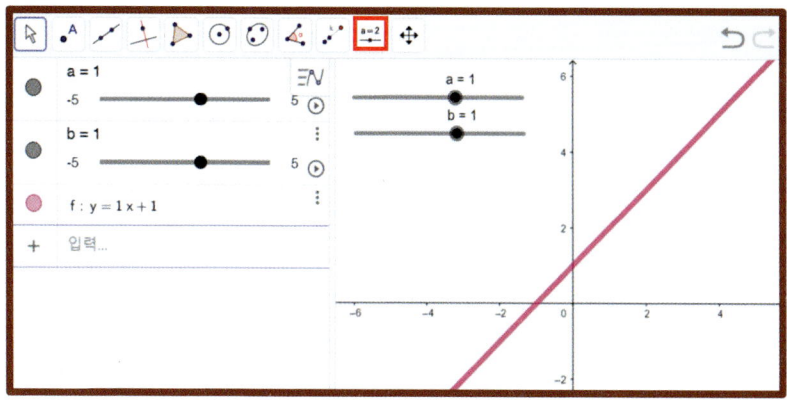

❷ "슬라이더 ![slider] "를 선택하고, 2개의 슬라이더 a, b를 만든다.
** 슬라이더 창에서 "수", "최솟값 -5, 최댓값 5"로 지정한다.
❸ 대수창에 "y=ax+b"를 입력한 후에 엔터키를 누른다.
** 대수창에는 일차함수 $y = ax + b$로 표시되고, 이때 미지수 a, b의 값은 슬라이더의 값이 입력된다.
** 슬라이더 a, b의 값에 맞게 대수창에 일차함수 $y = ax + b$의 그래프가 그려진다.
** 슬라이더의 플레이 버튼을 누르거나, 마우스로 슬라이더를 누른 채 드래그하면서 a, b의 값이 변함에 따라 일차함수 $y = ax + b$의 그래프가 어떻게 변하는지를 관찰해 본다. 이 과정에서 직선의 "기울기"와 "y절편"의 역할을 이해할 수 있다.

- 텍스트 ABC

"텍스트 ABC " 도구는 지오지브라에 제목이나 설명을 입력할 때 사용합니다. 보통 복잡한 작도 과정을 텍스트로 입력해 놓으면 나중에 도움이 됩니다.

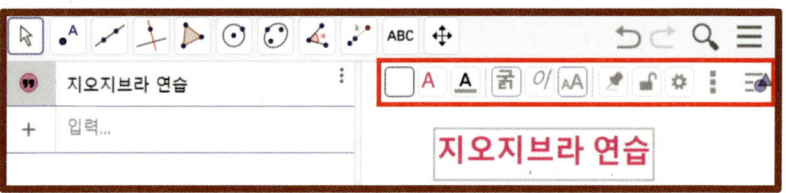

** "텍스트 ABC " 도구를 선택한 후에 화면의 우측 상단에 있는 설정 메뉴 를 눌러서 글자의 "모양", "색깔", "크기" 등을 수정할 수 있다.

- 그림

"그림 " 도구로 기하창에 그림을 넣을 수 있습니다.

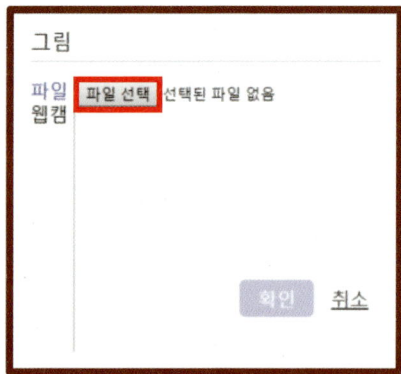

- **버튼** [OK]

"버튼 [OK] "은 "애니메이션 도구를 사용할 때 동작의 시작 또는 멈춤을 버튼으로 만드는 도구"입니다. 애니메이션 기능을 가지고 있는 미지수는 모두 대수창에 "플레이 버튼 ▶ "으로 같은 시작/멈춤을 할 수 있습니다.

예를 들어, 슬라이더 a, b를 사용하여 일차함수 $y = ax + b$의 그래프를 그리는 과정에서 슬라이더 a를 "버튼"으로 만들어 보겠습니다.

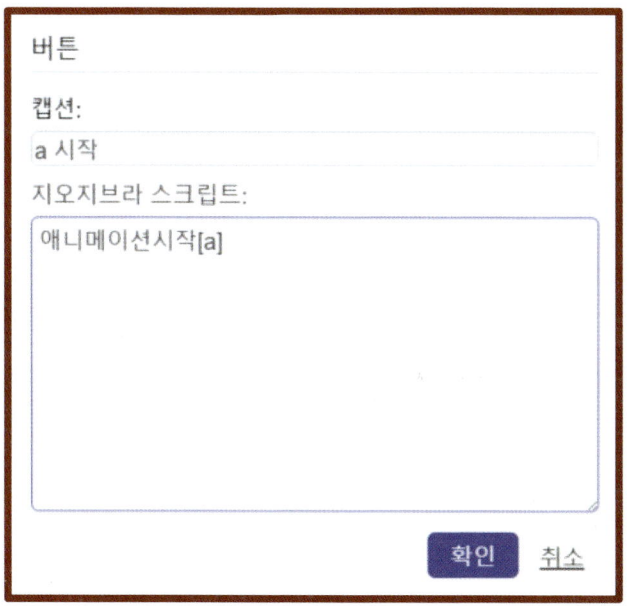

❶ "버튼 [OK] "을 선택하고, 기하창의 적당한 위치에 마우스 왼쪽 버튼을 클릭하면 "버튼 입력창"이 나타난다.

❷ 입력창의 캡션에 "a 시작", 지오지브라 스크립트에 "**애니메이션시작**[a]"를 입력한 후에 "확인" 버튼을 누른다.

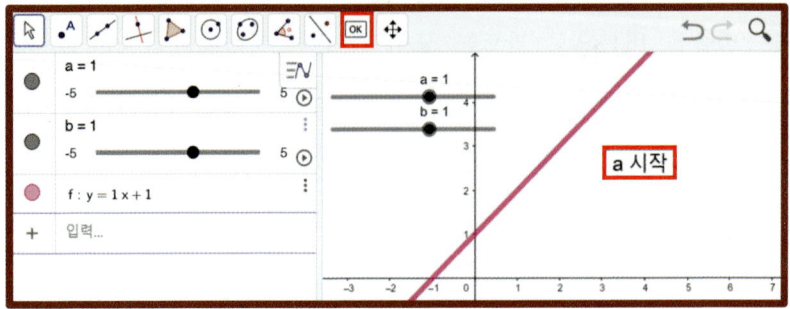

같은 방법으로 "a 멈춤" 버튼을 만들어 보겠습니다.

❸ "버튼 [OK] "을 선택하고, 입력창의 캡션에 "a 멈춤", 지오지브라 스크립트에 "**애니메이션시작**[a,false]"를 입력한 후에 "확인" 버튼을 누른다.

** 마우스로 "a 시작" 버튼을 누르면 슬라이더 a가 움직이고, "a 멈춤" 버튼을 누르면 움직임이 멈춘다.

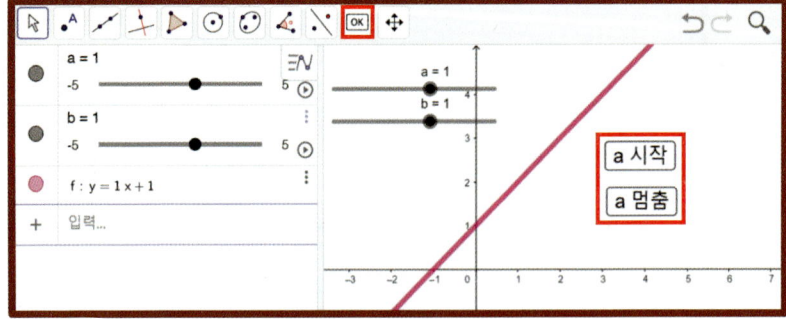

● 체크 상자

"체크 상자 "는 "대수창에 입력한 대상을 보이기 또는 감추기를 할 수 있는 도구"입니다.

예를 들어, 2개의 슬라이더 a, b와 일차함수 $y=ax+b$를 체크상자로 만드는 과정을 설명해 보겠습니다.

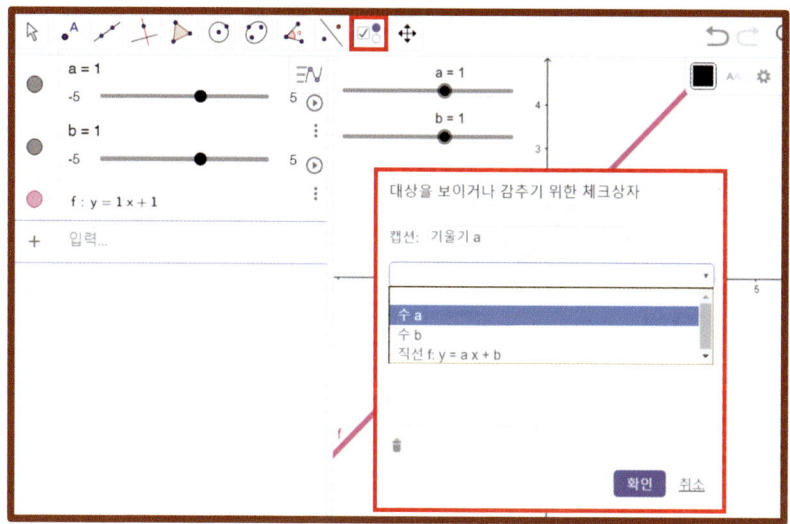

❶ "체크 상자 "를 선택하고, 기하창의 적당한 위치에 마우스를 클릭한다.

❷ 체크상자 입력창의 캡션에 "기울기 a"를 입력하고, 아래에 있는 "화살표 ▼"를 눌러서 "수 a"를 선택한 후에 "확인" 버튼을 누르면 "기울기 a"의 체크상자가 만들어진다.

❸ 이와 같은 방법으로 "y절편 b", "y=ax+b의 그래프" 체크상자를 만든다.

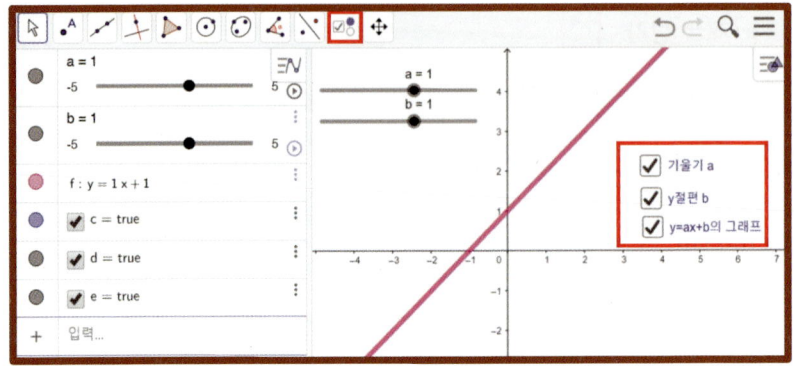

** 체크상자의 위치를 옮기기 위해서는 체크상자 위에 커스를 놓고 마우스 오른쪽을 눌러서 "체크상자 고정"을 해제해야 한다.

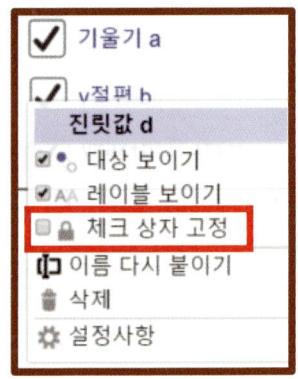

- **입력 상자** a=1

"입력 상자 a=1 "는 "대수창에 있는 대상의 값을 보여주는 상자를 만드는 도구"입니다.

예를 들어, 슬라이더 a를 만든 후에 a의 값을 보여주는 입력 상자를 만들어 보겠습니다.

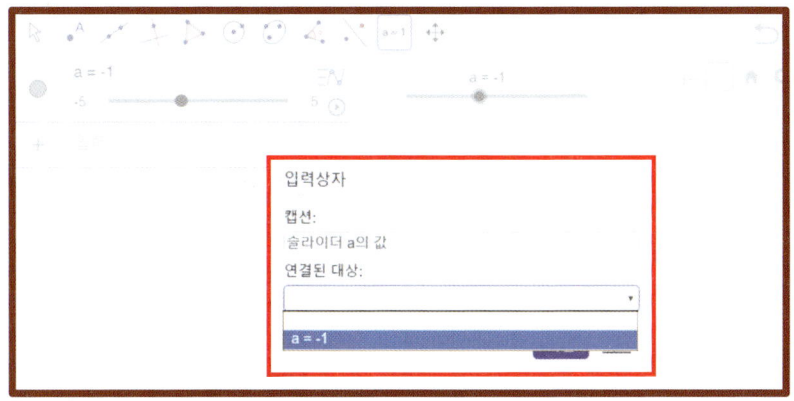

❶ "슬라이더 ⬚ "를 선택하고, 슬라이더 a를 만든다.

❷ "입력 상자 ⬚ "를 선택하고, 기하창의 적당한 위치에 마우스 왼쪽 버튼을 클릭하면 입력 상자 창이 열린다.

❸ 입력상자 화면의 캡션 창에 "슬라이더 a의 값"을 입력하고 "연결된 대상" 아래에 있는 ▼를 클릭하여 "a=-1"을 선택한 후에 "확인" 버튼을 누른다.

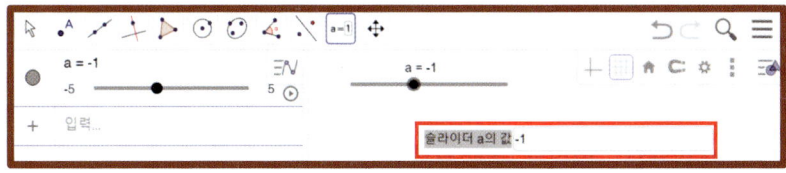

기하창 이동 도구

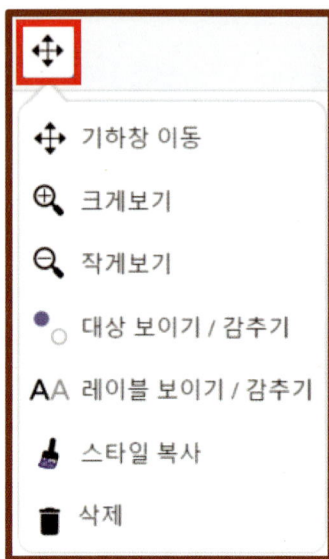

[기하창 도구 설명]

● **기하창 이동**

"기하창 이동" 도구를 선택하면 기하창의 좌표평면이 화면의 정중앙으로 이동합니다.

● **크게 보기 / 작게 보기**

"크게 보기"를 선택하면 기하창의 화면이 확대되고, "작게 보기"를 누르면 기하창의 화면이 축소됩니다.

- **대상 보이기 / 감추기**

"대상 보이기/감추기 " 도구를 선택한 후에 기하창에 있는 대상을 마우스 왼쪽 버튼으로 클릭하면 색이 연하게/진하게 변합니다.

- **레이블 보이기 / 감추기**

"레이블 보이기/감추기 "를 선택하고, 기하창에 그려진 대상을 마우스 왼쪽 버튼으로 클릭하면 대상의 이름이 보이거나 감춰집니다.

- **스타일 복사**

"스타일 복사 "는 먼저 선택한 대상의 스타일을 복사한 후에 다음에 선택하는 대상의 스타일을 먼저 선택한 대상의 스타일로 바꿀 때 사용하는 도구입니다.

- **삭제**

"삭제 "를 선택한 후에 기하창에 있는 대상을 마우스 왼쪽 버튼으로 클릭하면 삭제됩니다. 대수창에 있는 각 대상들의 우측에 있는 을 마우스로 눌러서 각 대상들을 삭제할 수도 있습니다.

제2장

3차원 그래프

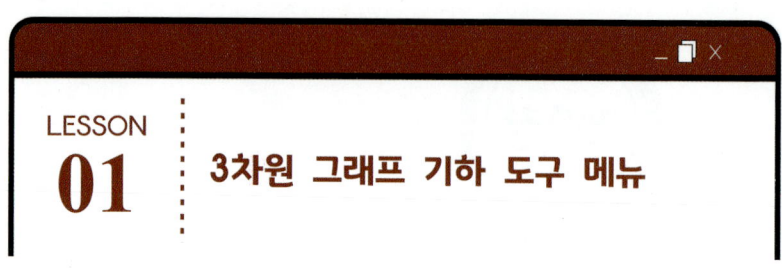

LESSON 01 : 3차원 그래프 기하 도구 메뉴

 지오지브라 6과 3차원 그래프의 메뉴창 도구

 "3차원 그래프"는 이차원 도형이나 그래프를 그리는 "지오지브라 6"을 3차원 입체로 확장할 수 있는 프로그램으로 메뉴창에 있는 많은 도구들이 서로 중복됩니다. 따라서 여기서는 중복되지 않는 도구들만 설명할 예정입니다.

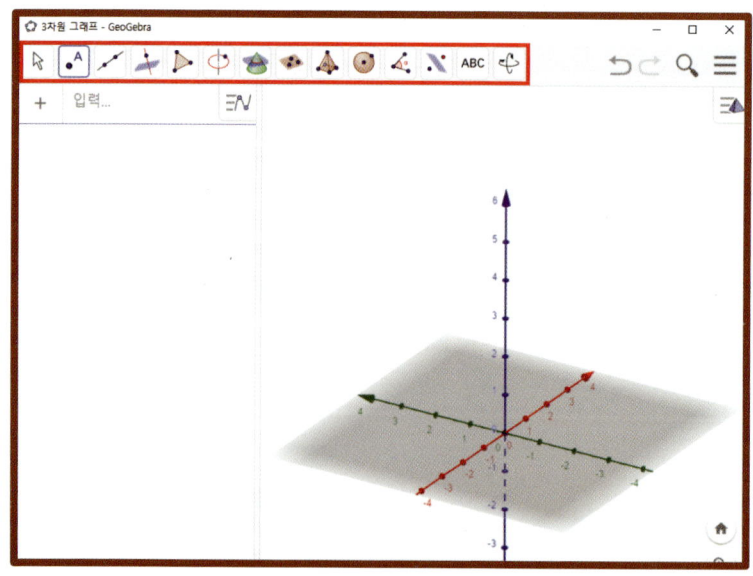

수직선 도구

● 수직선

수직선 도구 는 "한 점을 지나고 평면(직선)에 수직인 직선"을 그릴 때 사용하는 도구로, 대수창에는 수직선이 "벡터방정식 $\vec{x}=\vec{a}+t\vec{d}$"으로 표시됩니다.

예를 들어, 점 $A(1, 1, 1)$을 지나고 평면 $x+y+z=1$ 에 수직인 직선을 그리는 방법을 설명해 드리겠습니다.

[수직선 도구]

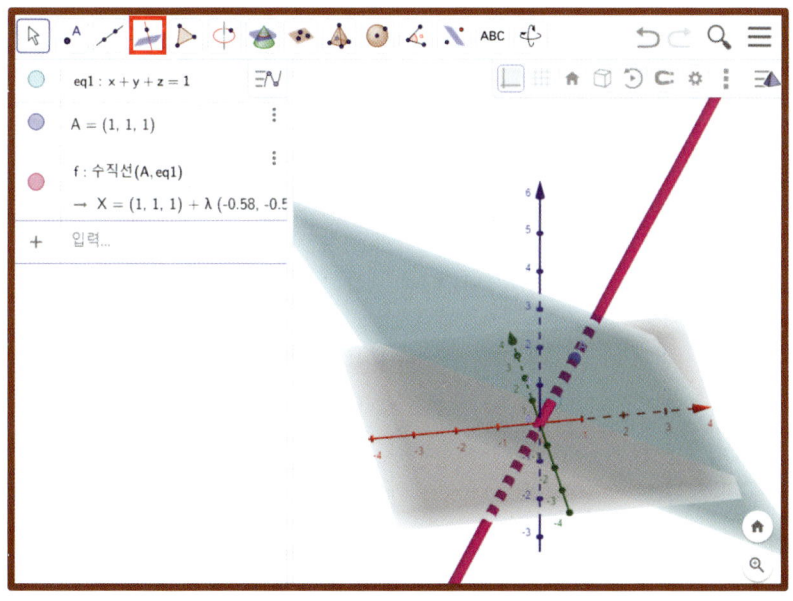

제2장 3차원 그래프

❶ 대수창에 평면의 방정식 $x+y+z=1$을 입력한다.

❷ 대수창에 점 A(1, 1, 1)을 입력한다

** 점을 그릴 때는 대수창에 점의 좌표만 입력한다.

$$(1,\ 1,\ 1)$$

❸ "수직선 "을 선택한 후에, 마우스 왼쪽 버튼으로 점 A 와 평면 $x+y+z=1$을 차례대로 클릭한다.

** 그림을 완성한 후에 "이동 " 이나 "3차원 기하창 회전 " 도구를 선택하고, 3차원 도형 위를 마우스 왼쪽 버튼 으로 누른 채 드래그하면서 각도를 바꿔가며 관찰해 본다.

원 도구

[원 도구]

● 점을 지나고 축이 있는 원

"점을 지나고 축이 있는 원 "에서 "축"은 "원의 중심을 지나고 원을 포함한 평면에 수직인 직선"을 말합니다. 이 도구를 이용하여 원주 위의 한 점을 지나고 축이 있는 원을 그릴 수 있습니다.

예를 들어, 점 $A(2,\ -2,\ 2)$를 지나고 원점을 지나는 직선의 방정식 $\dfrac{x}{2}=\dfrac{y}{2}=\dfrac{z}{2}$를 축으로 하는 원을 그리는 방법을 설명해 드리겠습니다.

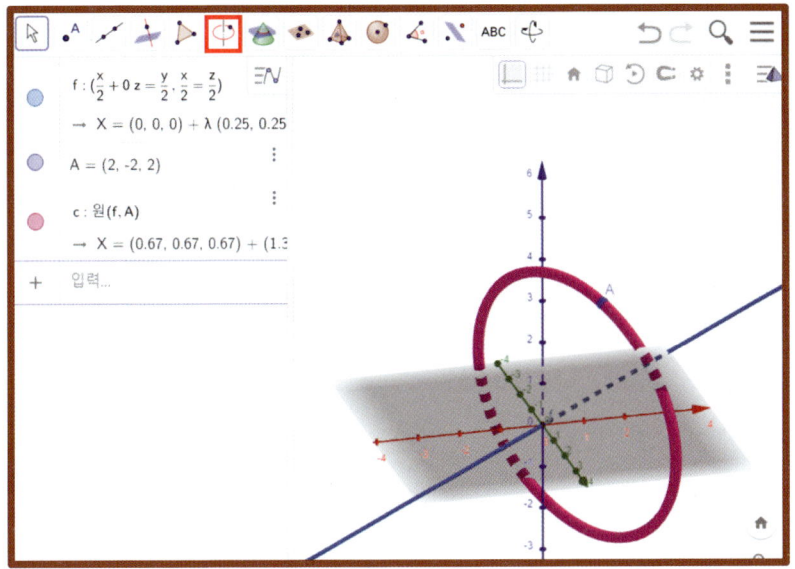

❶ 대수창에 직선의 방정식 $\dfrac{x}{2}=\dfrac{y}{2}=\dfrac{z}{2}$ 를 입력한다.

** 입력식은 x/2 = y/2 = z/2이고 대수창에는 직선의 벡터방정식으로 표시된다.

❷ 대수창에 점 $A(2,\,-2,\,2)$를 입력한다.

** 입력식은 (2, -2, 2)이고 대수창에는 $A=(2,-2,2)$로 표시된다.

❸ "점을 지나고 축이 있는 원 ⬚ " 도구를 선택한 후에, 직선과 점 A를 차례대로 클릭한다.

● 중심, 반지름, 방향이 있는 원

"중심, 반지름, 방향이 있는 원" 도구를 사용하여 원을 그릴 때 "방향"은 "선분, 직선, 벡터" 등을 이용하여 지정할 수 있습니다. 예를 들어, 점 A(1, 1, 1)를 원의 중심으로 하고, 주어진 벡터에 수직이면서 반지름의 길이가 3인 원을 그려보겠습니다.

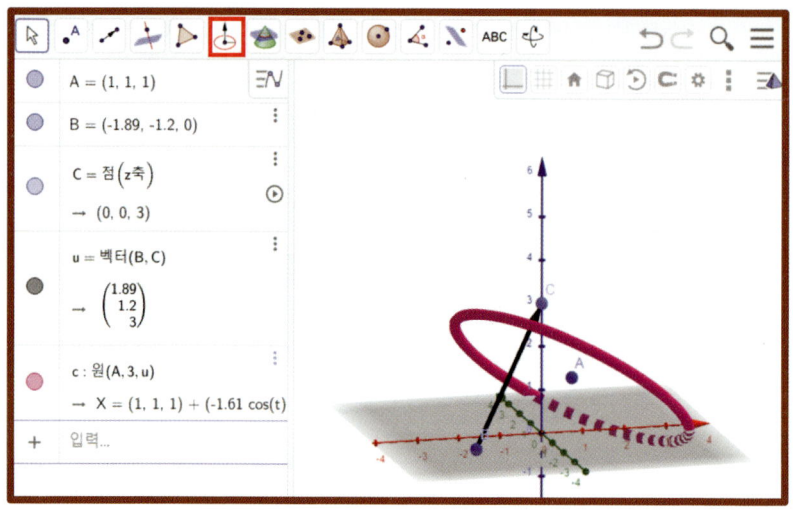

❶ 대수창에 점 A(1, 1, 1)을 입력한다.

❷ "벡터"를 선택하고, 점 B를 출발점으로 하고 점 C를 끝점으로 하는 벡터 $\overrightarrow{BC}$를 그린다.

❸ "중심, 반지름, 방향이 있는 원"을 선택하고 점 A와 벡터 $\overrightarrow{BC}$를 차례로 선택한다.

교선 도구

● 교선

"교선"은 "두 입체 또는 입체와 평면이 만날 때 만드는 교선"을 그리는 도구입니다. 대수창에는 교선의 방정식이 벡터방정식으로 표시됩니다.

[교선 도구]

예를 들어, 반지름의 길이가 3인 구 $x^2+y^2+z^2=9$와 원점으로부터의 거리가 2인 평면 $x+y+z=2$가 만나서 생기는 교선을 그려보겠습니다.

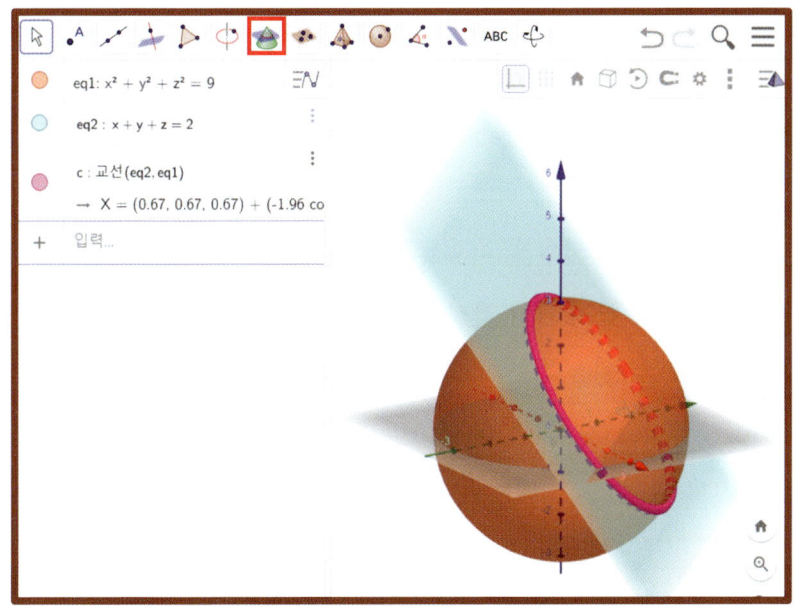

❶ 대수창에 구의 방정식 $x^2+y^2+z^2=9$를 입력한다.

** 입력식은 x^2 +y^2 +z^2 =9 이다.

❷ 대수창에 평면의 방정식 $x+y+z=2$를 입력한다.

** 입력식은 x+y+z=2 이다.

❸ "교선 "을 선택하고, 마우스 왼쪽 버튼으로 구와 평면을 차례대로 클릭한다.

** "이동 "을 선택하고, 마우스 왼쪽 버튼으로 입체를 누른 채 드래그하면서 다양한 각도에서 입체를 관찰해 본다.

평면 도구

● 세 점을 지나는 평면

3차원 공간에서 "서로 다른 세 점은 하나의 평면을 결정한다."는 성질을 이용하여 평면을 그리는 도구입니다. 3개의 점은 "점" 도구를 이용하여 그려도 되고, 대수창에 좌표를 입력하는 방식으로도 그릴 수 있습니다.

[평면 도구]

예를 들어, 3개의 점 A(1, 1, 1), B(-1, -1, -1), C(0, 2, -2)를 지나는 평면을 그리는 방법을 설명해 드릴게요.

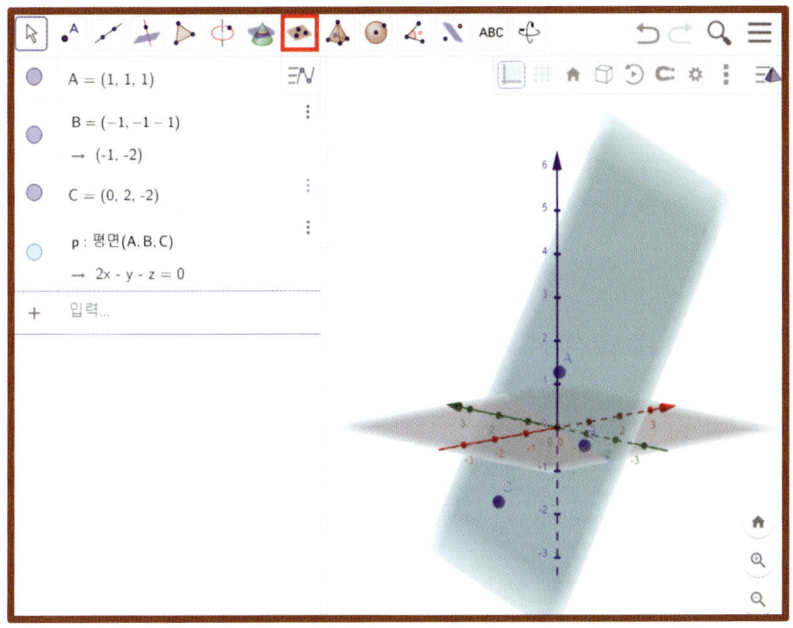

❶ 대수창에 3개의 점의 좌표를 차례대로 입력한다.

** 입력식은 (1,1,1), (-1,-1,-1), (0,2,-2) 이다.

❷ "세 점을 지나는 평면 ▣ "을 선택하고, 마우스 왼쪽 버튼 🖱으로 세 점을 차례대로 클릭한다.

** 대수창에는 평면의 방정식 $2x - y - z = 0$이 자동으로 계산되어 표시된다.

** 마우스 왼쪽 버튼 🖱으로 도형을 누른 채 드래그하면서 다양한 각도에서 입체를 관찰해 본다.

- 평면

3차원 공간에서 하나의 평면을 결정하는 조건은 "서로 다른 세 점", "한 직선과 직선 밖의 한 점", "한 평면 위에 있는 두 직선"의 3가지가 있습니다. 여기에 "다각형"을 추가할 수 있는데, 다각형은 평면 위에서 그려지는 도형이기 때문입니다.

예를 들어, 직선 $\dfrac{x}{2}=y-1=z$와 점 A(2, 2, 2)를 지나는 평면을 그려 볼게요.

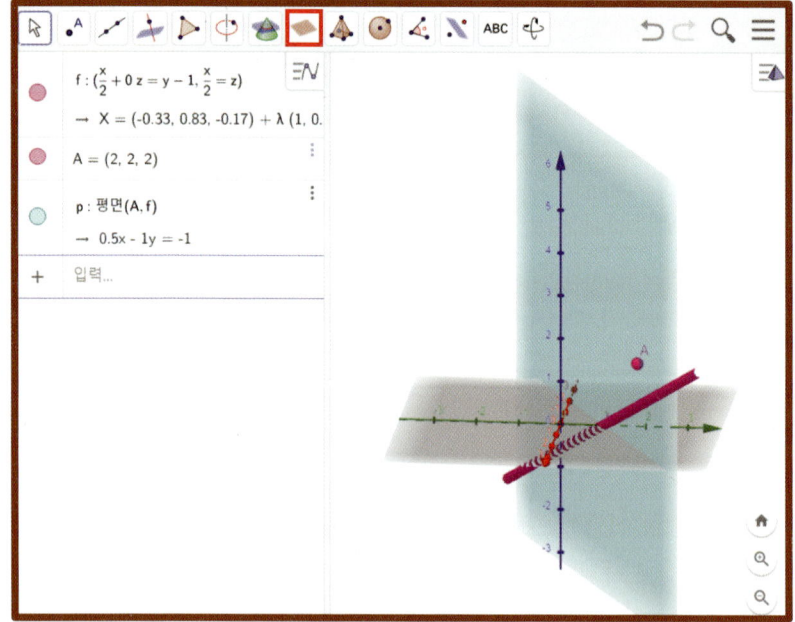

❶ 대수창에 직선의 방정식 $\dfrac{x}{2}=y-1=z$을 입력한다.

** 입력식은 x/2 = y-1 = z 이다.

❷ 대수창에 점 A(2, 2, 2)를 입력한다.

❸ "평면 [아이콘] "을 선택하고, 마우스 왼쪽 버튼[아이콘]으로 직선과 점 A를 차례대로 클릭한다.

** 대수창에는 평면의 방정식 $\frac{1}{2}x-y=-1$이 자동으로 계산되어 표시된다.

● **수직평면** [아이콘]

"수직평면 [아이콘] "은 "한 점을 지나고 직선에 수직인 평면"을 그리는 도구입니다.

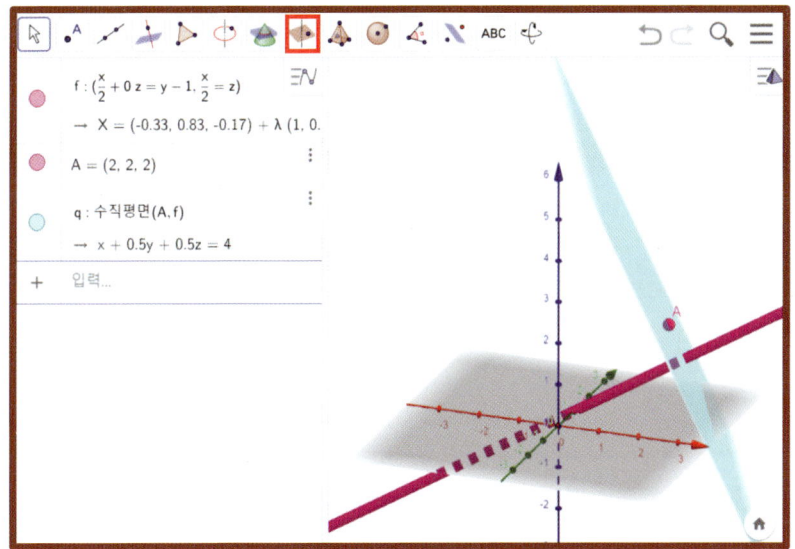

예를 들어, 점 A(2, 2, 2)를 지나고 직선 $\frac{x}{2}=y-1=z$에 수직인 평면을 그려볼게요.

제2장 3차원 그래프

❶ 대수창에 점 A와 직선의 방정식을 입력한다.

❷ "수직평면 ![icon] "을 선택하고, 점 A와 직선을 차례대로 클릭한다.

- **평행한 평면** ![icon]

"평행한 평면 ![icon] "은 "주어진 평면과 평행하고 한 점을 지나는 평면"을 그리는 도구입니다.

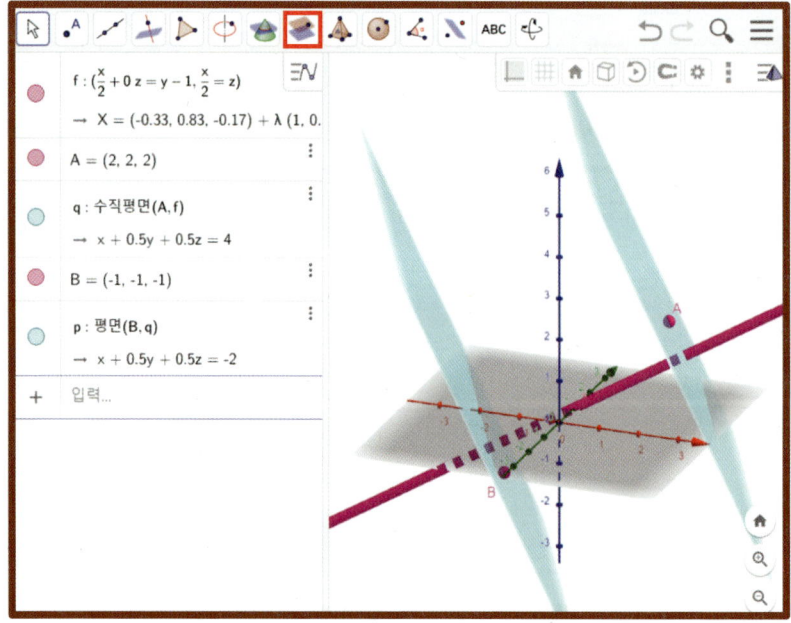

❶ 앞의 "수직평면"에서 그린 평면을 그대로 사용한다.

❷ 대수창에 점 B(-1,-1,-1)을 입력한다.

❸ "평행한 평면 ![icon] "을 선택하고, 평면과 점 B를 차례대로 클릭한다.

다면체 도구

- 각뿔

"각뿔 "은 밑면이 되는 다각형과 꼭짓점이 되는 한 점으로 각뿔을 그리는 도구입니다.

[다면체 도구]

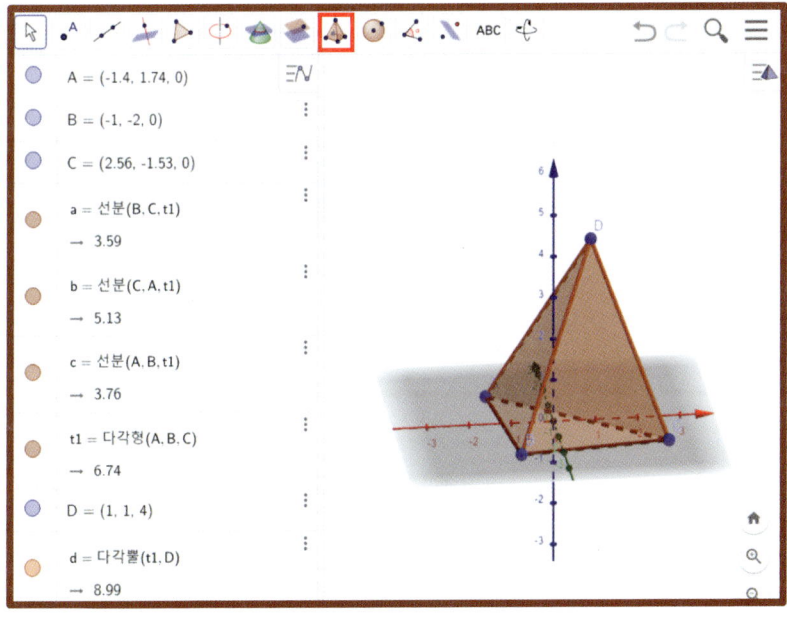

❶ "다각형 "을 선택하고, 삼각형 ABC를 그린다.

❷ 대수창에 점 D(1,1,4)를 입력한다.

❸ "각뿔 "를 선택하고, 삼각형 ABC와 점 D를 차례대로 클릭한다.

제2장 3차원 그래프 | 113

● 각기둥

"각기둥"의 정의는 "두 밑면이 서로 평행하고 합동인 입체 도형"입니다. 즉 밑면과 옆면이 서로 수직일 필요는 없습니다.

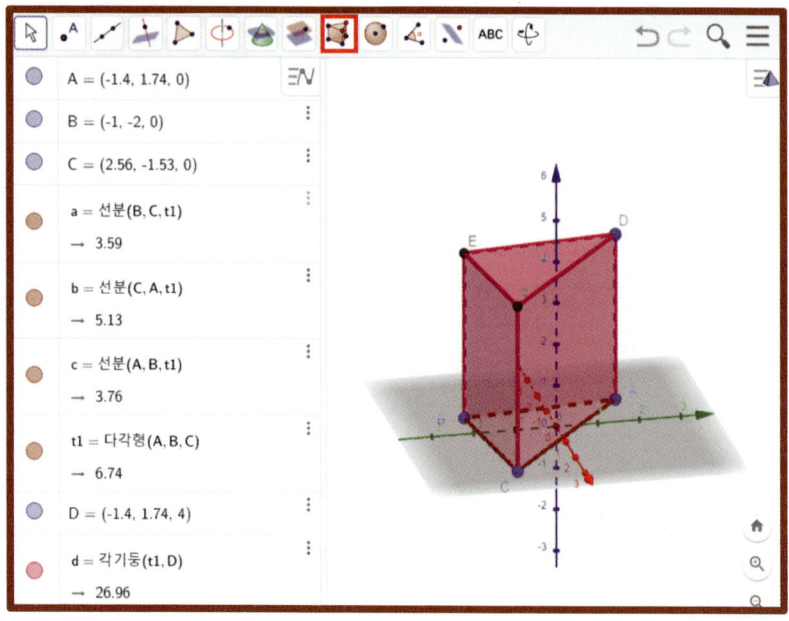

❶ "각뿔"에서 그린 삼각형 ABC를 밑면으로 이용한다.

❷ 대수창에 꼭짓점으로 사용할 점 D의 좌표를 입력한다.

** 밑면과 옆면이 수직인 각기둥을 그리기 위해서는 점 D는 점 A의 'x좌표', 'y좌표'는 같고 'z좌표'만 다르게 그려야 한다.

❸ "각기둥"을 선택하고, 삼각형 ABC와 점 D를 차례대로 클릭한다.

● 뿔로 끌어내기 🔺

"뿔로 끌어내기 🔺"는 밑면이 주어졌을 때 높이만 입력하여 각뿔을 그릴 수 있는 도구입니다.

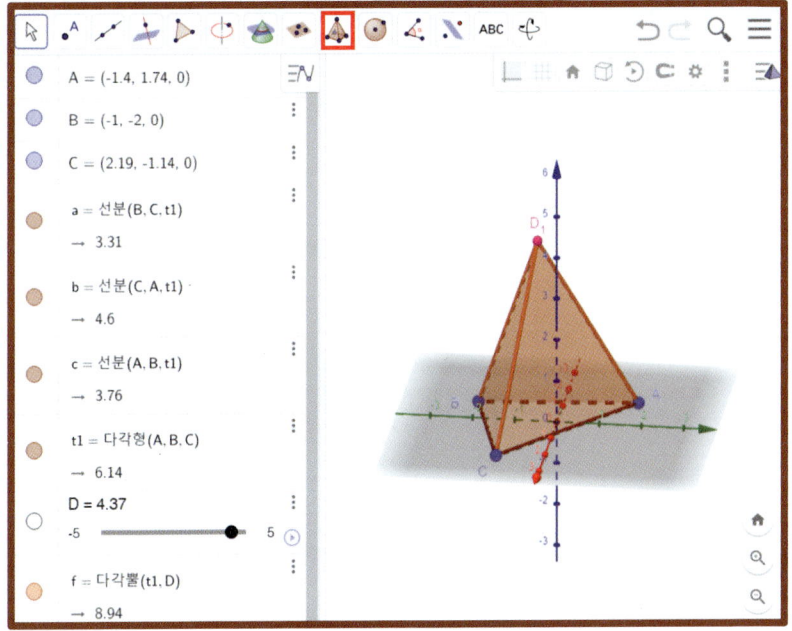

❶ 앞에서 그린 삼각형 ABC를 그대로 이용한다.

❷ "뿔로 끌어내기 🔺"를 선택하고, 마우스 왼쪽 버튼🖱으로 삼각형 ABC를 클릭한다.

❸ 입력창에 "높이"를 입력한다.

※※ 각뿔의 높이는 슬라이더로 만들어지기 때문에 높이를 조정하면서 뿔의 변화를 관찰할 수 있다.

● **기둥으로 끌어내기**

"기둥으로 끌어내기"는 높이를 입력하여 기둥을 만드는 도구로 사용방법은 "뿔로 끌어내기"와 같습니다.

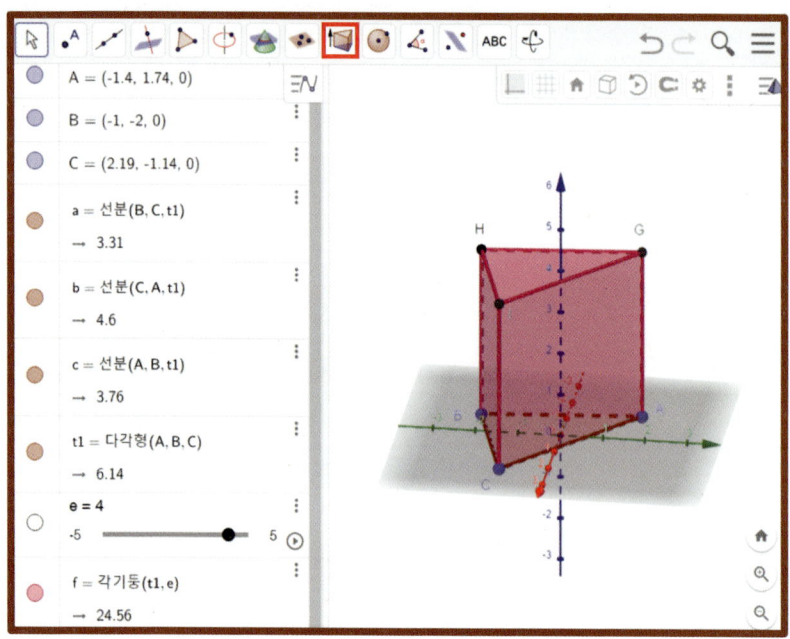

● **원뿔**

"원뿔"은 "밑면인 원의 중심", "원뿔의 꼭짓점", "밑면의 반지름"을 입력하여 원뿔을 그리는 도구입니다. 이때 먼저 그리는 점이 "밑면의 중심"이 되고, 두 번째 그리는 점은 "원뿔의 꼭짓점"이 됩니다.

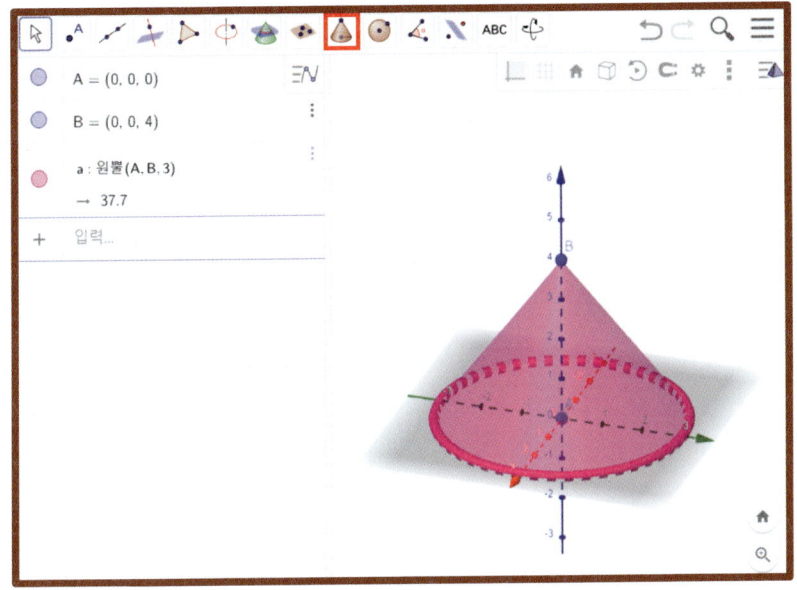

❶ 대수창에 점 A(0,0,0)을 입력한다.

❷ 대수창에 점 B(0,0,4)를 입력한다.

❸ "원뿔 ▲ "을 선택하고, 반지름의 길이에 "3"을 입력한다.

● 원기둥 🥫

"원기둥 🥫 "을 그리는 방법은 "원뿔 ▲ " 도구로 그릴 때와 동일합니다.

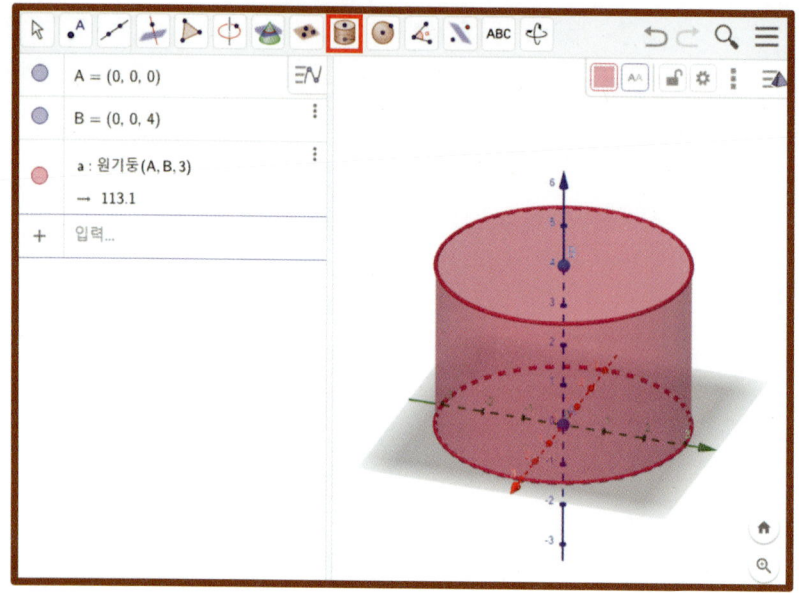

- 정4면체 ▲ / 정육면체 ▣ / 전개도 ▲

"정4면체 ▲ "와 "정육면체 ▣ "는 사용하는 방법이 동일합니다.

❶ 한 모서리의 양 끝점으로 사용할 두 점을 그린다.

❷ "정4면체 ▲ " 또는 "정육면체 ▣ "을 선택하고, 두 점을 차례대로 클릭한다.

❸ "전개도 ▲ "를 선택하고, 입체 도형을 클릭한다.

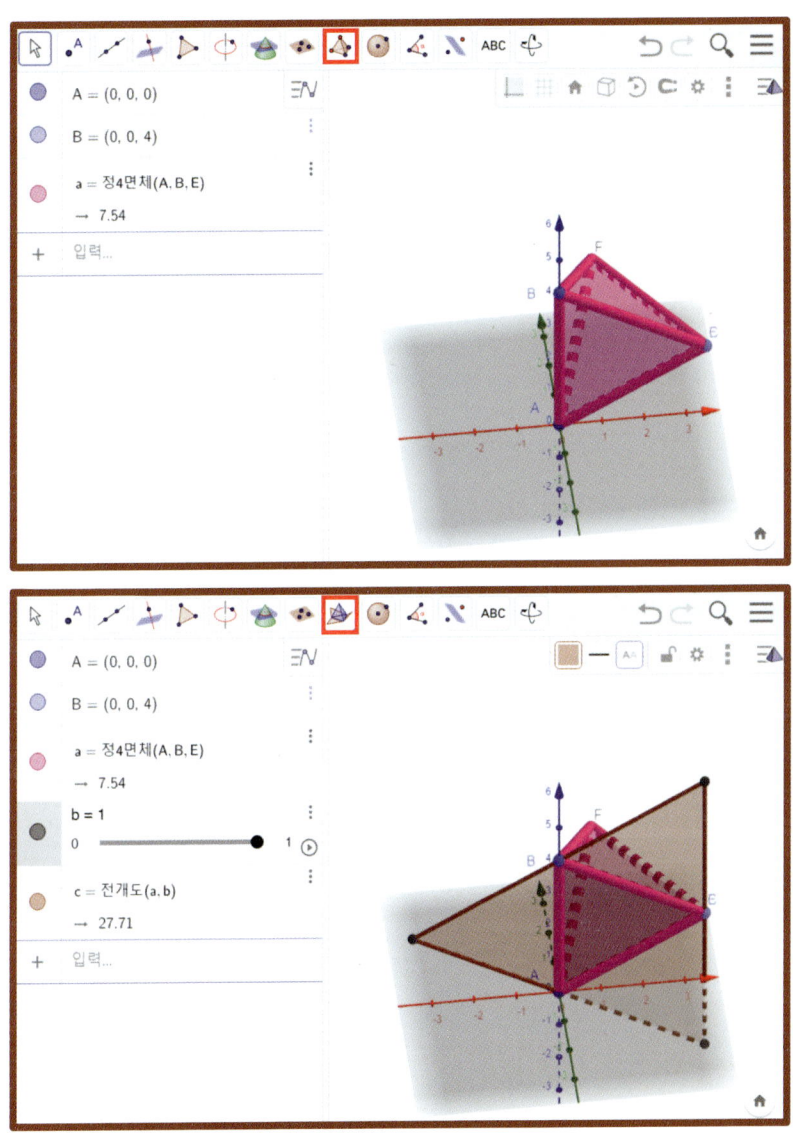

** 슬라이더 b를 플레이하거나 마우스로 누른 채 드래그하면 전개도가 만들어지는 과정을 볼 수 있다.

구 도구

- **구 : 중심과 점** / **구 : 중심과 반지름**

"구 : 중심과 점"은 구의 중심과 구면 위의 점으로 구를 그리고, "구 : 중심과 반지름"은 구의 중심과 반지름으로 구를 그리는 도구입니다.

예를 들어, 중심이 점 A(0, 0, 0)이고 점 B(0, 0, 4)를 지나는 구는, 중심이 점 A로 같고 반지름의 길이가 4인 구와 같습니다.

[구 도구]

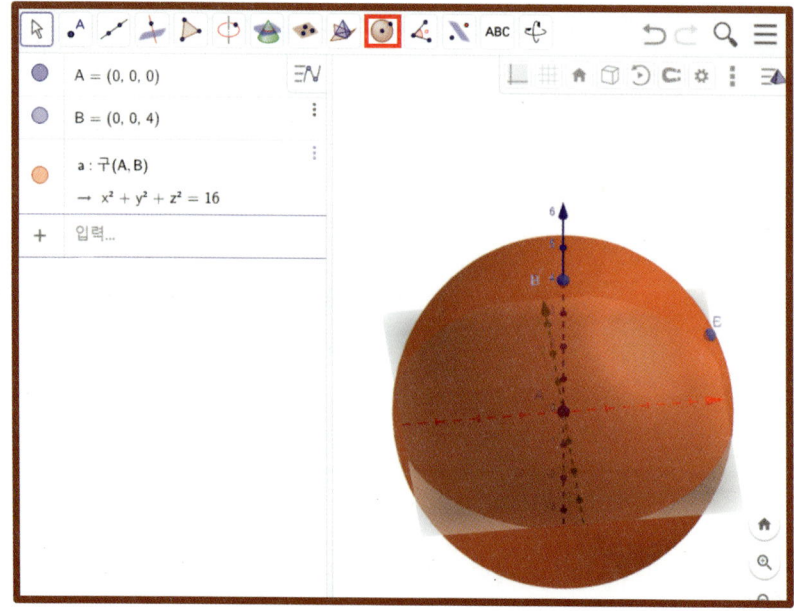

대칭 도구

● **평면에 대하여 대칭**

"평면에 대하여 대칭"은 주어진 평면에 대칭인 도형을 그리는 도구입니다.

[대칭 도구]

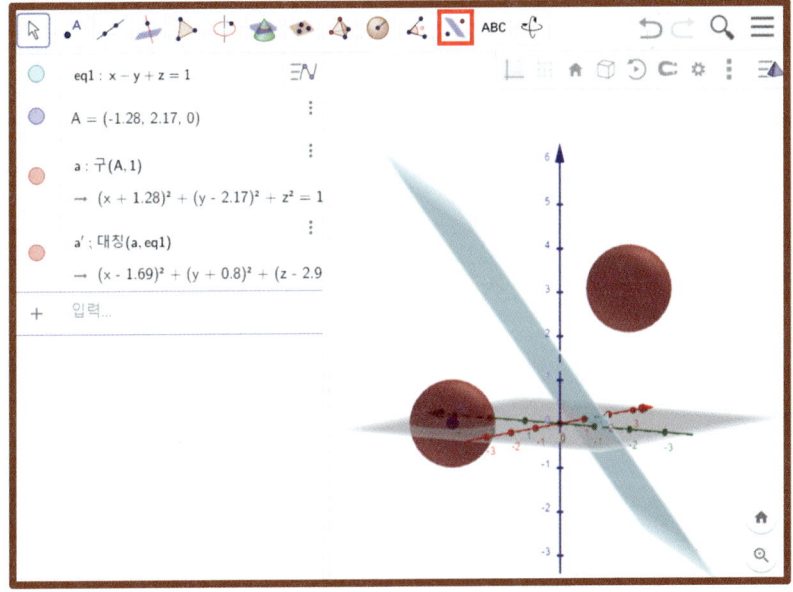

❶ 대수창에 평면 $x-y+z=1$을 입력한다.

❷ "구 : 중심과 반지름"을 선택하고, 반지름이 1인 구를 그린다.

❸ "평면에 대하여 대칭"을 선택하고, 구와 평면을 차례대로 클릭한다.

- **직선을 중심으로 회전**

"직선을 중심으로 회전"은 도형을 직선을 중심으로 원하는 각도만큼 회전시키는 도구입니다. 이때 "회전각의 크기"와 "회전 방향"을 선택할 수 있습니다. 예를 들어, 점 A(-2, -2, -2)를 중심으로 하고 반지름의 길이가 1인 구를 z축을 중심으로 180° 회전시킨 도형을 그려보겠습니다.

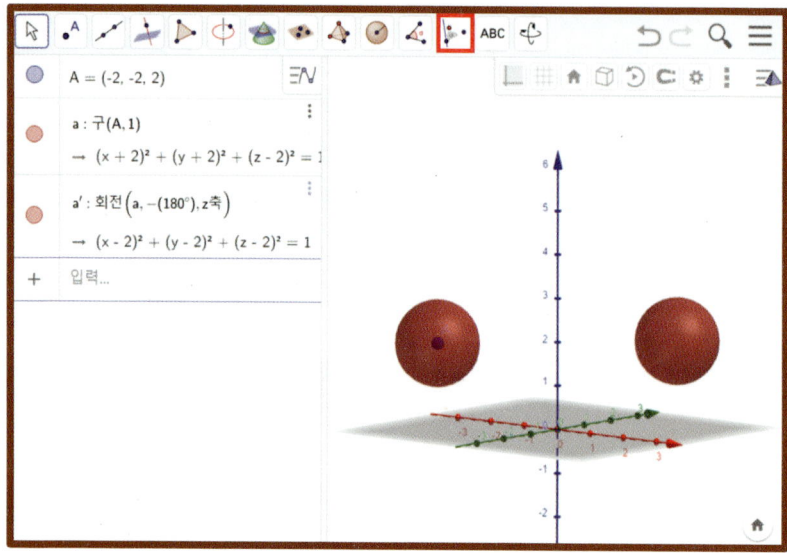

❶ 대수창이 점 A(-2, -2, -2)를 입력한다.

❷ "구 : 중심과 반지름"을 선택하고, 점 A를 중심으로 하고 반지름의 길이가 1인 구를 그린다.

❸ "직선을 중심으로 회전"을 선택하고, 구와 z축을 차례로 클릭한 후에 "회전각 180°", "시계방향"을 선택하고 "확인" 버튼을 누른다.

보기 도구

● **3차원 기하창 회전**

마우스 왼쪽 버튼을 누른 채 도형을 드래그하면 다양한 각도에서 도형을 관찰할 수 있는 도구입니다. "이동" 도구를 이용해도 같은 효과가 있습니다.

● **선택 방향으로 보기**

입체도형을 원하는 방향에서 볼 수 있도록 위치를 변경할 때 사용하는 도구입니다.

[보기 도구]

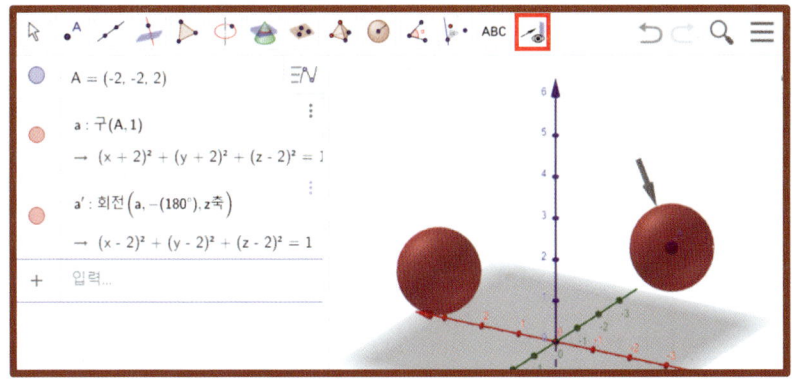

LESSON 02 : 이차곡선(원뿔곡선)

 이차곡선의 종류

미지수 x, y로 만들 수 있는 이차식 중에서 '원', '타원', '포물선', '쌍곡선' 등을 이차곡선이라 부릅니다. 특히 고등학교에서 배우는 이차곡선을 '원뿔곡선'이라고도 하는데요. 이차곡선이 "원뿔과 평면이 만나서 생기는 경계면"으로 만들어지기 때문입니다.

이차곡선의 일반형은

$$Ax^2 + By^2 + Cxy + Dx + Ey + F = 0$$

으로, 계수 A, B, C, D, E, F의 값에 따라서 '원', '타원', '포물선', '쌍곡선'이 됩니다. 지오지브라를 이용하면 대수창에 '함수식'이나 '방정식'을 입력하는 것만으로도 이차곡선의 그래프를 그릴 수 있는데요. 여기서는 원뿔곡선의 정의에 따라서 평면과 원뿔의 위치 관계에 따라서 이차곡선이 만들어지는 원리를 설명해 드리겠습니다.

원뿔곡선은 3차원 입체도형인 무한원뿔과 평면이 만나서 만들어지는 곡선입니다. 따라서 원뿔곡선을 표현하기 위해서는 "3차원 그래프 ▲"를 이용해야 하는데요. "3차원 그래프"를 시작하는 방법은 다음과 같습니다.

- 지오지브라 홈페이지에서 여는 방법
- "지오지브라 클래식 ⬠"에서 선택하는 방법

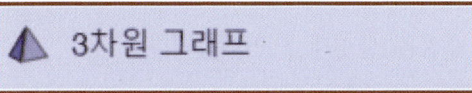

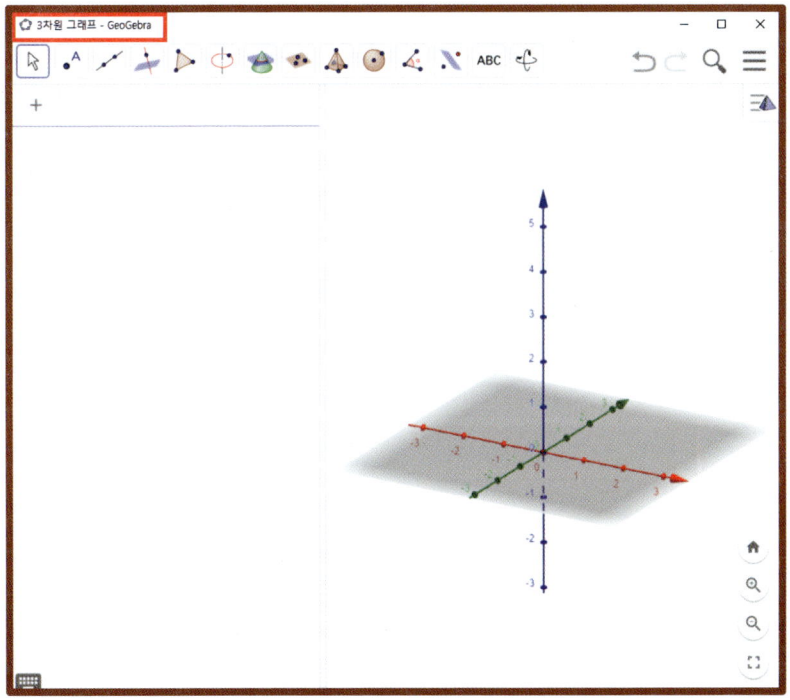

원뿔 그리기

지오지브라로 원뿔을 그리는 방법은 2가지가 있습니다.

- "원뿔  " 도구 메뉴 이용하기
- "무한원뿔" 함수 메뉴 이용하기

먼저 "원뿔 " 도구를 이용하여 원뿔을 그리는 방법을 설명해 드리겠습니다.

[원뿔 그리기]

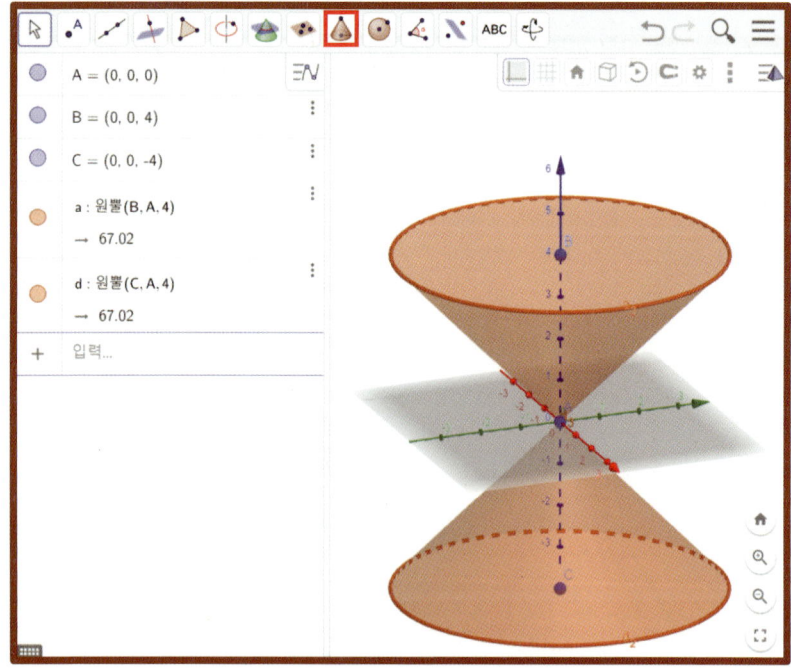

❶ 대수창에 점 A(0, 0, 0)을 입력한다.

❷ 대수창에 점 B(0, 0, 4)를 입력한다.

❸ 대수창에 점 C(0, 0, -4)를 입력한다.

❹ "원뿔 ⬚ "을 선택하고, 두 점 B, A를 순서대로 선택한 후에 반지름의 길이를 4로 입력한다.

❺ "원뿔 ⬚ "을 선택하고, 두 점 C, A를 순서대로 선택한 후에 반지름의 길이를 4로 입력한다.

이차곡선을 그릴 때 사용하는 원뿔은 반드시 "직원뿔"이어야 합니다. 직원뿔은 "원뿔의 꼭짓점에서 밑면에 내린 수선의 발이 밑면의 원의 중심이 되는 원뿔"입니다. 특히 이차곡선 중에서 쌍곡선을 그리기 위해서는 원뿔의 꼭짓점을 대칭으로 서로 마주보는 2개의 직원뿔이 필요합니다.

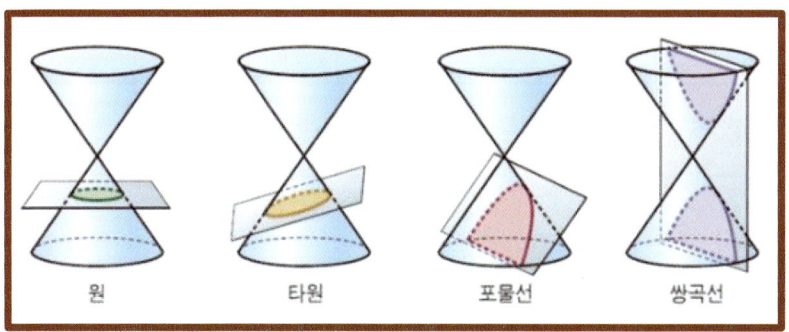

 **무한원뿔 그리기**

이번에는 지오지브라에 내장되어있는 함수식을 이용하여 무한원뿔을 그리는 방법을 설명하겠습니다. 먼저, 무한원뿔을 그리는 함수의 형태 3가지는 다음과 같습니다.

무한원뿔(<점>, <벡터>, <각>)
무한원뿔(<점>, <점>, <각>)
무한원뿔(<점>, <직선>, <각>)

하지만, 한가지 문제가 있습니다.

[무한원뿔 그리기]

지오지브라의 대수창은 "한글"을 제대로 인식하지 못한다는 점인데요. 실제 대수창에 커서를 옮겨 놓고 컴퓨터 자판을 이용해서 "무한원뿔"을 입력하면 다음과 같이 됩니다.

지오지브라 대수창에 "한글 명령어"를 입력해야 하는 경우에는 컴퓨터 자판을 이용하면 안됩니다. 화면의 왼쪽 하단에 있는 "자판 단축키 ⌨"를 마우스로 클릭하세요.

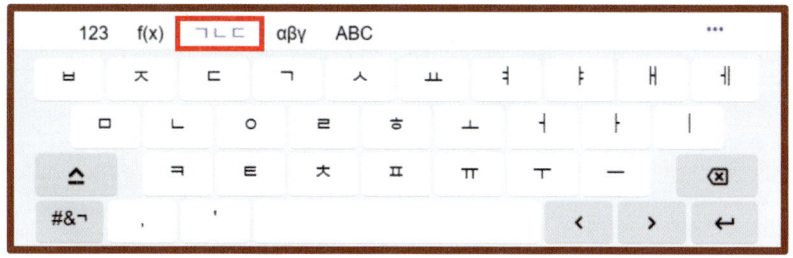

위와 같이 화면 하단에 나타난 자판에서 마우스 왼쪽 버튼으로 클릭하여 한글 명령어를 입력하면, 연관 명령어들이 나타납니다.

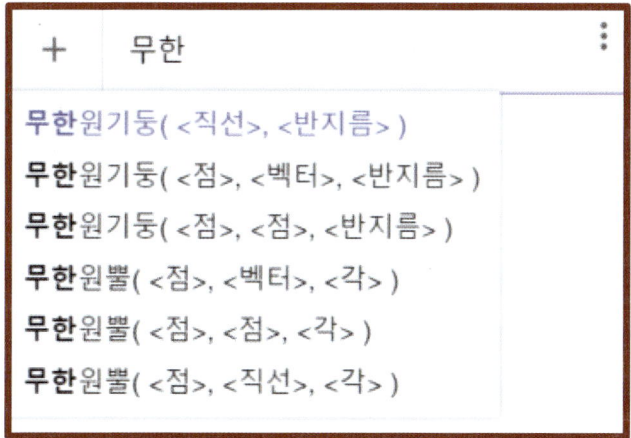

무한원뿔을 그리는 3개의 명령어 중에서 "두 점과 각의 크기"를 이용해서 무한원뿔을 그려보겠습니다.

무한원뿔(<점>, <점>, <각>)

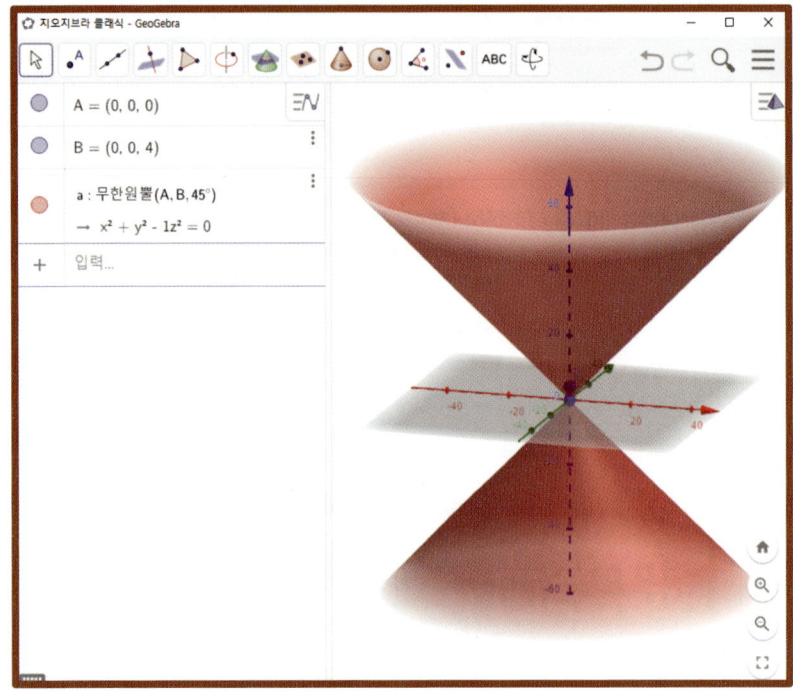

❶ 입력창에 점 A(0, 0, 0)을 입력한다.

❷ 입력창에 점 B(0, 0, 4)를 입력한다.

❸ 대수창에 "무한원뿔(A, B, 45°)"를 입력한다.

** 대수창에는 방정식 $x^2+y^2-z^2=0$으로 표시된다.

** **무한원뿔**(<점>, <점>, <각>) 명령어를 선택한 후에 두 <점>을 지우고 각각 A, B를 입력한다.

** <각>을 지우고 45°를 입력한다. 이때 각의 기호 " ° "는 "자판 단축키 ⌨ "에서 찾을 수 있다.

원 그리기

"원"은 "xy평면과 평행한 평면이 무한원뿔과 만나는 교선"에 의해 만들어집니다.

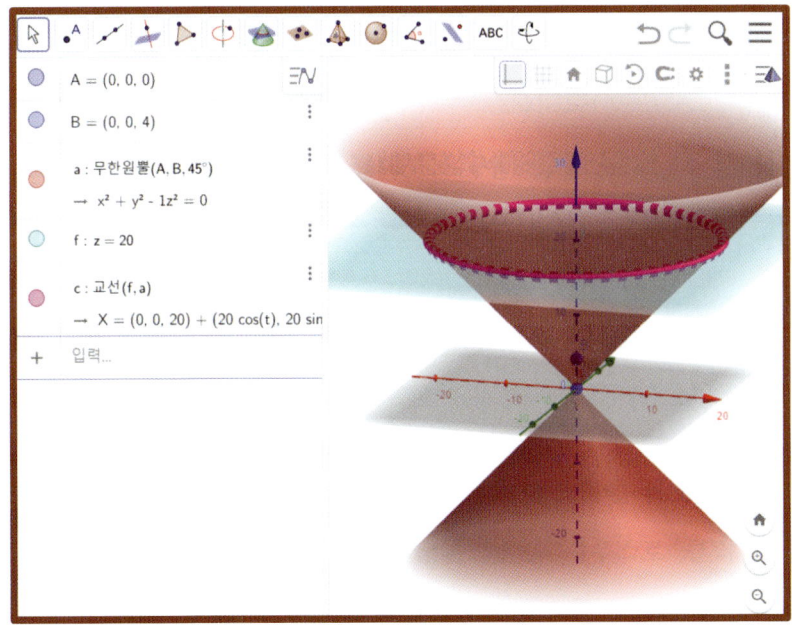

❶ 무한원뿔(A, B, 45°)을 그린다.

❷ 대수창에 z=20을 입력한다.

** xy평면과 평행한 평면의 방정식은 z=(수) 이다.

❸ "교선 🔺 "을 선택하고, 마우스 왼쪽 버튼으로 무한원뿔과 z=20 평면을 차례대로 클릭한다.

[원 그리기]

이번에는 "**슬라이더** a"를 이용하여 xy평면에 평행한 평면을 만드는 방법을 알려드릴게요.

$$z = a$$

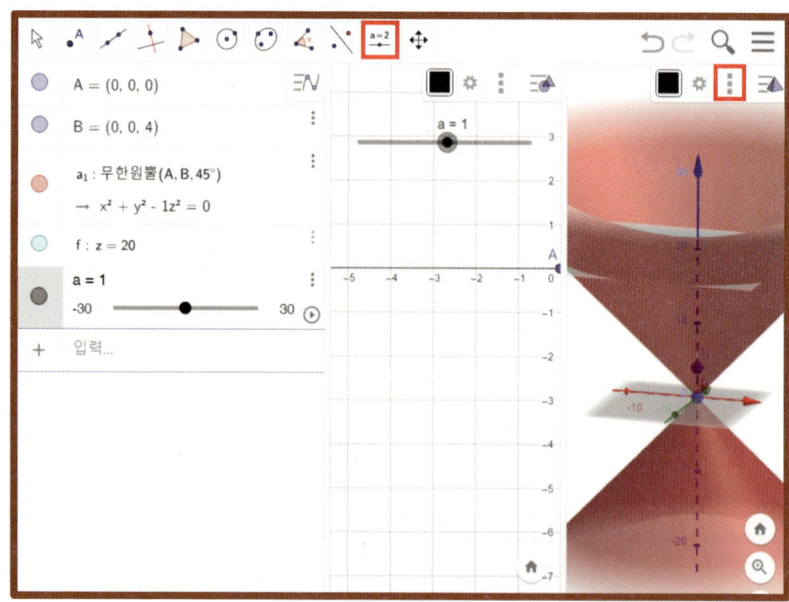

"3차원 그래프"의 메뉴에는 "슬라이더 " 도구가 없습니다.

따라서 "기하창"을 열고, 기하창에서 슬라이더를 만들어야 하는데요. 그 방법은 다음과 같습니다.

❶ 기하창 우측상단에 있는 "설정 " 도구를 선택한다.

❷ 설정탭 에서 를 마우스로 클릭한다.

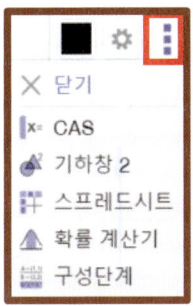

❸ "기하창" 또는 "기하창 2"를 선택한다.

❹ "기하창"에서 "슬라이더 "를 선택하고 "최댓값 30", "최솟값 -30"을 입력한다.

** 대수창에 "슬라이더 a"가 만들어지고, 기하창을 닫아도 슬라이더는 사라지지 않는다.

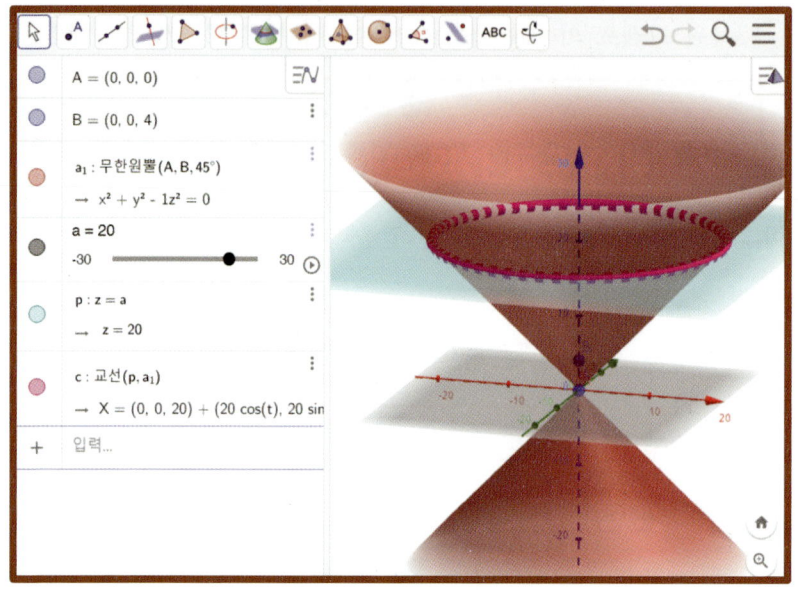

❺ 대수창에 평면의 방정식 z=a를 입력한다.

❻ "교선 🔺 "을 선택하고, 무한원뿔과 평면 z=a를 차례대로 클릭한다.

** 슬라이더의 "플레이 버튼"을 누른 후에 원뿔과 평면의 교선이 만드는 원이 그려지는 것을 관찰한다.

"3차원 그래프"에서 "기하창 회전 시작/멈춤" 도구를 이용하면 도형을 360도 회전하면서 관찰할 수 있습니다.

 타원 그리기

xy평면과 평행하지 않으면서 두 원뿔곡선과는 동시에 만나지 않는 평면이 무한원뿔과 만날 때 만들어지는 경계선은 "타원"이 됩니다.

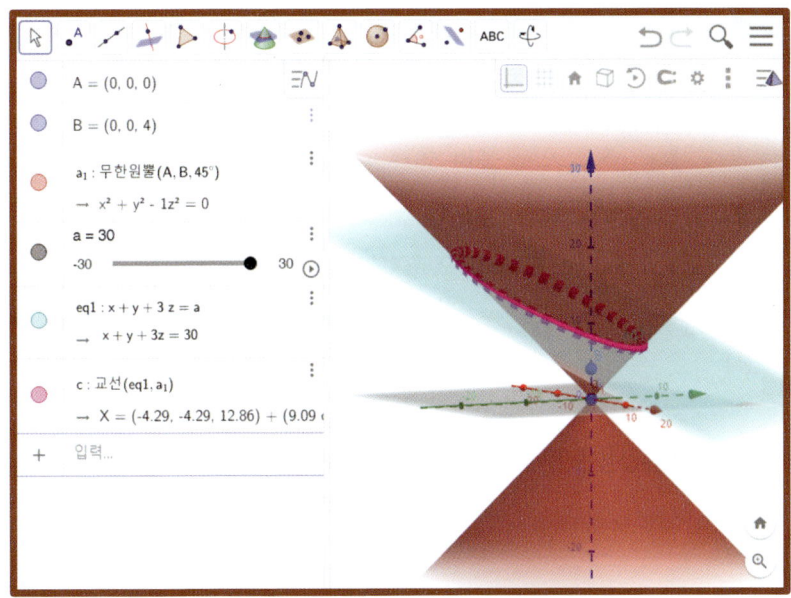

❶ 무한원뿔(A, B, 45°)을 그린다.

❷ 슬라이더 a를 만든다.

❸ 평면의 방정식 $x+y+3z=a$를 그린다.

** 평면 $x+y+3z=a$와 무한원뿔의 교선은 타원을 만든다.

"3차원 그래프"에서 "기하창 회전 시작/멈춤" 도구를 이용하면 도형을 360도 회전하면서 관찰할 수 있습니다.

 포물선 그리기

xy평면과의 기울기가 원뿔곡선의 모선의 기울기보다 큰 평면이 무한원뿔과 만나서 만드는 교선은 "포물선"이 됩니다.

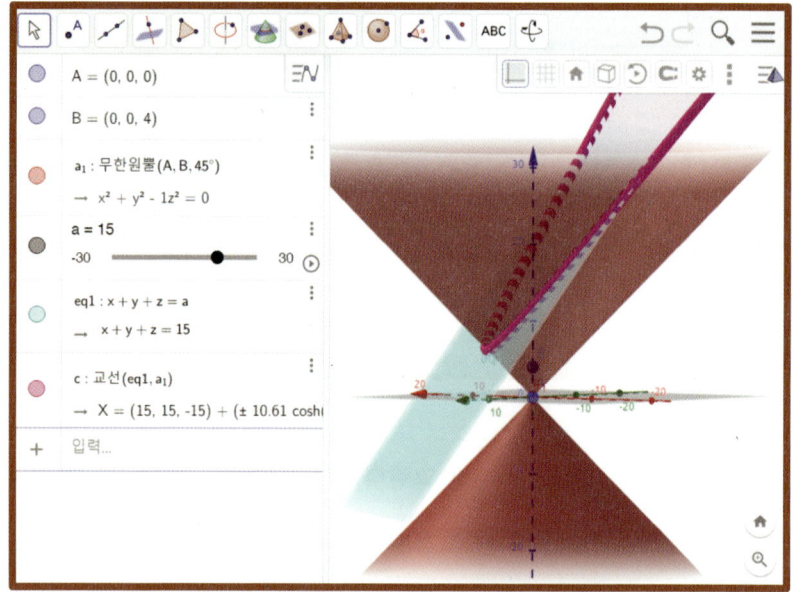

❶ 무한원뿔(A, B, 45°)을 그린다.

❷ 슬라이더 a를 만든다.

❸ 평면의 방정식 $x+y+z=a$를 그린다.

** 평면 $x+y+z=a$와 무한원뿔의 교선은 포물선을 만든다.

 쌍곡선 그리기

원뿔의 꼭짓점을 지나지 않고, 대칭축에 평행한 평면이 두 개의 무한원뿔과 만날 때 만들어지는 경계선은 "쌍곡선"이 됩니다.

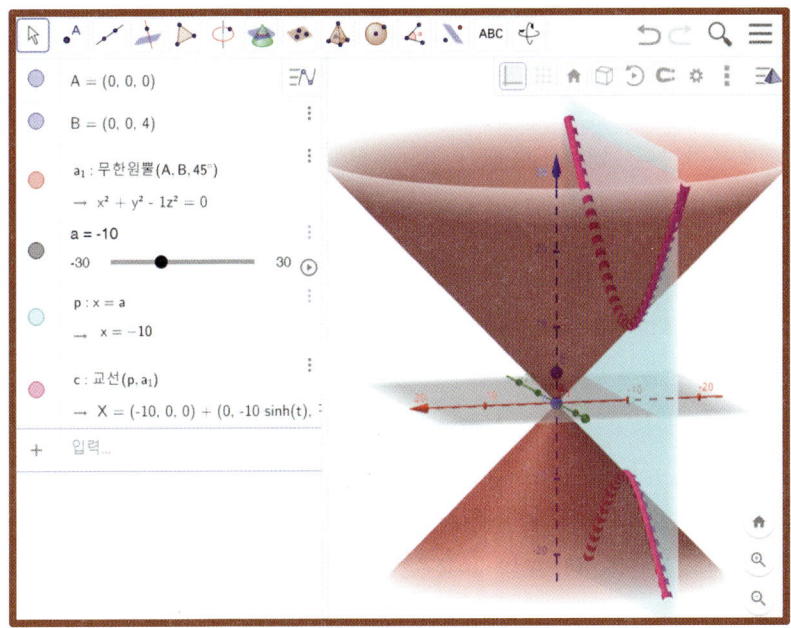

❶ 무한원뿔(A, B, 45°)을 그린다.
❷ 슬라이더 a를 만든다.
❸ 평면의 방정식 $x=a$를 그린다.

** 평면 $x=a$는 점$(a, 0, 0)$을 지나고 x축에 수직인 평면으로, 두 개의 무한원뿔과 만나서 만들어지는 교선은 "쌍곡선"이 된다.

"3차원 그래프"에서 3차원 입체 도형을 그린 후에는 "기하창 회전 시작/멈춤" 도구를 이용하여 도형을 360도 회전하면서 관찰해볼 것을 권장합니다.

지오지브라의 "'3차원 그래프"를 이용하여 그린 3차원 입체도형을 상하좌우의 다양한 각도에서 보는 기능을 잘 이용하면 아이들이 입체도형을 이해하는데 큰 도움을 줄 수 있습니다. 입체도형을 그릴 때마다 "기하창 회전 시작/멈춤" 도구를 활용할 것을 적극 추천합니다.

[원뿔곡선 그리기]

지오지브라 무작정 따라하기

제3장

미분과 적분

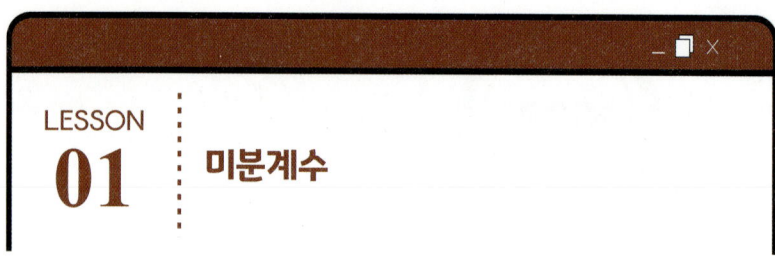

LESSON 01 | 미분계수

미분계수

"미분계수"는 어떤 함수의 그래프 위의 한 점에서의 접선의 기울기를 의미합니다. "지오지브라 클래식 6"에서는 "접선 " 과 "기울기 "를 이용하여 미분계수를 표현할 수 있습니다.

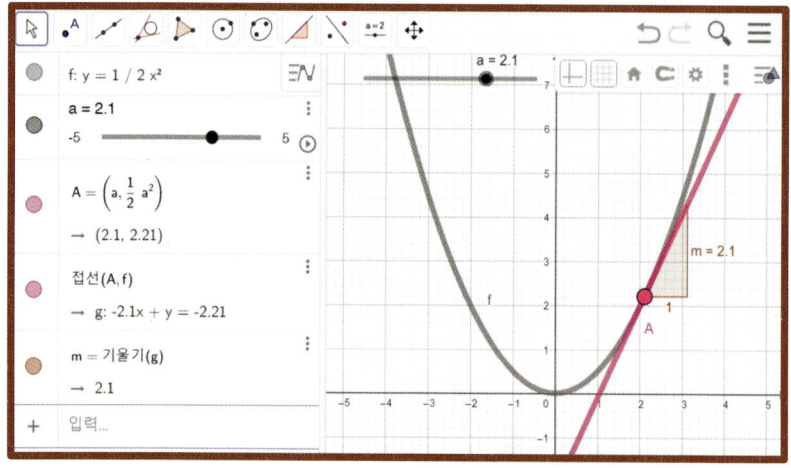

❶ 대수창에 포물선 $y = \frac{1}{2}x^2$을 입력한다.

** 입력식은 y= 1/2 x^2 이다.

❷ "슬라이더 [ ] "를 선택하고, 슬라이더 a를 만든다.

❸ 대수창에 포물선 위의 점 $A\left(a, \frac{1}{2}a^2\right)$을 입력한다.

** 입력식은 (a, 1/2 a^2) 이다.

❹ "접선 [ ] "을 선택하고, 점 A와 포물선 $y = \frac{1}{2}x^2$을 차례대로 클릭한다.

** 점 A에서 포물선 $y = \frac{1}{2}x^2$에 접하는 "접선"이 그려진다.

❺ "기울기 [ ] "를 선택하고, 마우스 왼쪽 버튼 [ ] 으로 점 A를 클릭한다.

** 슬라이더 a의 플레이버튼을 누르거나, 마우스 왼쪽 버튼으로 슬라이더를 누른 채 드래그하면서 임의의 점에서의 미분계수를 관찰해 본다.

[미분계수]

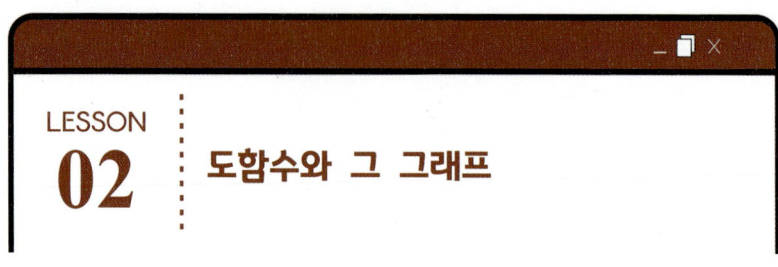

LESSON 02
도함수와 그 그래프

 다항함수의 도함수

"지오지브라 클래식 6"에는 주어진 함수의 "도함수"를 자동으로 찾아주는 명령어가 내장되어있습니다. 도함수 명령어를 사용하는 방법을 알려드릴게요.

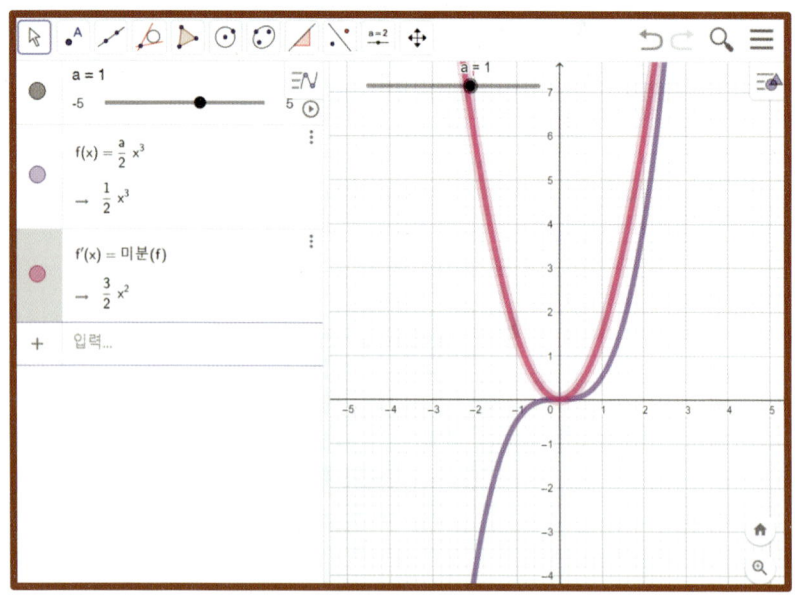

❶ "슬라이더 ![a=2] "를 선택하고, 슬라이더 a를 만든다.

❷ 대수창에 함수 $f(x) = \dfrac{a}{2} x^3$을 입력한다.

** 입력식은 f(x)= a/2 x^3 이다.

** 주의할 점은 y= a/2 x^3 로 입력하면 안 된다는 것이다.

❸ 대수창에 "**미분(f)**"를 입력한다.

** 대수창에 커서를 놓고 자판 단축키 ![키보드] 를 눌러서 "미"라고 입력하면 "자동완성기능"에 의해 "미분(<함수>)" 명령어가 나타난다.

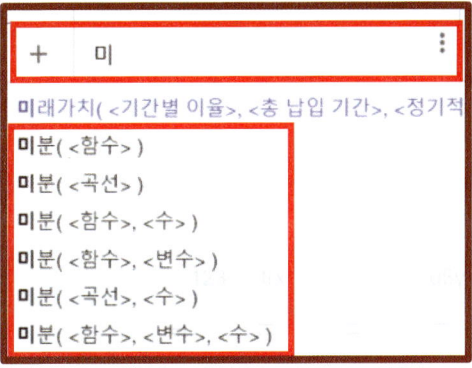

** 도함수를 구한 후에 슬라이더 a의 플레이 버튼을 눌러서 원함수의 그래프와 도함수의 그래프의 움직임을 관찰해 본다.

 **삼각함수의 도함수**

"지오지브라 클래식 6"을 이용하면 다항함수뿐만 아니라 양함수 $f(x)$로 표현할 수 있는 모든 함수의 도함수를 찾고, 도함수의 그래프를 그릴 수 있습니다.

예를 들어, 삼각함수 $f(x) = a\sin bx$의 도함수를 찾고, 그래프를 그리는 과정을 설명해 볼게요. 미분을 이용하여 도함수를 구하면 $f'(x) = ab\cos bx$ 입니다.

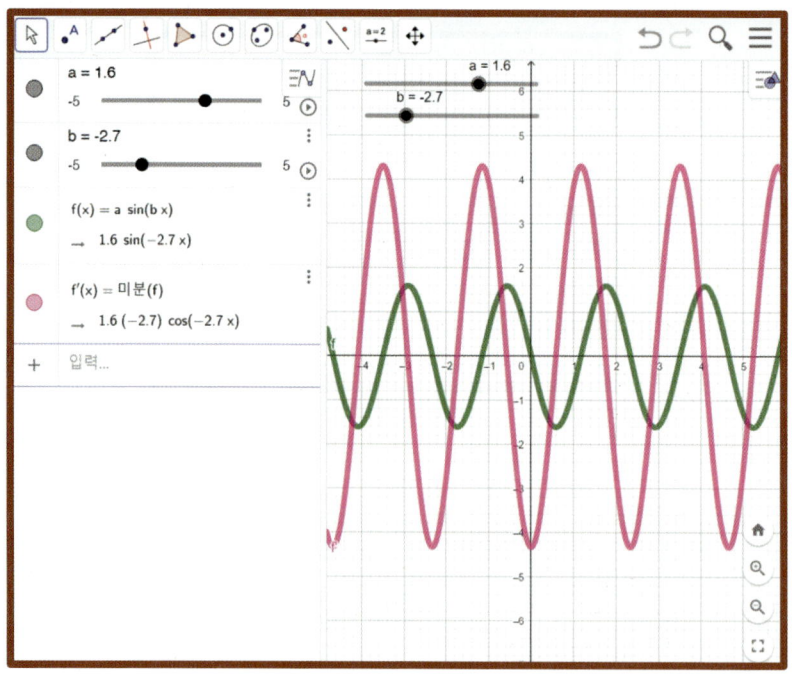

❶ "슬라이더 "를 선택하고, 슬라이더 a, b를 만든다.

❷ 대수창에 함수 $f(x) = a\sin(bx)$를 입력한다.

** 입력식은 f(x)= a*sin(bx) 이다.

❸ 대수창에 "**미분**(f)"를 입력한다.

** 대수창에 커서를 놓고 자판 단축키 를 눌러서 "미"라고 입력하면 "자동완성기능"에 의해 "**미분**(**<함수>**)" 명령어가 나타난다.

** 도함수의 그래프를 그린 후에 마우스 왼쪽 버튼으로 슬라이더 a, b를 누른 채 드래그하면서 원함수와 도함수의 그래프 변화를 관찰해 본다.

[도함수의 그래프]

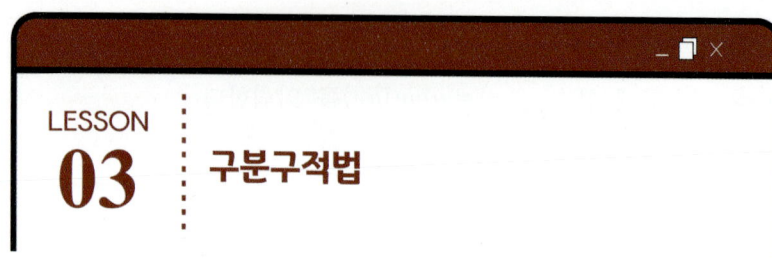

LESSON 03 구분구적법

 구분구적법

"지오지브라 클래식 6"에서는 평면 그래프의 구분구적을 그릴 수 있고, "3차원 그래프"에서는 입체도형의 구분구적을 그릴 수 있습니다. 여기서는 "지오지브라 클래식 6"을 이용해서 평면 그래프의 구분구적을 그리는 방법을 설명해 드릴게요.

예를 들어, 포물선 $f(x) = \dfrac{a}{2}x^2$에 대하여 [-5, 5] 범위를 n등분하는 구분구적을 그려볼게요.

[구분구적법]

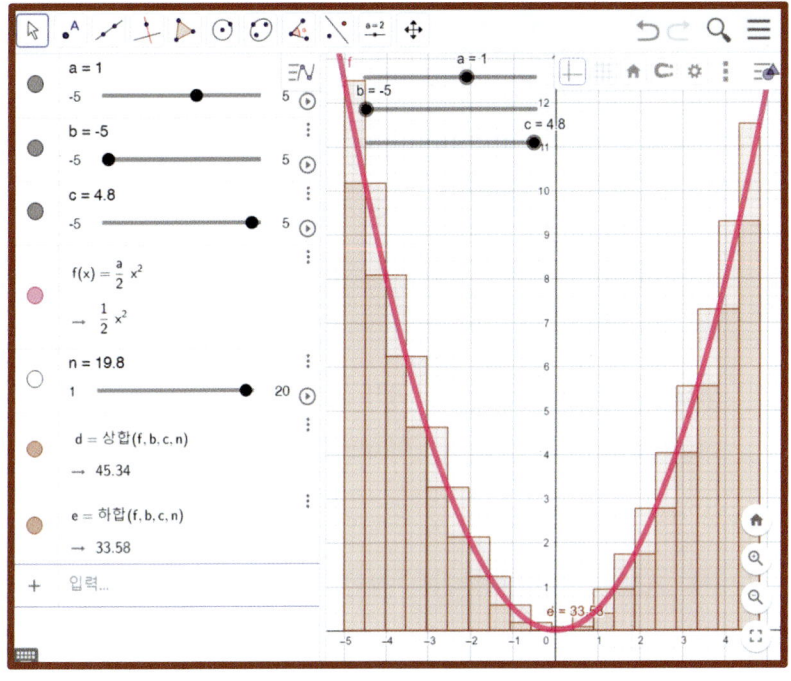

❶ "슬라이더 [a=2] "를 선택하고, 3개의 슬라이더 a, b, c를 만든다.

** 슬라이더 b는 x값의 하한, 슬라이더 c는 x값의 상한으로 사용할 예정이다.

❷ 대수창에 함수 $f(x) = \dfrac{a}{2}x^2$을 입력한다.

** 입력식은 f(x)= a/2 x^2 이다.

❸ "슬라이더 [a=2] "를 선택하고, 슬라이더 n을 만든다.

** 슬라이더 n은 **직사각형의 개수**로 사용할 예정이며, "최솟값은 1", "최댓값은 20"을 입력한다.

❹ 대수창에 "상합(f, b, c, n)"을 입력한다.

❺ 대수창에 "하합(f, b, c, n)"을 입력한다.

** "상합"과 "하합"은 지오지브라에 내장되어있는 명령어로, 자판 단축키 를 누른 후에 대수창에 "상" 또는 "하"를 입력하면 자동완성기능을 이용하여 명령어를 선택할 수 있다.

상합(<함수>, <처음 x값>, <마지막 x값>, <직사각형의 개수>)

하합(<함수>, <처음 x값>, <마지막 x값>, <직사각형의 개수>)

** 마우스 왼쪽 버튼🖱으로 슬라이더 a를 누른 채 드래그하면서 그래프의 변화에 따른 "상합"과 "하합"의 움직임을 관찰해 본다.

🖱 지오지브라 클래식 6의 명령어 찾기

"지오지브라 클래식 6"의 명령어를 굳이 외울 필요는 없습니다. 쉽게 찾을 수 있는 방법을 알려드릴게요.

❶ 자판 단축키 [⌨] 를 누른 후에 자판 오른쪽 상단에 있는 "세 개의 점 [⋯] "을 마우스 왼쪽 버튼으로 클릭한다.

** "지오지브라 클래식 6"의 모든 명령어를 볼 수 있는 창이 나타난다.

❷ 명령어 창에서 필요한 명령어를 찾아 마우스로 클릭한다.

```
수학 함수
⊕ 모든 명령
⊕ 기하
⊕ 대수
⊕ 텍스트
⊕ 논리
⊕ 함수와 미적분
⊕ 원뿔곡선(이차곡선)
⊕ 리스트
⊕ 벡터와 행렬
⊕ 변환
⊕ 도표
⊕ 통계
⊕ 확률
⊕ 스프레드시트
⊕ 스크립트
⊕ 이산수학
⊕ 지오지브라
⊕ 최적화 명령
⊕ 3D
⊕ 금융
```

LESSON 04 | 적분

 함수의 그래프와 x 축으로 둘러싸인 도형의 넓이

"지오지브라 클래식 6"에서는 함수의 그래프와 x축으로 둘러싸인 영역을 표시할 수 있습니다. 또 "적분" 명령어로 그 영역의 넓이를 계산할 수 있습니다.

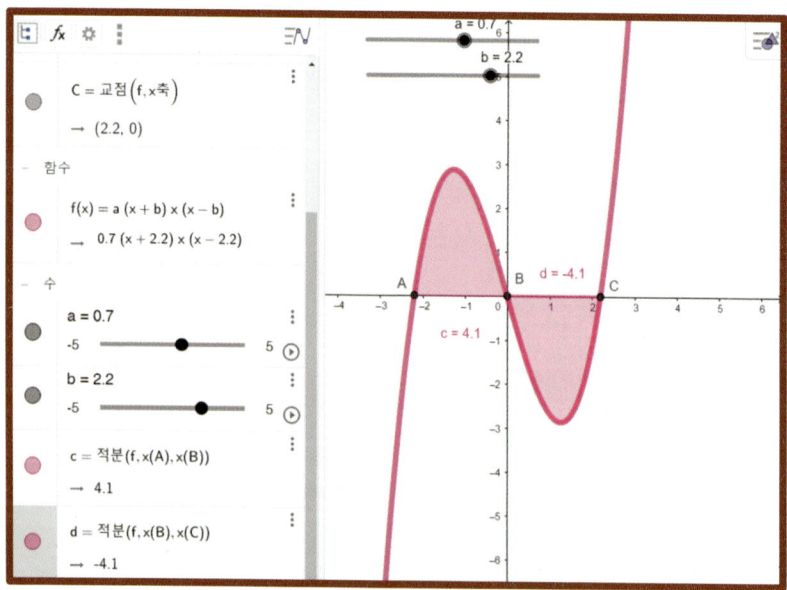

❶ "슬라이더 "를 선택하고, 슬라이더 a, b를 만든다.

❷ 대수창에 함수 $f(x) = a(x+b)x(x-b)$를 입력한다.

❸ "교점 "을 선택하고, 마우스 왼쪽 버튼으로 x축과 함수의 그래프를 차례대로 클릭한다.

** 왼쪽부터 A, B, C인 3개의 교점이 생긴다.

❹ 대수창에 "**적분**(f, x(A), x(B))"를 입력한다.

❺ 대수창에 "**적분**(f, x(B), x(C))"를 입력한다.

** x축과 함수의 그래프로 둘러싸인 영역의 넓이가 표시되고, x축 위의 영역은 "양수", x축 아래의 영역은 "음수"로 넓이가 계산된다.

[x축과 함수의 그래프로 둘러싸인 영역의 넓이]

두 함수의 그래프로 둘러싸인 영역의 넓이

"지오지브라 클래식 6"에는 두 함수의 그래프로 둘러싸인 영역의 넓이를 계산하는 명령어가 있습니다.

적분차(<함수>,<함수>,<처음 x 값>,<마지막 x 값>)

예를 들어, 두 함수 $f(x) = a \cdot \sin(bx)$, $g(x) = a \cdot \cos(bx)$의 그래프로 둘러싸인 영역의 넓이를 구하는 과정을 설명해 드릴게요.

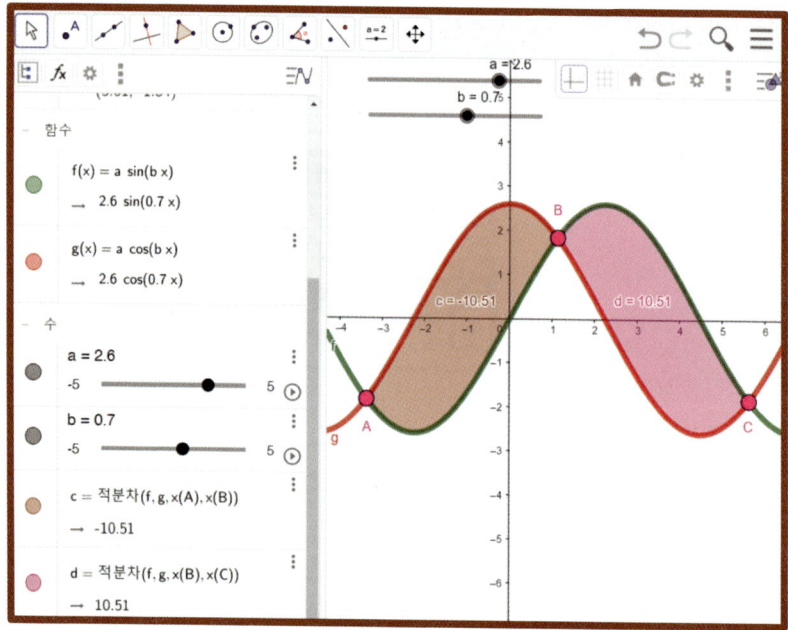

❶ "슬라이더 "를 선택하고, 슬라이더 a, b를 만든다.

❷ 대수창에 함수 $f(x) = a \cdot \sin(bx)$를 입력한다.

** 입력식은 f(x)=a*sin(bx) 이다.

❸ 대수창에 함수 $g(x) = a \cdot \cos(bx)$를 입력한다.

** 입력식은 g(x)=a*cos(bx) 이다.

❹ 대수창에 "**적분차**(f, g, x(A), x(B))"를 입력한다.

❺ 대수창에 "**적분차**(f, g, x(B), x(C))"를 입력한다.

** 앞에서와 마찬가지로 대수창에 "적분차" 명령어는 자판 단축키 를 이용한다.

[두 함수의 그래프로 둘러싸인 영역의 넓이]

 **부정적분**

부정적분은 미분의 역관계를 의미하고, 원시함수는 "부정적분으로 찾을 수 있는 함수"를 말합니다. "지오지브라 클래식 6"에 내장되어있는 "적분"을 이용하면 원시함수를 찾고, 그 그래프도 그릴 수 있습니다.

예를 들어, 삼차함수 $f(x)=a(x-b)x(x+b)$의 원시함수를 찾고, 그 그래프를 그리는 과정을 설명해 볼게요. 단, 적분상수 C는 항상 0으로 표시됩니다.

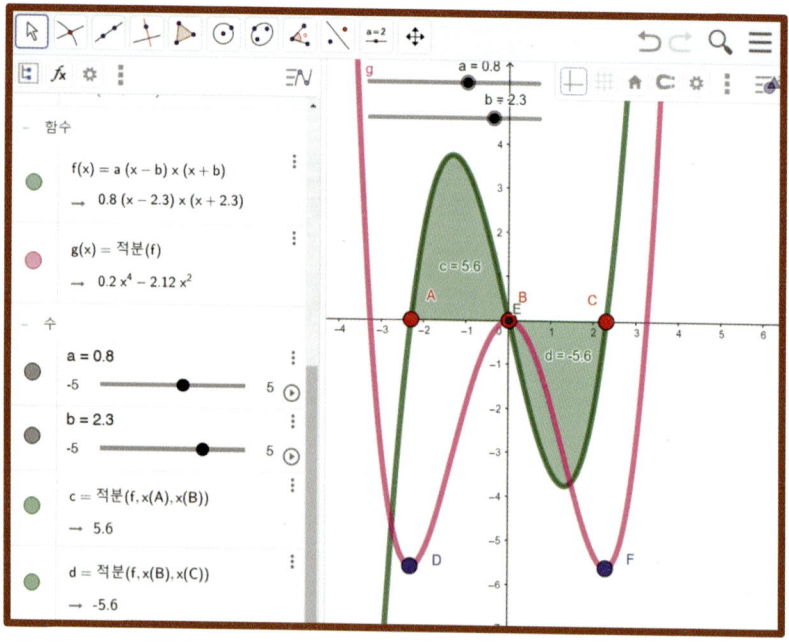

❶ "슬라이더 "를 선택하고, 슬라이더 a, b를 만든다.

❷ 대수창에 함수 $f(x)=a(x+b)x(x-b)$를 입력한다.

❸ "교점 "을 선택하고, 마우스 왼쪽 버튼으로 x축과 함수의 그래프를 차례대로 클릭한다.

** 왼쪽부터 A, B, C인 3개의 교점이 생긴다.

❹ 대수창에 "**적분**(f, x(A), x(B))"를 입력한다.

❺ 대수창에 "**적분**(f, x(B), x(C))"를 입력한다.

❻ 대수창에 "**적분**(f)"를 입력한다.

** 대수창에 원시함수 $g(x)$가 자동으로 계산되고, 기하창에는 원시함수 $g(x)$의 그래프가 그려진다.

❼ 대수창에 "(x(A), g(x(A))"를 입력한다.

** 원시함수 $g(x)$의 극점 D가 그려진다.

❽ 대수창에 "(x(B), g(x(B))"를 입력한다.

** 원시함수 $g(x)$의 극점 E가 그려진다.

❾ 대수창에 "(x(C), g(x(C))"를 입력한다.

** 원시함수 $g(x)$의 극점 F가 그려진다.

[부정적분]

제4장

확률 /
통계

LESSON 01 | 스프레드시트

 스프레드시트 열기 & 자료 입력하기

"지오지브라 클래식 6"을 사용하는 중에 "스프레드시트"를 이용해서 자료를 입력하거나, 입력된 자료를 그래프나 히스토그램 등으로 표현해야 할 때가 있습니다. 먼저 "지오지브라 클래식 6"에서 "스프레드시트"를 여는 방법을 알려드릴게요.

[스프레드시트 열기/자료 입력하기]

❶ 화면 우측상단에 있는 ☰ 을 마우스 왼쪽 버튼🖱으로 클릭한다.

❷ 하위 메뉴 중 🏠 보기 버튼을 클릭한다.

❸ 하위 메뉴 중 ▦ 스프레드시트 를 선택한다.

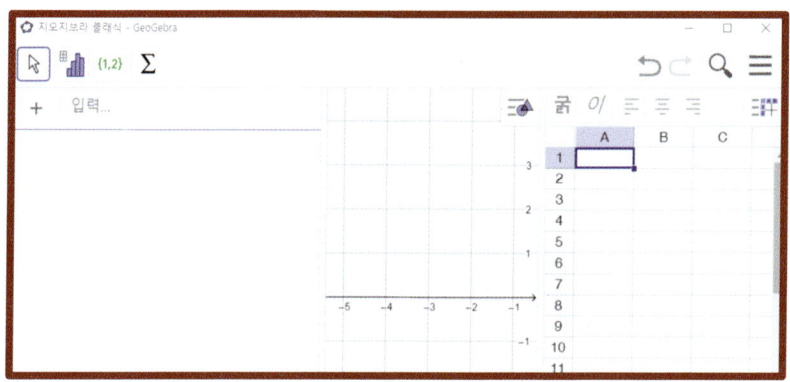

스프레드시트의 왼쪽 상단에는 4개의 도구 메뉴가 있습니다. 화면 오른쪽에 있는 스프레드시트에 자료를 입력한 후에 목적에 맞는 도구를 선택하여 사용하면 됩니다. 간단한 내용을 스프레드시트에 입력한 후에 도구 메뉴를 사용하는 방법을 설명해 볼게요.

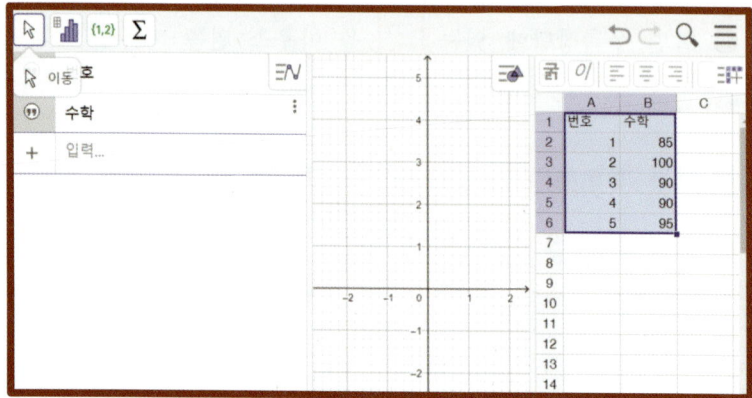

❶ 스프레드시트 창에 5명의 "수학", "영어" 성적을 입력한다.

❷ 마우스 왼쪽 버튼 🖱을 누른 채 드래그하여 입력된 자료를 선택한다.

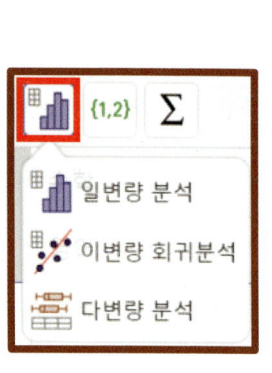 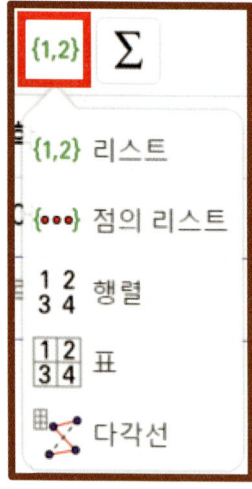 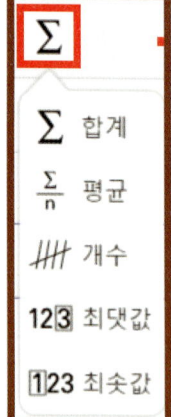

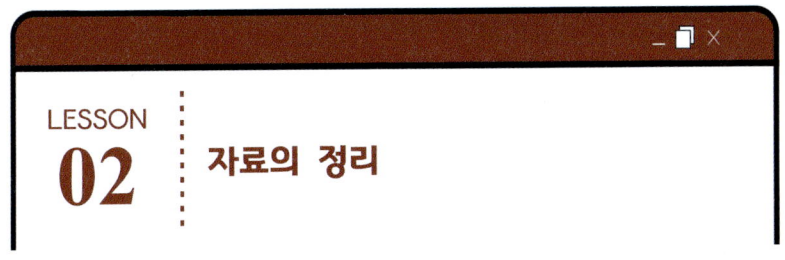

LESSON 02 | 자료의 정리

 히스토그램 / 도수분포다각형

스프레드시트에 입력한 자료를 이용하여 "히스토그램"과 "도수분포다각형"을 그리는 방법을 설명해 드릴게요.

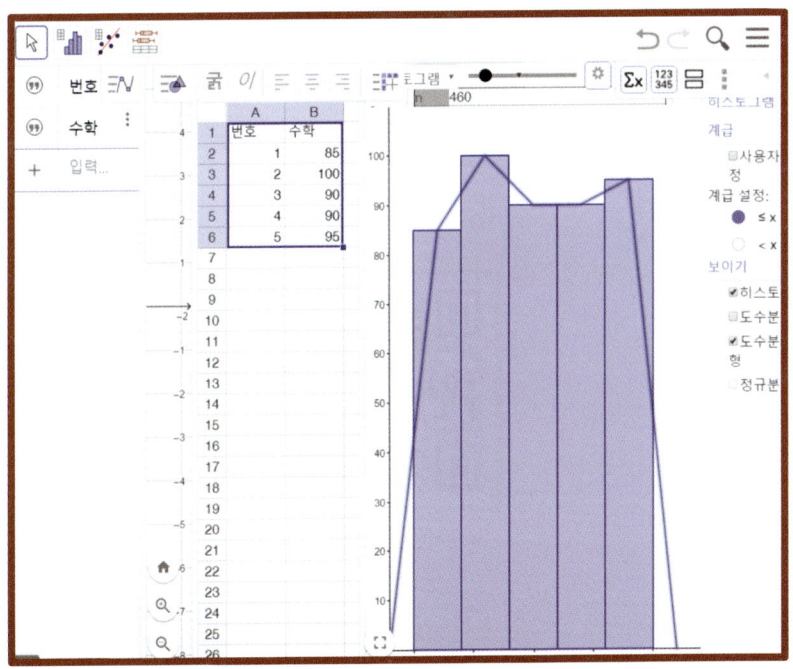

제4장 확률 / 통계

❶ 마우스 왼쪽 버튼 🖱을 누른 채 드래그하여 스프레드시트에 입력된 자료를 선택한다.

❷ "일변량 분석 📊 " 도구를 선택한 후에, 오른쪽 창의 상단에서 "히스토그램"을 선택한다.

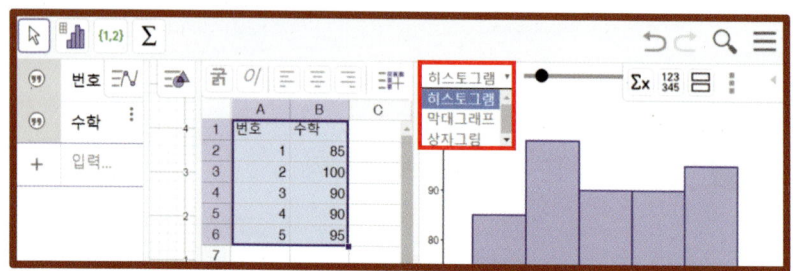

** 히스토그램을 완성한 후에는 ━●━ 을 마우스 왼쪽 버튼으로 누른 채 드래그하여 직사각형의 가로의 길이를 조정한다.

[히스토그램과 도수분포다각형]

 이변량 회귀 분석

"이변량 회귀분석"을 이용하면 가로축과 세로축에 표시된 두 자료의 상관관계를 "산점도"로 나타낼 수 있습니다.

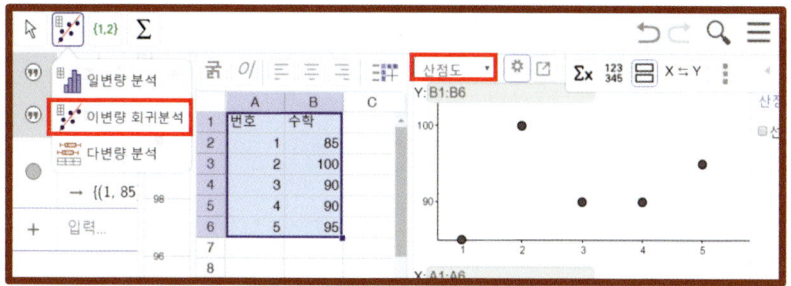

❶ 마우스 왼쪽 버튼🖱을 누른 채 드래그하여 스프레드시트에 입력된 자료를 선택한다.

❷ "이변량 회귀분석 ⋮⋮ " 도구를 선택한 후에, 오른쪽 창의 상단에서 "산점도"를 선택한다.

"이변량 회귀분석"에서 그린 "산점도"는 설정 도구를 통해 기하창에 복사를 하거나, 그림으로 내보내기를 할 수도 있습니다.

LESSON 03 확률 계산기 (정규분포/이항분포)

확률 계산기

"지오지브라 클래식 6"에는 자료를 "정규분포"와 "이항분포"로 표시할 수 있는 "확률 계산기" 프로그램이 있습니다. "확률 계산기"를 여는 방법 두 가지를 알려드릴게요.

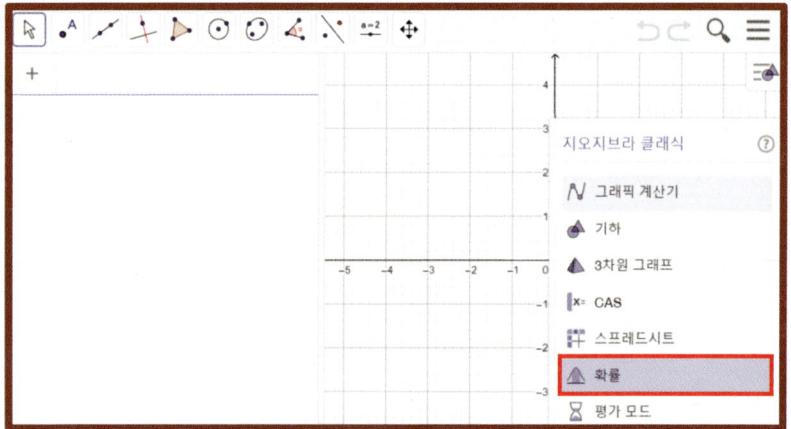

❶ "지오지브라 클래식 6"의 단축키 를 마우스로 클릭한다.

❷ 초기화면에서 "확률 ▲ "을 선택한다.

"확률 계산기 🔺 "를 시작하는 두 번째 방법을 알려드릴게요. "지오지브라 클래식 6"을 사용하는 중간에 "확률 계산기 🔺 "를 사용할 때 유용합니다.

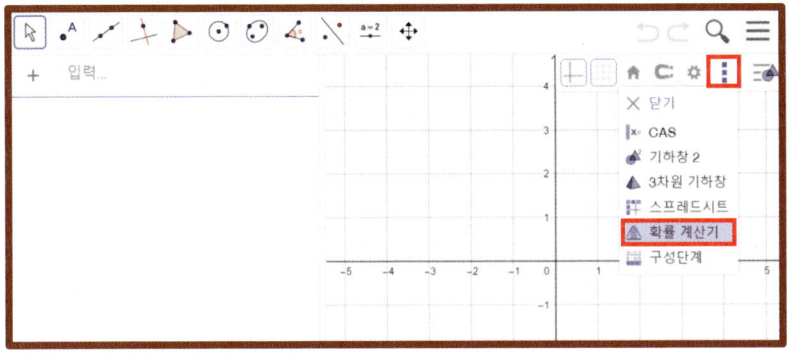

❶ "지오지브라 클래식 6" 화면의 우측 상단에 있는 ⋮ 을 마우스로 클릭한다.

❷ 하위 메뉴에서 "확률 계산기 🔺 "를 선택한다.

[확률 계산기 /
정규분포와 이항분포]

"확률 계산기 ![icon] "에는 고등학교 교육과정에서 다루는 "정규분포"와 "이항분포"뿐만 아니라, 거의 모든 종류의 분포가 함수로 내장되어있습니다.

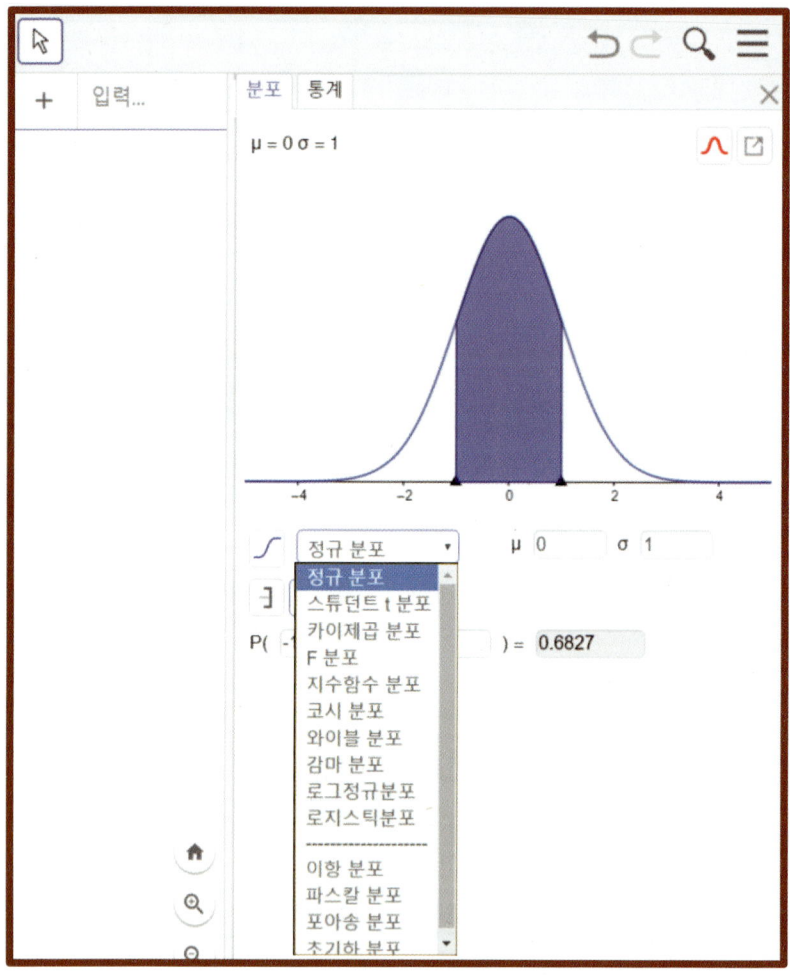

 정규분포

"확률 계산기"에서는 "정규분포"의 모양을 세 가지 중의 하나로 선택할 수 있습니다. 평균 μ과 표준편차 σ은 각각 0, 1로 저장되어 있으나, 수정이 가능합니다.

 상한과 하한이 있는 경우

평균 $\mu=0$, 표준편차 $\sigma=1$ 이고 상한과 하한이 있는 정규분포를 보여줍니다.

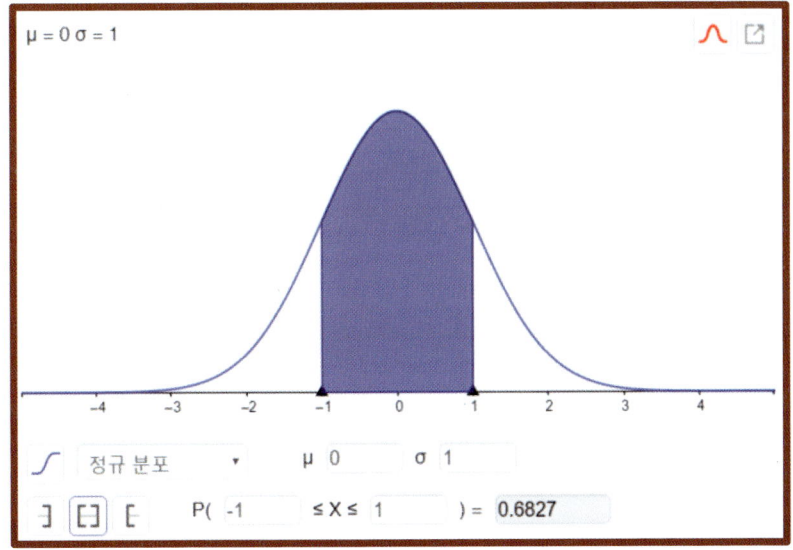

정규분포의 범위는 마우스 왼쪽 버튼🖱으로 누른 채 드래그 하면서 조정할 수 있습니다.

 하한만 있는 경우

평균 $\mu=0$, 표준편차 $\sigma=1$ 이고 상한은 없고 하한만 있는 정규분포를 보여줍니다. 마찬가지로 평균과 표준편차는 수정할 수 있고, 그에 따른 확률이 자동으로 계산됩니다.

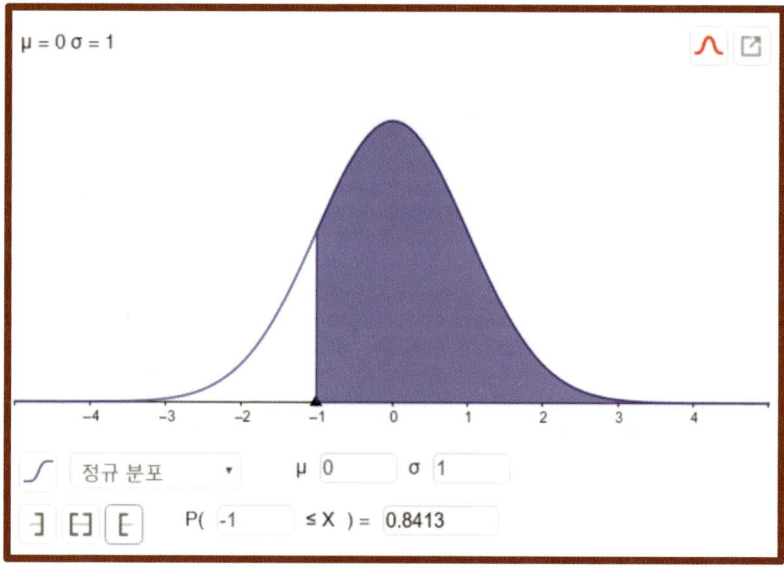

상한만 있는 경우

평균 $\mu=0$, 표준편차 $\sigma=1$ 이고 하한은 없고 상한만 있는 정규분포를 보여줍니다.

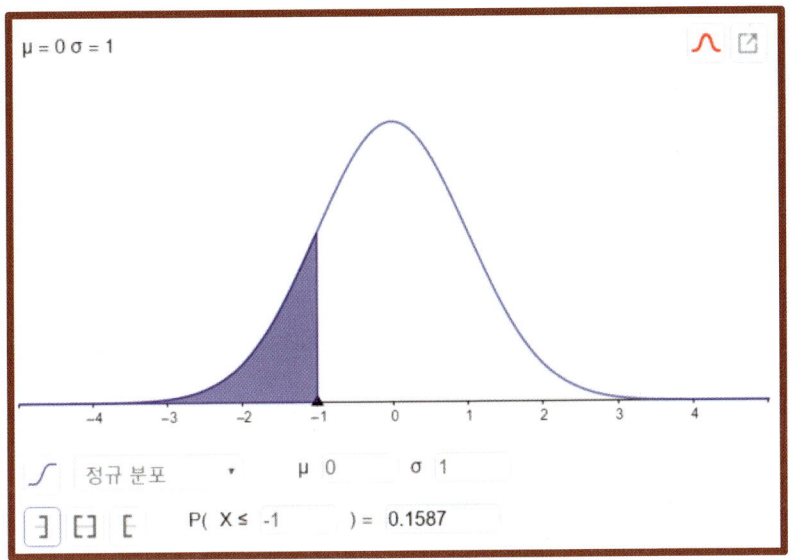

화면의 하단에 있는 "누적 ∫ " 도구를 이용하면 누적 분포 그래프를 볼 수 있습니다.

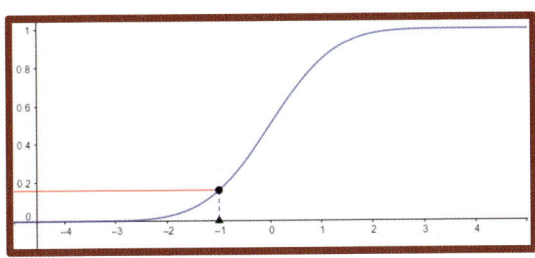

 **이항분포**

정규분포와 이항분포의 차이점은, 이항분포에서는 "시행횟수 n"과 "확률 p"를 별도로 입력해야 한다는 겁니다. 기본값으로 $n=20$, $p=0.5$ 이고, 시행횟수와 각 사건의 확률에 따라서 이항분포의 그래프가 그려집니다. 정규분포와 마찬가지로 세 가지 모양 중에서 선택할 수 있습니다.

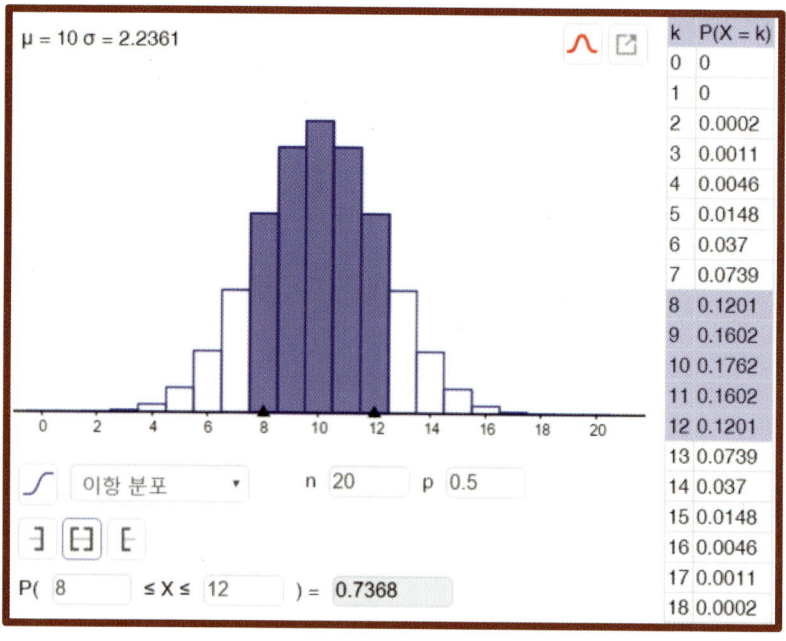

제5장

도형의 작도

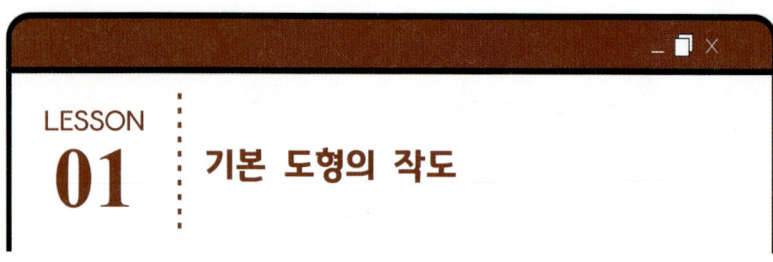

선분의 수직이등분선 작도

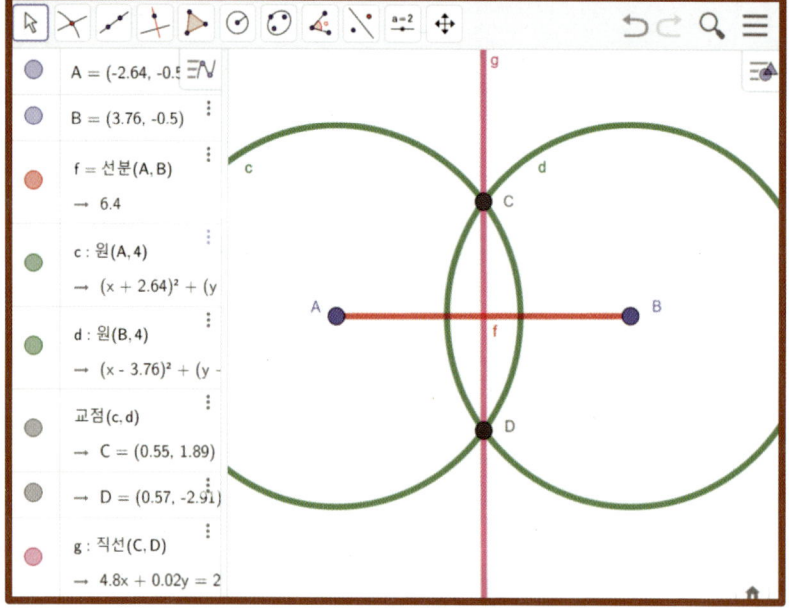

❶ "선분 "을 선택하고, 선분 $\overline{AB}$를 그린다.

❷ "원 : 중심과 반지름 ⊙ "을 선택하고, 마우스 왼쪽 버튼🖱을 점A를 클릭한다.

❸ "반지름" 창에 숫자를 입력한다.

** 두 원이 두 개의 교점을 갖도록 해야 한다.

❹ 점B를 클릭하고, 반지름 창에 "같은 숫자"를 입력한다.

** 두 점A, B를 중심으로 "반지름의 길이가 같은 원"을 그린 것이다.

❺ "교점 ⌧ "을 선택하고, 마우스 왼쪽 버튼🖱으로 두 원을 차례대로 클릭한다.

** 두 원의 교점 C, D가 만들어진다.

❻ "직선 ╱ "을 선택하고, 두 교점을 차례대로 클릭한다.

 각의 이등분선 작도

"각의 이등분선"의 작도는 각의 이등분선 위에 있는 점이 갖는 성질을 이용해서 작도할 수 있습니다.

"각의 이등분선 위의 점에서
두 변에 이르는 거리는 서로 같다."

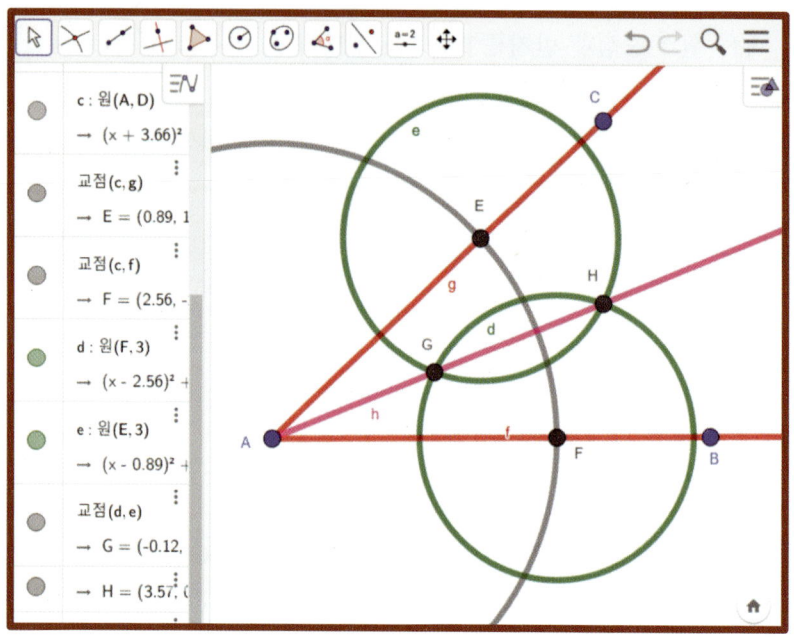

❶ "반직선 [/] "을 선택하고, 점A를 꼭짓점으로 하는 각 ∠BAC를 그린다.

❷ "중심이 있고 한 점을 지나는 원 [⊙] "을 선택하고, 점A를 중심으로 하는 원을 하나 그린다.

❸ "교점 [⋈] "을 선택하고, 원과 반직선의 교점 E, F를 그린다.

❹ "원 : 중심과 반지름 [⊙] "을 선택하고, 교점 E를 클릭한다.

❺ 반지름 창에 3을 입력하고 "확인" 버튼을 누른다.

❻ 교점 F를 클릭한 후에, 반지름 창에 3을 입력하고 확인버튼을 누른다.

** 두 교점 E, F를 중심으로 반지름이 같은 원을 그린 것이다.

❼ "교점 ⊠"을 선택하고, 반지름이 같은 두 원을 차례대로 클릭한다.

** 두 원의 교점 G, H가 만들어진다.

❽ "반직선 ⟋"을 선택하고, 꼭짓점 A를 출발점으로 두 원의 교점을 지나는 반직선을 그린다.

 평행선 작도

중학교 1학년에서 처음 배우는 작도에서도 "평행선 작도"는 중요한 의미가 있습니다. "눈금 없는 자"와 "컴퍼스"만을 이용하여 도형을 그리는 작도 개념을 이해하는데 많은 도움이 되기 때문입니다.

[평행선 작도]

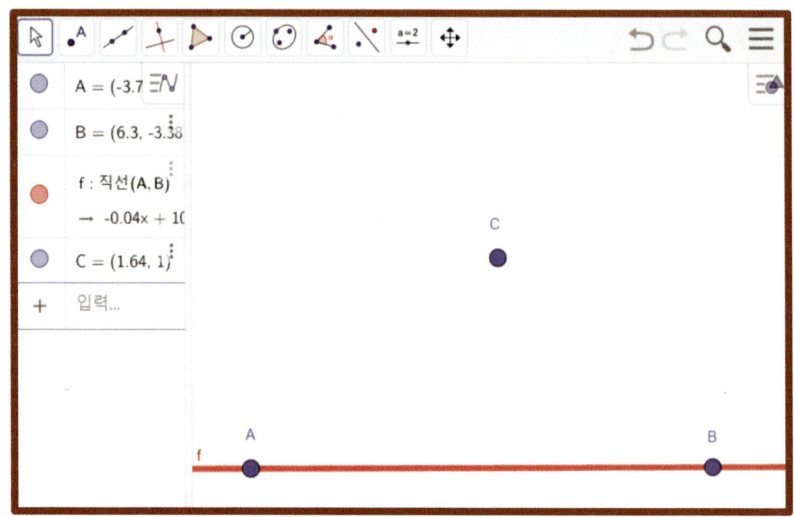

❶ "직선 "을 선택하고, 직선 AB를 그린다.

❷ "점 "을 선택하고, 직선 밖에 점 C를 그린다.

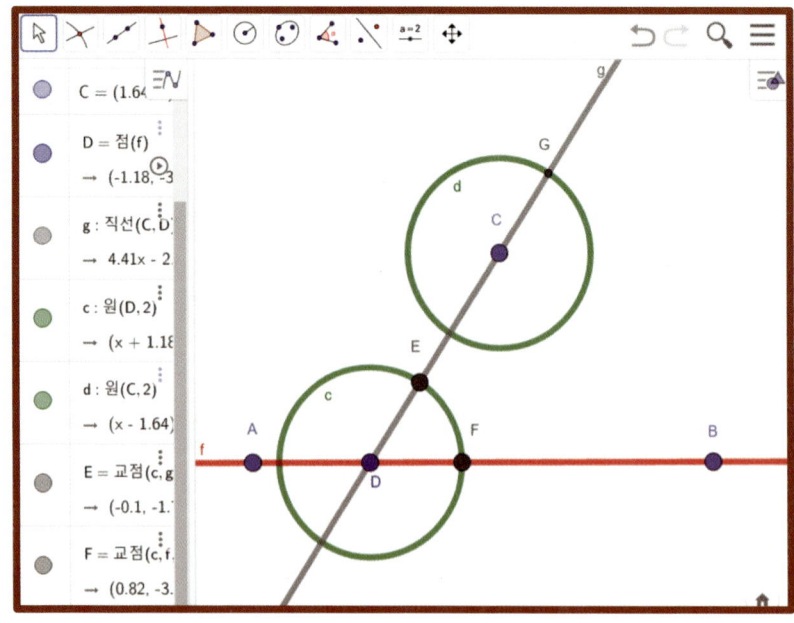

❸ "직선 [ ] "을 선택하고, 직선 CD를 그린다.

❹ "원 : 중심과 반지름 [ ] "을 선택하고, 두 점 C, D를 중심으로 반지름의 길이가 같은 두 개의 원을 그린다.

❺ "교점 [ ] "을 선택하고, 직선과 원의 교점 E, F, G를 만든다.

** 두 도형의 교점 부분을 클릭하면 교점이 만들어진다.

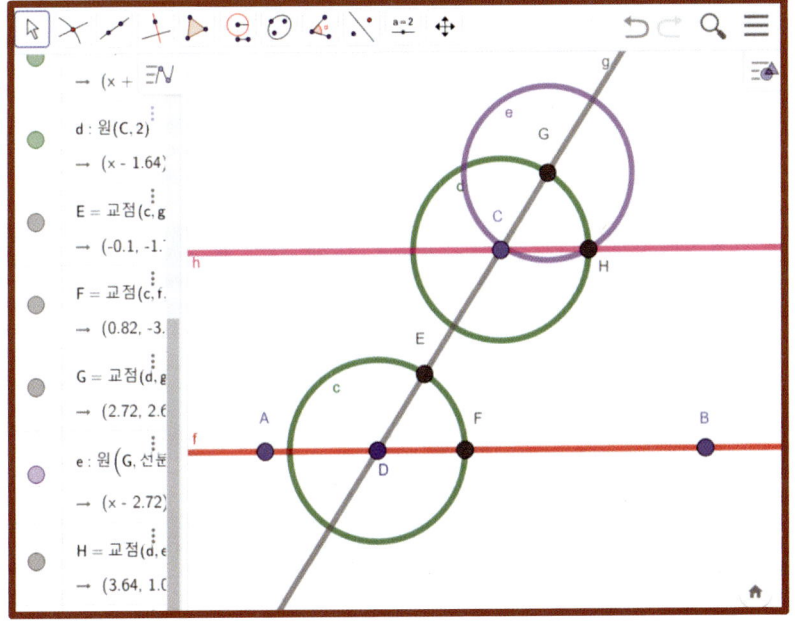

❻ "컴퍼스 [ ] "를 선택하고, 두 점 E, F를 차례대로 클릭한 후에 점 G를 누른다.

** 두 점 E, F의 거리를 반지름으로 하고, 점 G를 중심으로 하는 원이 그려진다.

❼ "교점 ▨ "을 선택하고, 점 C와 점 G를 중심으로 하는 두 원의 교점 H를 그린다.

❽ "직선 ▨ "을 선택하고, 두 점 C와 H를 차례대로 클릭하여 평행선을 그린다.

삼각형 작도 (SSS) [1] 세 변의 길이를 알 때

"삼각형의 작도 조건" 3가지는 "삼각형의 합동 조건"과 같습니다. "지오지브라 클래식 6"을 이용해서 3가지 조건을 작도로 표현할 수 있는데요. 먼저 "세 변의 길이를 알 때"의 삼각형을 작도해 볼게요.

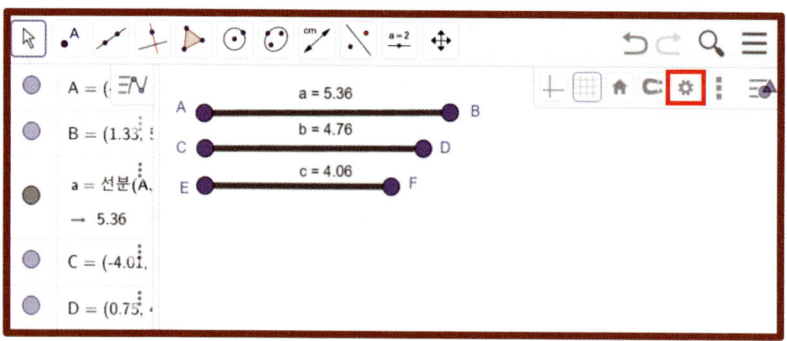

❶ "선분 ▨ "을 선택하고, 3개의 선분 $\overline{AB}$, $\overline{CD}$, $\overline{EF}$를 그린다.

❷ "거리 또는 길이 ▨ "를 선택하고, 마우스 왼쪽 버튼🖱으로 3개의 선분을 클릭하여 각각의 길이를 구한다.

** "이동 "을 선택하고, 마우스 왼쪽 버튼 으로 선분을 클릭한 후에 화면의 우측 상단에 있는 "설정 "을 누르고 이름을 각각 a, b, c로 바꾼다.

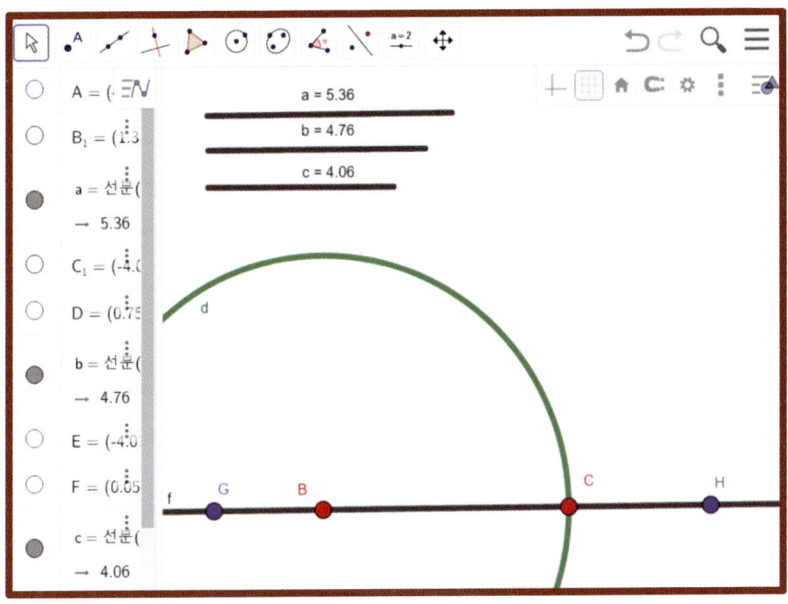

❸ 대수창에서 6개의 점 A, B, C, D, E, F를 '숨기기'한다.

❹ "직선 "을 선택하고, 직선 GH를 그린다.

❺ "점 "을 선택하고, 직선 위에 점 B를 그린다.

** 점의 이름은 점을 선택한 후에 "설정 "에서 바꿀 수 있다.

❻ "컴퍼스 "를 선택하고, 직선 a와 점 B를 차례대로 클릭한다.

** 점 B를 중심으로 하고 반지름의 길이가 a인 원이 그려진다.

❼ "교점 ⊠ "을 선택하고, 원과 직선의 교점 C를 만든다.

** 점의 이름은 "설정 ⚙ "에서 바꿀 수 있다.

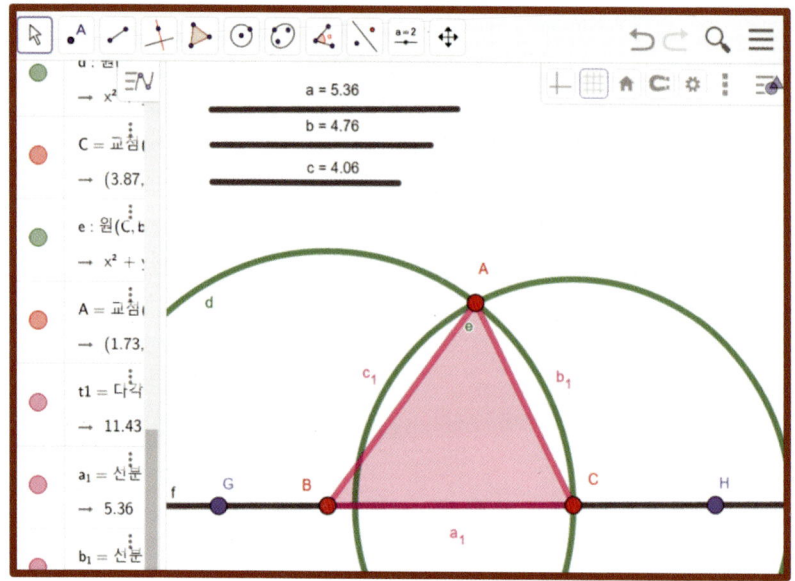

❽ "컴퍼스 ⊙ "를 선택하고, 직선 b와 점 C를 차례대로 클릭한다.

** 점 C를 중심으로 하고 반지름의 길이가 b인 원이 그려진다.

❾ "교점 ⊠ "을 선택하고, 두 원의 교점 A를 만든다.

❿ "다각형 ▷ "을 선택하고, 삼각형 ABC를 그린다.

화면에는 길이가 각각 a, b, c인 3개의 선분만 남게 되는데, 이제 삼각형 작도의 첫 번째 조건이 완성된 것입니다. 이때 "삼각형의 결정조건"을 잊지 말아야 합니다.

삼각형의 결정조건 :

가장 긴 변의 길이는 나머지 두 변의 길이의 합보다 작다.

[삼각형의 작도_1.
SSS합동]

[삼각형 작도_2.
SAS합동]

 삼각형 작도(SAS)

[2] 두 변의 길이와 그 끼인 각의 크기를 알 때

삼각형을 작도할 수 있는 두 번째 조건으로 "두 변의 길이와 그 끼인 각의 크기를 알 때"를 설명해 드리겠습니다. 삼각형의 작도는 바로 이어서 배우는 삼각형의 합동조건과도 같기 때문에, 합동조건과 연관지어서 설명하면 좋을 것 같습니다.

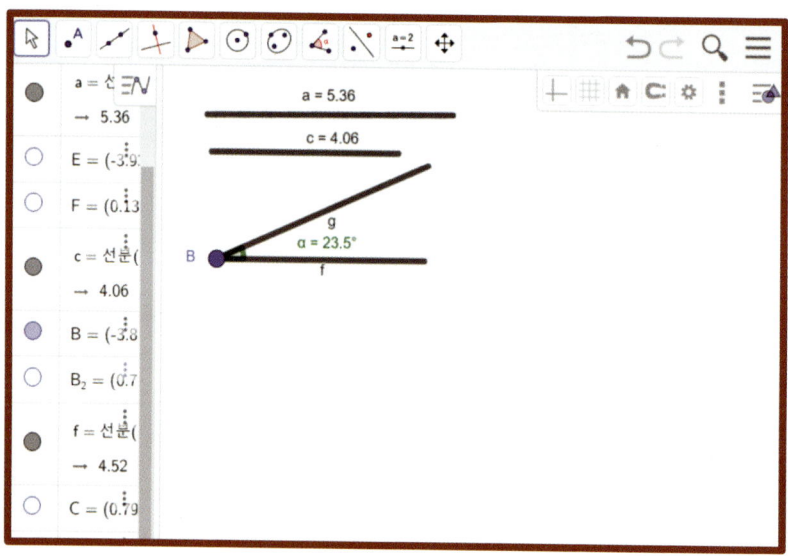

두 변의 길이 a, c 와 $\angle B$의 크기가 주어진 경우의 삼각형 작도 방법을 설명해 보겠습니다.

❶ "선분 ✏ "을 선택하고, 2개의 선분 a, c를 그린다.

❷ 각 B를 그린 후에, 필요 없는 점들은 모두 숨긴다.

먼저 각 B의 크기를 옮겨야 하는데요. 이 과정은 학생들이 어려워하므로 좀 더 세심하게 그 과정을 설명해 줄 필요가 있습니다. 이제 각 B의 크기를 옮기는 과정을 설명해 볼게요.

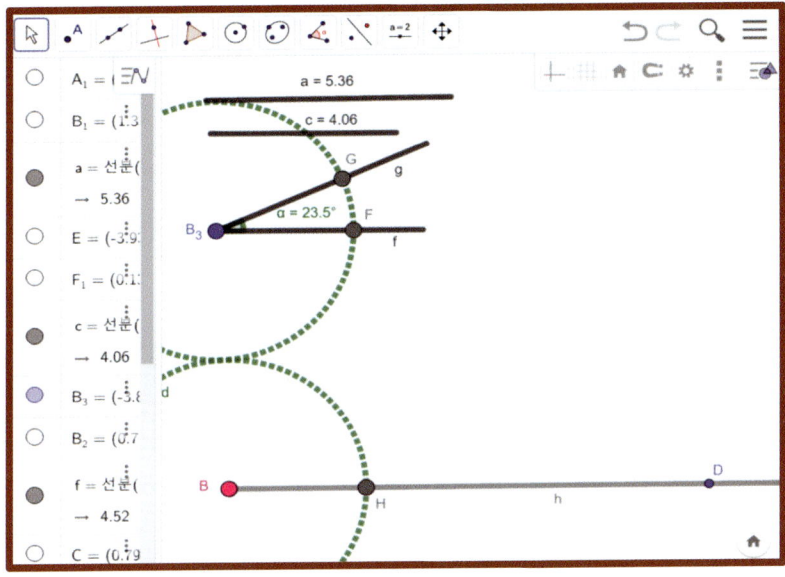

❸ "반직선 ⬚"을 선택하고, 반직선 BD를 그린다.

** 반직선의 출발점의 이름을 점 B로 고친다.

❹ "원 : 중심과 반지름 ⬚"을 선택하고, 각 B와 반직선의 출발점 B를 중심으로 하고, 반지름의 길이가 같은 원을 그린다.

** 지오지브라에서는 서로 다른 점을 같은 이름으로 변경할 수가 없다.

❺ "교점 ⬚"을 선택하고, 원과 각, 원과 반직선의 교점 F, G, H를 만든다.

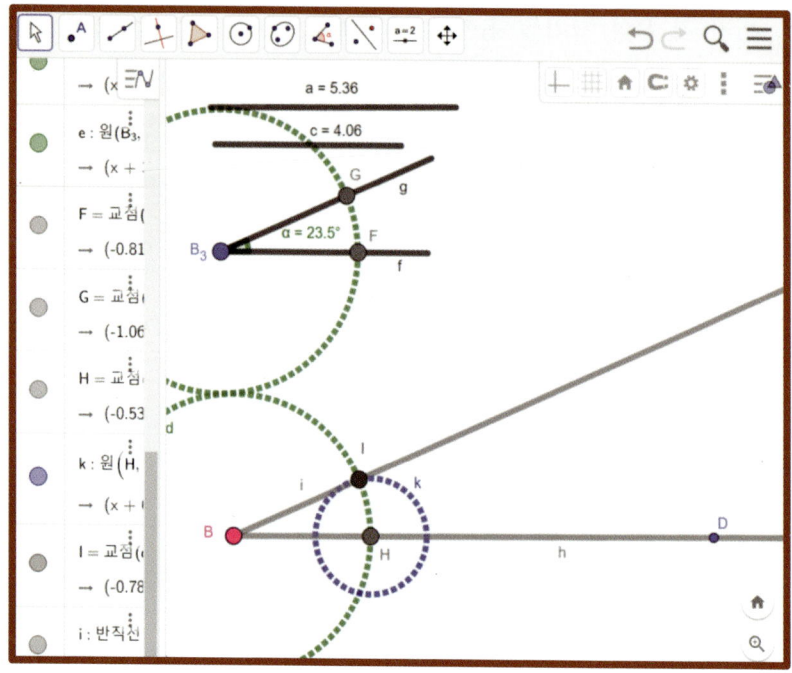

❻ "컴퍼스 [◉] "를 선택하고, 두 점 F, G를 클릭한 후에 점 H 를 누른다.

＊＊ 두 점 F, G의 거리를 반지름으로 하고, 점 H를 중심으로 하는 원이 그려진다.

❼ "교점 [✕] "을 선택하고, 두 원의 교점 I를 만든다.

❽ "반직선 [✎] "을 선택하고, 반직선 BI를 그린다.

＊＊ 각 B의 크기를 옮기는 과정이 끝났다. 이 과정은 작도에서도 큰 의미가 있으므로 몇 번을 반복하거나 발표 수업을 진행할 필요가 있다.

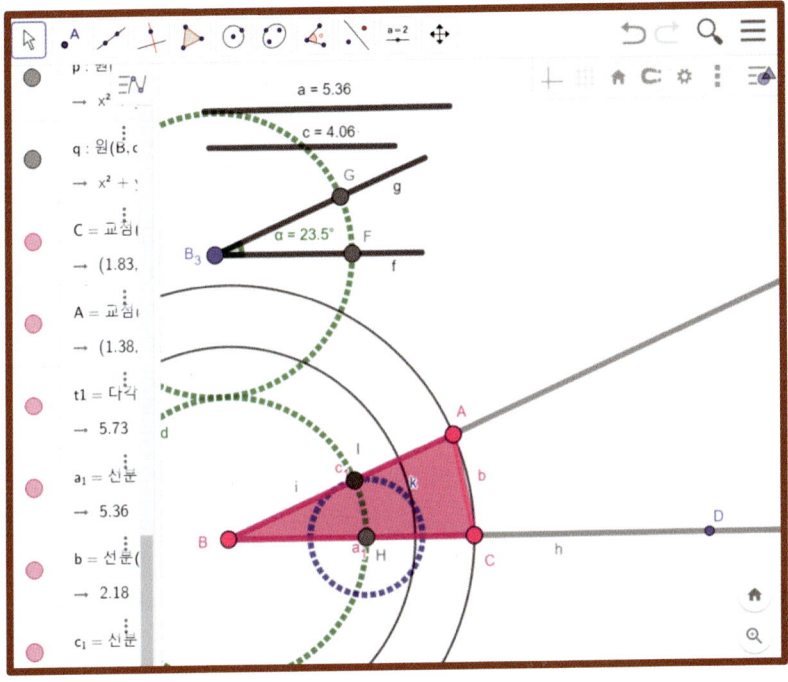

❾ "컴퍼스 ⊙ "를 선택하고, 선분의 길이 a를 클릭한 후에 점 B를 누른다.

❿ 마찬가지로, 선분의 길이 c를 클릭한 후에 점 B를 누른다.

** 점 B를 중심으로 하고 반지름의 길이가 각각 a, c인 두 개의 원이 그려진다.

⑪ "교점 ⊠ "을 선택하고, 반직선과 원의 교점을 각각 C, A로 지정한다.

⑫ "다각형 ▷ "을 선택하고, 삼각형 ABC를 그린다.

 **삼각형 작도(ASA)**

[3] 한 변의 길이와 양 끝 각의 크기를 알 때

삼각형의 작도 세 번째는 "한 변의 길이와 양 끝 각의 크기를 알 때"입니다. 삼각형의 합동조건에서 ASA합동에 해당하는데요. 앞에서 배운 "각 옮기기"를 두 번이나 해야 해서 작도과정이 매우 번거롭고, 그림도 복잡해집니다.

[삼각형 작도_3. ASA합동]

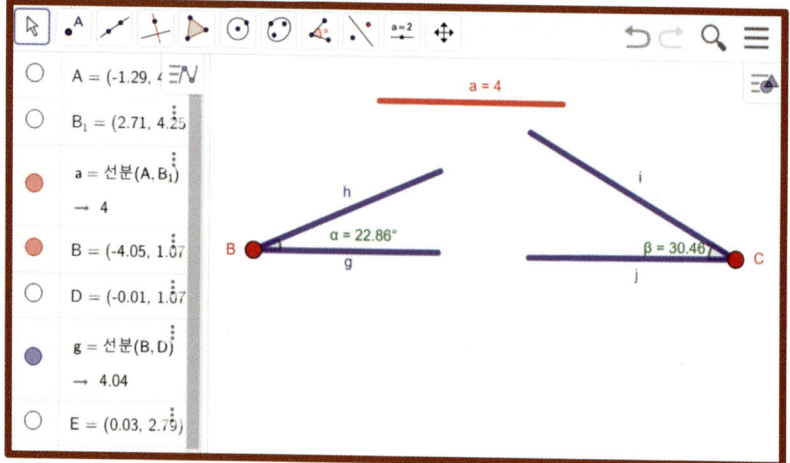

먼저 반직선을 긋고, 반직선의 출발점을 B로 고칠 겁니다. 다음에는 반직선 위에 길이 a를 옮길 거고요.

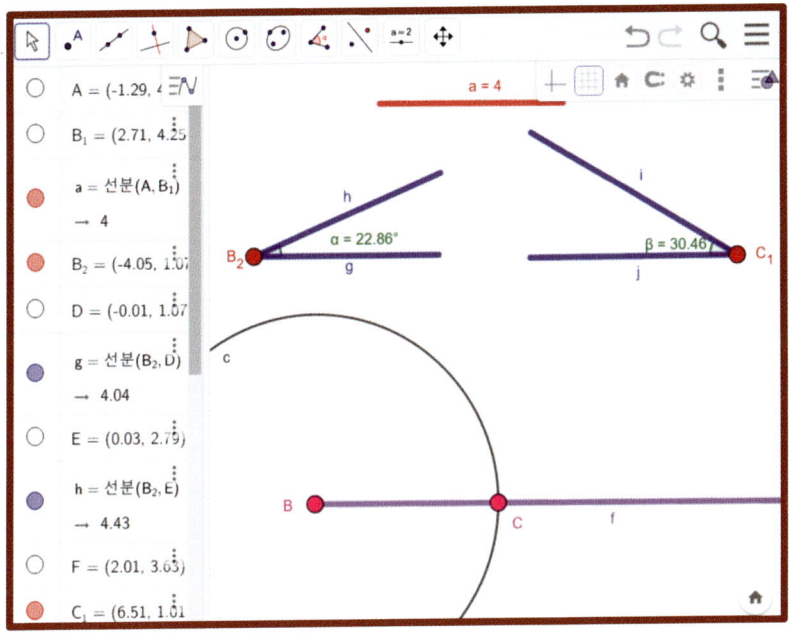

❶ "반직선 ⬚"을 선택하고, 반직선을 하나 그린다.

❷ 반직선의 출발점을 B로 변경한다.

❸ "컴퍼스 ⬚"를 선택하고, 선분 a와 점 B를 차례대로 클릭한다.

❹ "교점 ⬚"을 선택하고, 반직선과 원의 교점을 만든 후에 이름을 C로 수정한다.

다음으로, 선분 BC의 양 끝점으로 "각 옮기기"를 하면 되는데요. 과정은 "[2] 삼각형 작도_ 두 변의 길이와 그 끼인각의 크기를 알 때"와 동일합니다.

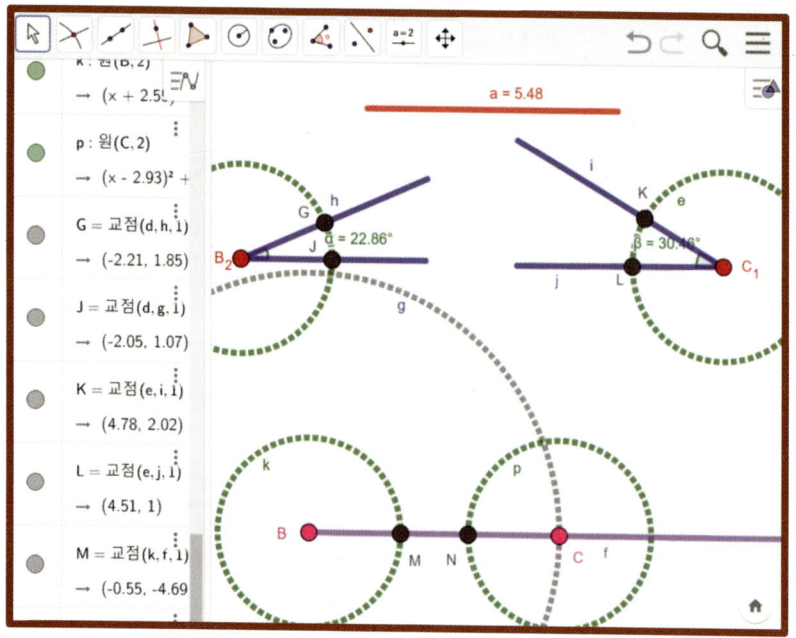

❻ "원 : 중심과 반지름 ⬚"을 선택하고, 반직선 위의 두 점 B, C와 두 각의 꼭짓점을 중심으로 반지름의 길이가 같은 4개의 원을 그린다.

❼ "교점 ⬚"을 선택하고, 원과 각, 그리고 원과 반직선의 교점 6개를 만든다.

** 앞의 그림과 같이 J, G, K, L, M, N이 만들어진다.

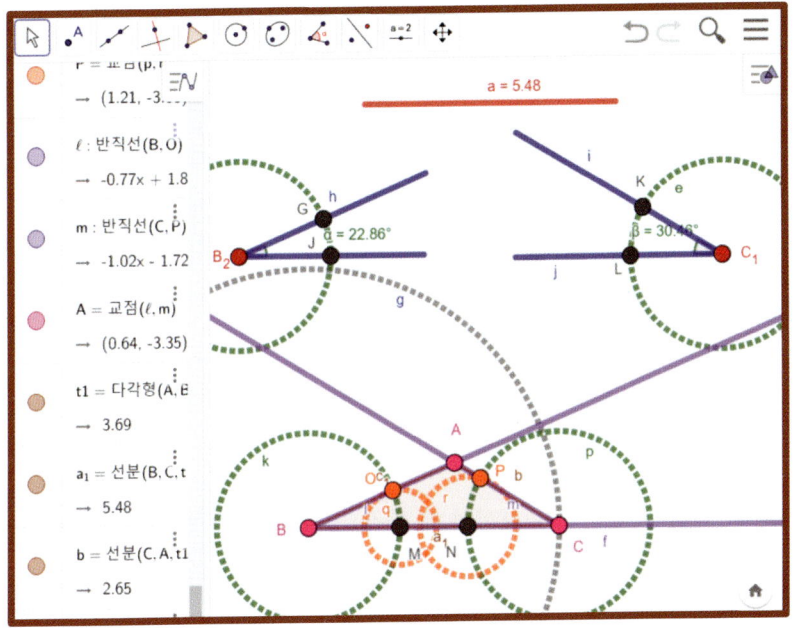

❽ "컴퍼스 ⊙"를 선택하고, 두 점 J, G를 누른 후에 점 M을 클릭한다.

** 두 점 J, G 사이의 거리를 반지름으로 하고, 점 M을 중심으로 하는 원이 그려진다.

❾ "컴퍼스 ⊙"를 선택하고, 두 점 K, L을 누른 후에 점 N을 클릭한다.

** 두 점 K, L 사이의 거리를 반지름으로 하고, 점 N을 중심으로 하는 원이 그려진다.

❿ "교점 ⤫"을 선택하고, 두 원의 교점 O, P를 만든다.

⓫ "반직선 ![icon] "을 선택하고, 점 B, C를 출발점으로 하여 두 원의 교점 O, P를 지나는 반직선을 각각 그린다.

⓬ "점 ![icon] "을 선택하고, 두 반직선의 교점 A를 만든다.

⓭ "다각형 ![icon] "을 선택하고, 삼각형 ABC를 그린다.

어떤가요?

그림이 굉장히 복잡해 보이지 않나요?

선생님도 그럴진대 학생들은 말할 것도 없겠죠!

작도 과정에서는 불가피하게 많은 도형을 그리게 되는데요. 어느 정도 완성이 된 이후에는 **꼭 필요한 도형만 남겨두고 "숨기기"** ![icon]**를 하는 것이 중요합니다**.

완성한 그림에서 필요 없는 도형들을 숨기기 해 보시기 바랍니다.

LESSON 02 작도의 활용

 직선에 접하는 원 작도

"직선에 접하는 원"의 작도는 다양한 작도과정에서 활용할 수 있는 성질입니다. 작도는 단순히 눈금 없는 자와 컴퍼스만을 이용하여 도형을 작도하는 것이 아닙니다. 다양한 탐구활동을 통해 "수학적 창의성"을 기를 수 있는 활동임을 기억하면서 아이들에게 문제를 제시해 보시기 바랍니다.

원의 중심이 움직여도 직선과 원이 항상 접하도록 작도하라.

[직선에 접하는 원]

위 문제에 맞게 작도를 해 보세요!
아마도 "지오지브라"와 "작도"에 익숙한 선생님이라도 쉽지 않을 겁니다. "수선의 발"이라는 수학 개념을 이용해야 하니까요!

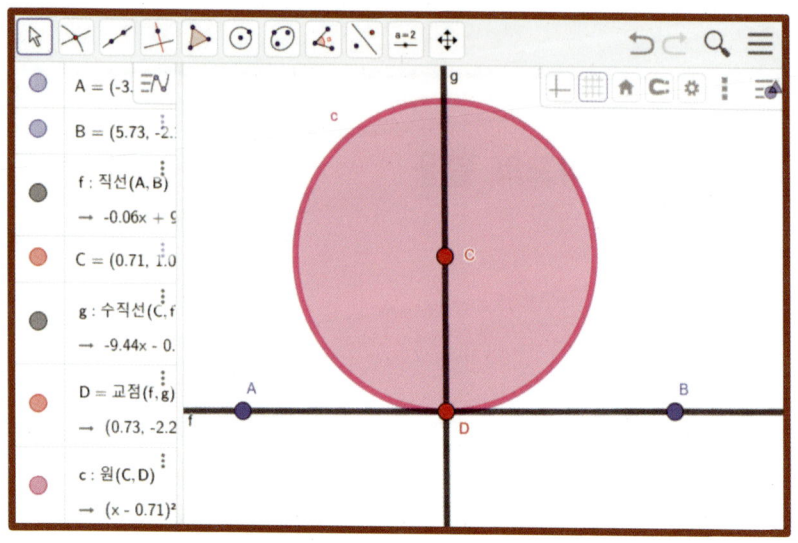

❶ "직선 ✐ "을 선택하고, 직선 AB를 그린다.

❷ "점 •ᴬ "을 선택하고, 직선 밖의 점 C를 그린다.

** 점 C를 중심으로 하고 직선 AB에 접하는 원을 그리기 위해서는 "수선의 발"을 이용해야 한다.

❸ "수직선 ⊥ "을 선택하고, 점 C와 직선 AB를 차례대로 클릭한다.

❹ "교점 ╳ "을 선택하고, 수선의 발 점 D를 지정한다.

❺ "중심이 있고 한 점을 지나는 원 ⊙ "을 선택하고, 점 C, D를 차례대로 클릭한다.

** 점 C를 중심으로 하고, 점 D를 지나는 원이 그려진다.

** 마우스 왼쪽 버튼으로 점 C를 누른 채 드래그해 본다.

각의 두 변에 내접하는 원 작도

"직선에 접하는 원"을 이용하여 하나의 꼭짓점과 두 개의 반직선으로 만들어지는 각에 내접하는 원을 작도할 수 있습니다.

각의 두 변에 내접하는 원을 작도하시오!

"각의 두 변에 **내접하는** 원"을 작도하기 위해서는 먼저 해결해야 할 문제가 있습니다.

[각에 내접하는 원]

원의 중심은 어디에 있어야 할까?

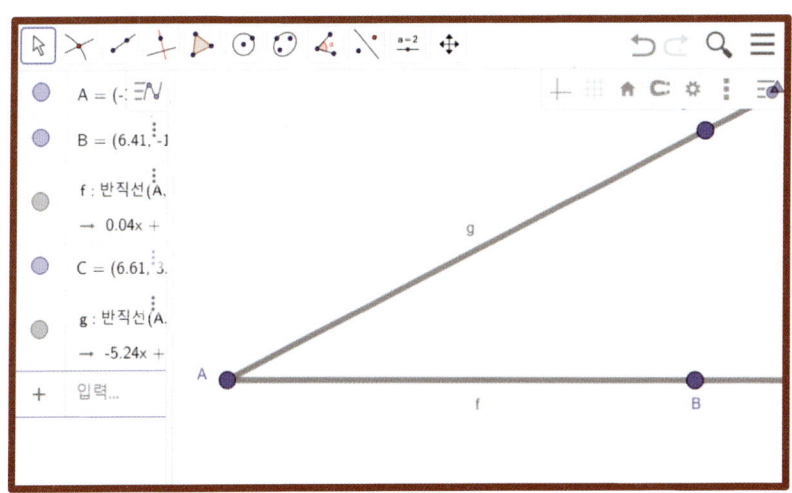

제5장 도형의 작도 **193**

각의 두 변에 내접하는 **원의 중심**은 어디에 있어야 할까요? 아이들은 이 질문에 대한 답을 찾는 과정에서 "수학적 창의성"이 길러질 겁니다.

원의 중심은 각의 이등분선 위에 있다!

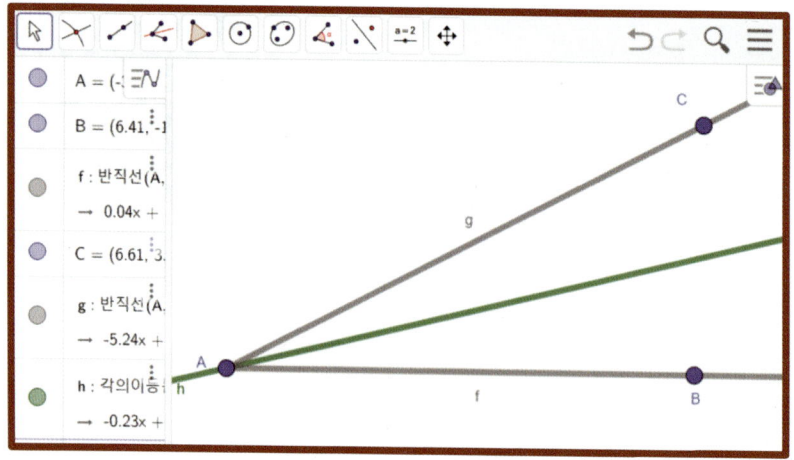

❶ "반직선 ☑ "을 선택하고, 반직선 AB와 AC를 그린다.

❷ "각의 이등분선 ☑ "을 선택하고, 세 개의 점 B, A, C를 차례대로 클릭한다.

다음에는 각의 이등분선 위에 원의 중심으로 사용할 점을 그린 후에 반직선에 수선의 발을 내리면 됩니다.

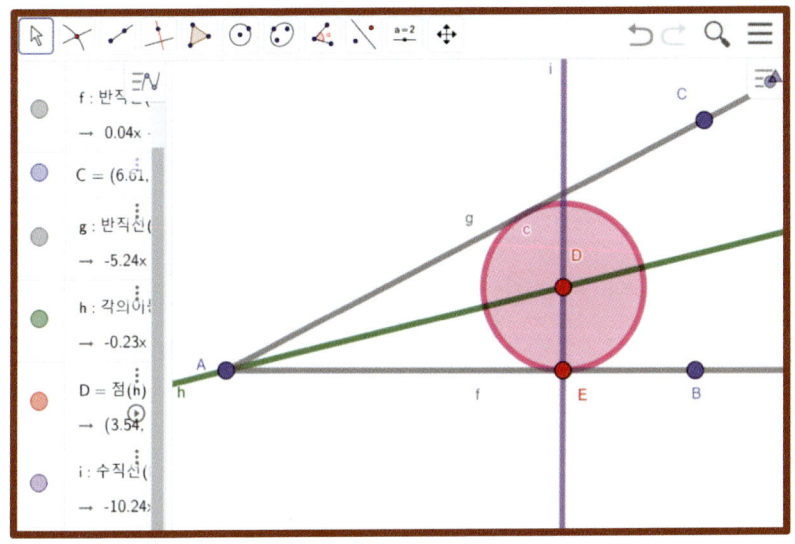

❸ "점 [·A] "을 선택하고, 각의 이등분선 위에 점 D를 그린다.

❹ "수직선 [┼] "을 선택하고, 점 D와 반직선 AB를 차례대로 클릭한다.

❺ "교점 [✕] "을 선택하고, 수선과 반직선 AB의 교점 E를 그린다.

❻ "중심이 있고 한 점을 지나는 원 [⊙] "을 선택하고, 점 D와 점 E를 차례대로 클릭한다.

직선 위를 구르는 원 작도

"직선에 접하는 원"의 작도를 이용하는 다른 탐구 활동을 소개해 볼게요. "직선에 접하는 원"에서는 중심의 위치에 따라서 "원의 반지름의 길이"가 변합니다. 그런데 "원의 반지름의 길이"가 변하지 않고 "일정"하게 만드는 방법을 생각해 보죠.

직선 위를 구르는 공(원)을 작도하시오.

원의 중심의 위치가 변하더라도 원의 반지름이 변하지 않으면 직선에 접하는 원을 그리기 위해서는, 먼저 해결해야 할 문제가 있습니다.

공(원)의 중심은 어디에 있을까?

이 탐구활동에서도 중요한 것은 "원의 중심"의 위치입니다. 원의 중심이 놓여야 하는 위치를 해결하면 문제는 의외로 간단합니다.

원의 중심은 평행선 위에 있어야 한다!

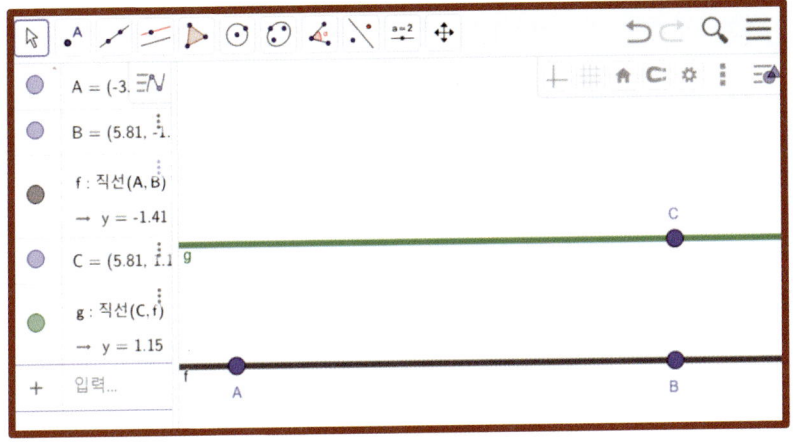

❶ "직선 ⬚"을 선택하고, 직선 AB를 그린다.

❷ "점 ⬚"을 선택하고, 직선 밖의 점 C를 그린다.

❸ "평행선 ⬚"을 선택하고, 직선 AB와 점 C를 차례대로 클릭한다.

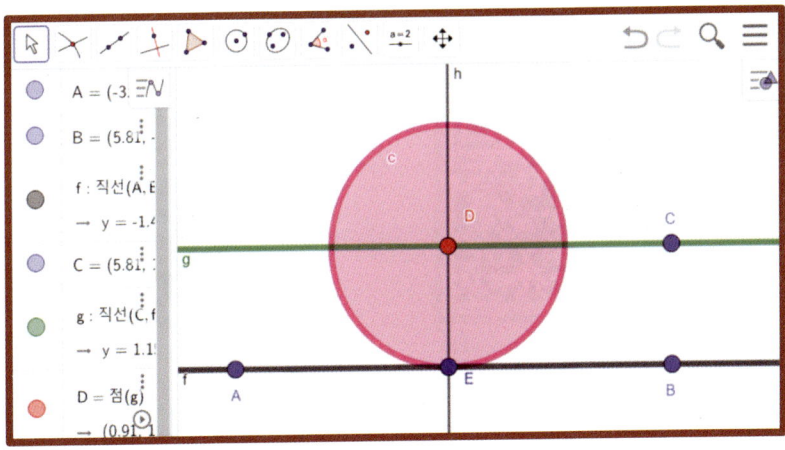

❹ "점 [·A] "을 선택하고, 평행선 위에 점 D를 그린다.

❺ "수직선 [⊥] "을 선택하고, 직선 AB와 점 D를 차례대로 클릭하여 수직선을 그린다.

❻ "교점 [X] "을 선택하고, 직선 AB와 수직선의 교점 E를 만든다.

❼ "중심이 있고 한 점을 지나는 원 [⊙] "을 선택하고, 점 D와 점 E를 차례대로 클릭하여 원을 그린다.

그림을 완성한 후에는 불필요한 도형들은 "숨기기"하는 것이 좋습니다. 점 C, E와 평행선, 수직선 등은 숨기기 해 보세요. 다음에 마우스 왼쪽 버튼🖱으로 점 D를 누른 채 드래그하면 직선 위를 구르는 원의 효과를 만들 수 있습니다.

[직선 위를 구르는 원]

[원주 위를 구르는 원]

원주 위를 구르는 원 작도

직선뿐만 아니라 원주 위에 접하면서 구르는 원의 작도도 가능합니다. "원 위를 구르는 원"은 다양한 탐구 활동에 적용할 수 있습니다. 예를 들어, 태양 주변을 공전하는 태양계 행성들을 표현할 수도 있고요.

원주 위를 구르는 원을 작도하시오!

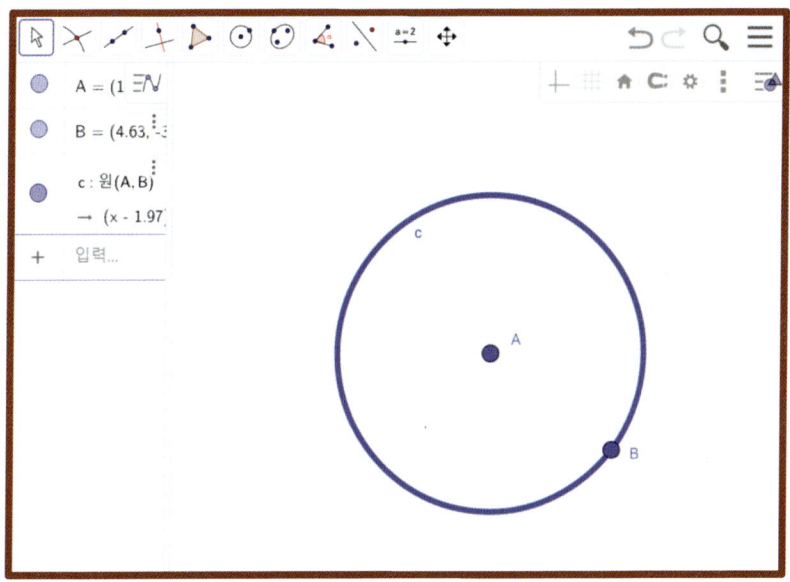

❶ "중심이 있고 한 점을 지나는 원 ⊙ "을 선택하고, 중심이 A이고 점 B를 지나는 원을 그린다.

이 문제를 해결하기 위해서는 먼저 알아야 할 내용이 있습니다. 바로 원주에 접하면서 돌아가는 원의 중심의 위치를 알아야 합니다.

원주 위를 도는 원의 중심은 어디에 있을까?

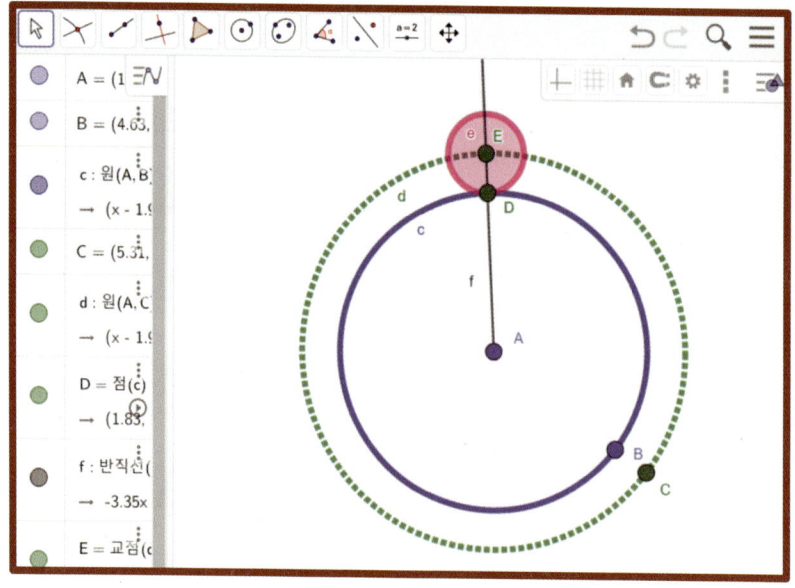

❷ "중심이 있고 한 점을 지나는 원 "을 선택하고, 점 A를 중심으로 하고 점 C를 지나는 원을 그린다.

❸ "반직선   "을 선택하고, 점 A를 출발점으로 하고 원주 위의 점 D를 지나는 반직선을 그린다.

❹ "교점 ⊠ "을 선택하고, 반직선과 바깥 원의 교점 E를 만든다.

❺ "중심이 있고 한 점을 지나는 원 ⊙ "을 선택하고, 점 E와 점 D를 차례대로 클릭한다.

** 마우스 왼쪽 버튼 🖱으로 원주 위의 점의 중심 E를 드래그 하면서 움직임을 관찰해 본다.

그림을 완성한 후에는 필요 없는 도형은 숨기기하고 설정을 통해 그림의 완성도를 높여 보세요.

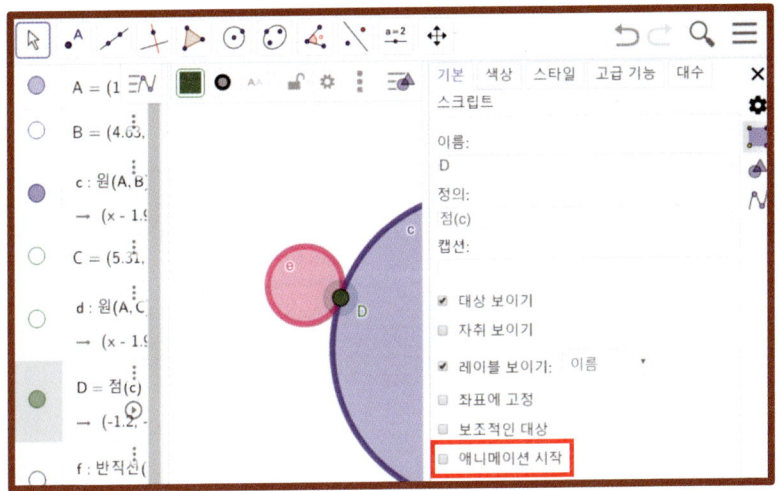

❻ "이동 ▣ "을 선택하고, 점 D를 활성화한 다음에 "설정 ⚙ "을 클릭한다.

❼ 하위 메뉴 중에서 "애니메이션 시작"을 선택하면 점 D가 원주 위를 자동으로 움직인다.

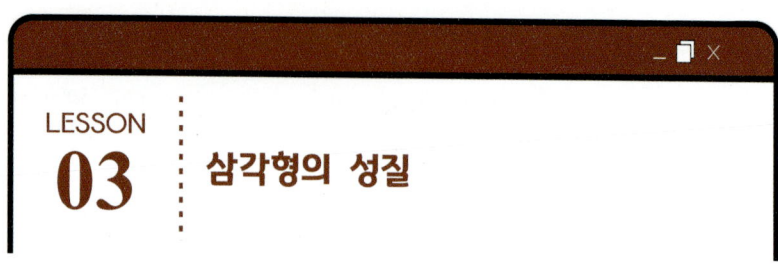

LESSON 03 : 삼각형의 성질

 이등변삼각형 작도 (원을 이용)

이등변삼각형의 정의는 **"두 변의 길이가 같은 삼각형"**입니다. 이등변삼각형을 작도하는 방법은 여러 가지가 있는데, 먼저 원을 이용하는 방법을 설명하겠습니다.

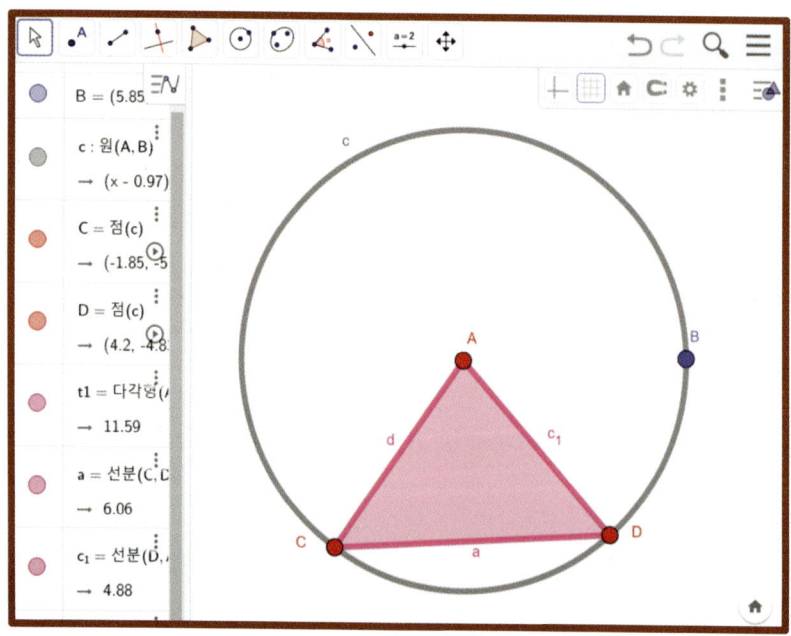

❶ "중심이 있고 한 점을 지나는 원 ⊙ "을 선택하고, 중심이 A이고 원주 위의 점이 B인 원을 그린다.

❷ "다각형 ▷ "을 선택하고, 삼각형 ACD를 그린다.

** 점A는 원의 중심, 두 점C, D는 원주 위의 점이다.

** 다각형을 그리기 위해서는 마지막에 맨 처음 찍었던 점을 다시 클릭해야 한다.

삼각형 ACD를 그린 후에는 마우스 왼쪽 버튼🖱으로 점C 또는 점D를 누른 채 드래그하면서 이등변삼각형의 모양을 바꿔 보세요. **"한 정점으로부터 일정한 거리에 있는 점들의 모임"**이라는 원의 정의로부터, 삼각형 ACD가 이등변삼각형임을 확인할 수 있습니다. 도형은 단순히 "그린다"는 개념이 아니라, 도형의 정의와 성질을 이용해서 아이들의 "창의성"을 기르는데 적합한 단원입니다.

 이등변삼각형 작도

(선분의 수직이등분선을 이용)

수학 창의성은 **"서로 다른 개념들을 결합하여 문제를 해결하는 능력"**이라고도 말할 수 있습니다. 이번에는 "선분의 수직이등분선"의 성질을 이용하여 이등변삼각형을 그려보도록 하겠습니다.

"선분의 수직이등분선 위의 임의의 점에서
선분의 양 끝점에 이르는 거리는 항상 같다."

"지오지브라 클래식 6"에는 선분의 "수직이등분선 ⊠ " 도구가 있습니다. 하지만 "수직이등분선"과 "이등변삼각형"의 개념을 융합하기 위해서는 작도 개념으로 수직이등분선을 그리는 것이 교육적으로 효과가 있습니다.

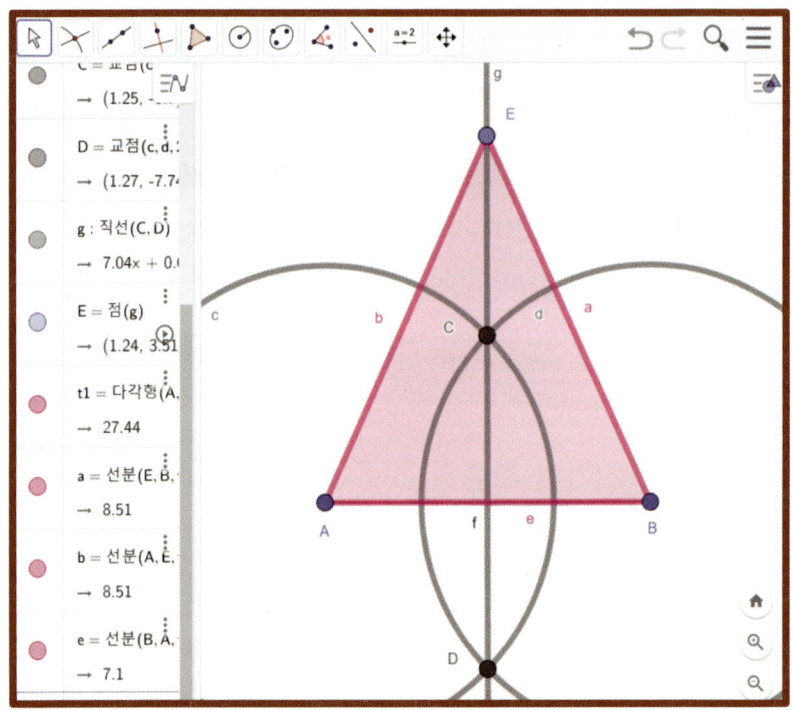

❶ "선분 ⊠ "을 선택하고, 선분 $\overline{AB}$를 그린다.

❷ "원 : 중심과 반지름 ⊙ "을 선택하고, 점 A, B를 중심으로 하고 반지름의 길이가 같은 두 개의 원을 그린다.

❸ "교점 ✕ "을 선택하고, 두 원의 교점 C, D를 만든다.

❹ "직선 ↗ "을 선택하고, 두 점 C, D를 지나는 직선을 그린다.

** 직선 C, D는 선분 AB의 수직이등분선이다.

❺ "다각형 ▷ "을 선택하고, 삼각형 ABE를 그린다.

** 점 E는 선분 AB 위의 점으로, 양 끝점 A, B에 이르는 거리는 같다. 따라서 삼각형 ABE는 이등변삼각형이다.

그림을 완성한 후에는 마우스 왼쪽 버튼🖱으로 점 E를 드래그하면서 삼각형 ABE가 이등변삼각형임을 확인시켜 주세요. 이 과정에서 아이들은 선분의 수직이등분선과 이등변삼각형의 성질을 보다 분명하게 이해할 수 있습니다.

[이등변삼각형 작도]

직각삼각형 작도 (수선 이용)

직각삼각형을 그리는 방법은 여러 가지가 있습니다. 수선을 이용할 수도 있고, 90도 회전을 이용할 수도 있는데요. 아이들에게 시간을 주고 각자의 방법으로 직각삼각형을 그려보도록 하는 것이 좋습니다. 다양한 방법으로 직각삼각형을 그리는 방법을 찾는 것 자체가 아이들에게 수학 창의성을 길러주는 탐구과정이 될 수 있습니다.

[직각삼각형 작도]

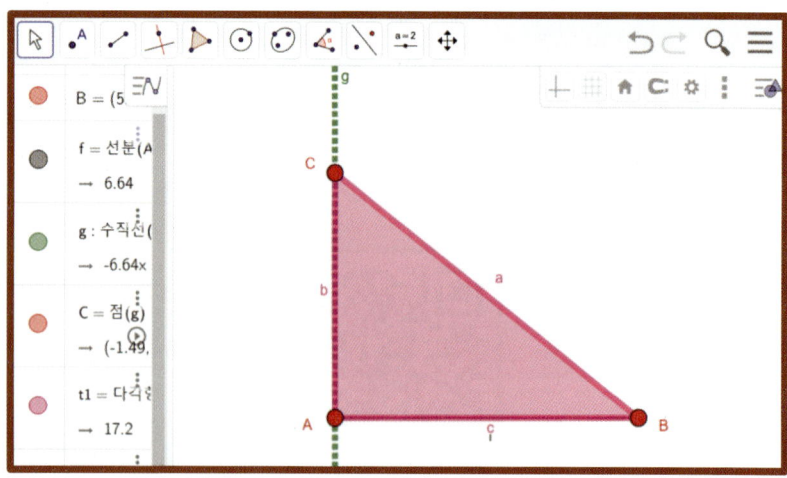

❶ "선분 ✎"을 선택하고, 선분 AB를 그린다.

❷ "수직선 ⊥ "을 선택하고, 점 A와 선분 AB를 차례대로 선택한다.

❸ "점 •A "을 선택하고, 수선 위에 한 점 C를 그린다.

❹ "다각형 ▷ "을 선택하고, 삼각형 ABC를 그린다.

그림을 완성한 후에는 마우스 왼쪽 버튼🖱으로 점 C를 누른 채 위아래로 드래그해 보세요. 수직선 위를 움직이는 점 C에 따라서 다양한 직각삼각형이 그려집니다.

 직각삼각형 작도 (반원 이용)

원을 이용해서도 직각삼각형을 그릴 수 있습니다. 여기에는 한 가지 얽힌 이야기도 있습니다.

> 고대 그리스 시대에 두 수학자가 누가 최고의 수학자인지를 두고 내기를 했답니다.
> 짧은 시간에 가장 많은 직각삼각형을 그리는 사람이 최고의 수학자가 되는 거야!"
> 두 사람은 내기에 동의하고 정해진 시간에 직각삼각형을 그리기 시작했는데요. 승자는 누구였을까요?

이 내기에서 승자가 사용한 방법이 바로 원을 이용해서 직각삼각형을 그리는 것이었다고 합니다. 여기서 중요한 점은 단순히 원을 이용하는 것이 아니라, 중학교 2학년 과정에서 중요하게 다루는 "원주각"과 "중심각"의 관계를 이용했다는 겁니다.

(중심각의 크기) = 2 × (원주각의 크기)

이 관계식을 증명해 주면서 직각삼각형을 그리는 심화탐구를 진행하면 아이들의 집중도가 더 높아질 것입니다.

원의 중심과 지름의 양 끝점이 만드는 중심각의 크기는 180도이므로, 원주 위의 임의의 점이 만드는 원주각의 크기는 90도가 됩니다.

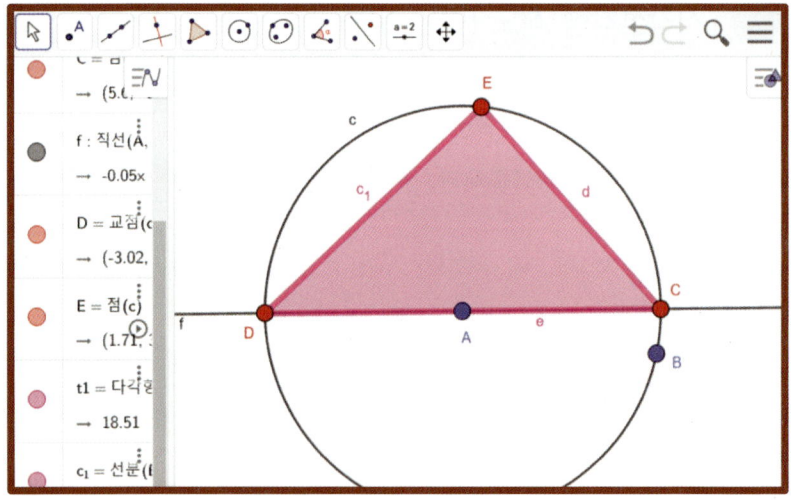

❶ "중심이 있고 한 점을 지나는 원 ⊙ "을 선택하고, 중심이 점 A이고 원주 위의 점이 B인 원을 그린다.

** 원주 위의 점 B는 작도 과정에서 사용하면 안 된다.

❷ "점 ▫ "을 선택하고, 원주 위에 한 점 C를 그린다.

❸ "직선 ▫ "을 선택하고, 두 점 A, C를 차례대로 클릭한다.

❹ "교점 ▫ "을 선택하고, 원과 직선의 교점 D를 그린다.

❺ "점 ▫ "을 선택하고, 원주 위에 점 E를 그린다.

❻ "다각형 ▫ "을 선택하고, 직각삼각형 CDE를 그린다.

그림을 완성한 후에 마우스 왼쪽 버튼🖱으로 점 E를 누른 채 드래그하면서 움직여 보세요. 원의 지름 CD를 한 변으로 하는 직각삼각형이 수없이 그려지는 것을 관찰할 수 있습니다.

삼각형의 외심과 외접원

삼각형의 외심의 정의는 **"삼각형의 세 변의 수직이등분선의 교점"**입니다. 보통 삼각형의 외심을 "외접원의 중심"이라고 정의하는 교과서가 있는데, 이것은 잘못된 겁니다. 세 변의 수직이등분선의 교점인 점 O는 세 꼭짓점에 이르는 거리가 모두 같은데요. 이 성질에 의해서 외접원을 그릴 수 있는 거예요.

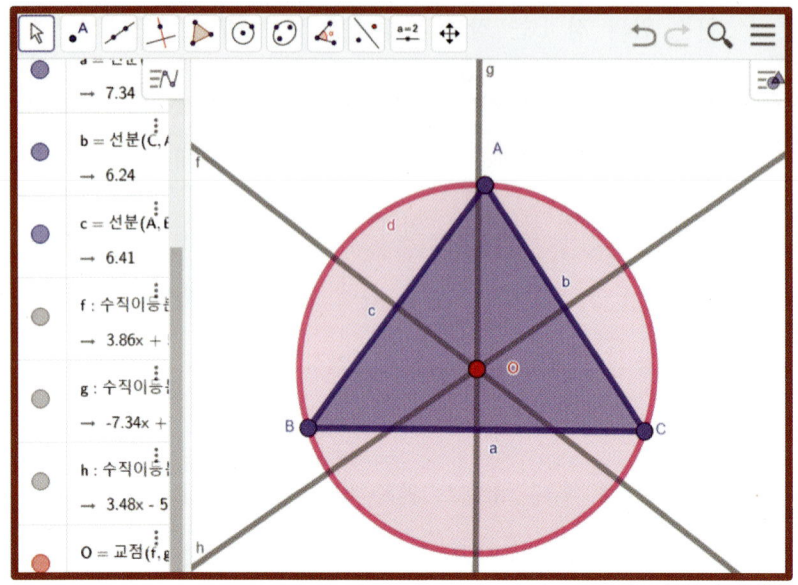

❶ "다각형 ▷ "을 선택하고, 삼각형 ABC를 그린다.

❷ "수직이등분선 ⋈ "을 선택하고, 삼각형 ABC의 두 점을 차례대로 클릭하여 수직이등분선 3개를 그린다.

❸ "교점 ⋈ "을 선택하고, 2개의 수직이등분선을 클릭하여 교점 O를 만든다.

❹ "중심이 있고 한 점을 지나는 원 ⊙ "을 선택하고, 점 O와 점 A를 차례대로 클릭한다.

** 마우스 왼쪽 버튼🖱으로 삼각형의 꼭짓점을 누른 채 드래그하면서 외접원이 항상 유지됨을 확인한다.

[삼각형의 외심 작도]

삼각형의 내심과 내접원

삼각형의 내심의 정의는 **"세 각의 이등분선의 교점"**입니다. 마찬가지 내접원의 성질이라고 보는 게 맞습니다. "각의 이등분"의 작도 과정은 그림이 매우 복잡합니다. 그래서 각 B를 이등분하는 것을 자세히 설명하고, 각 A, C의 이등분은 "각의 이등분선 " 도구를 이용하겠습니다.

[삼각형의 내심 작도]

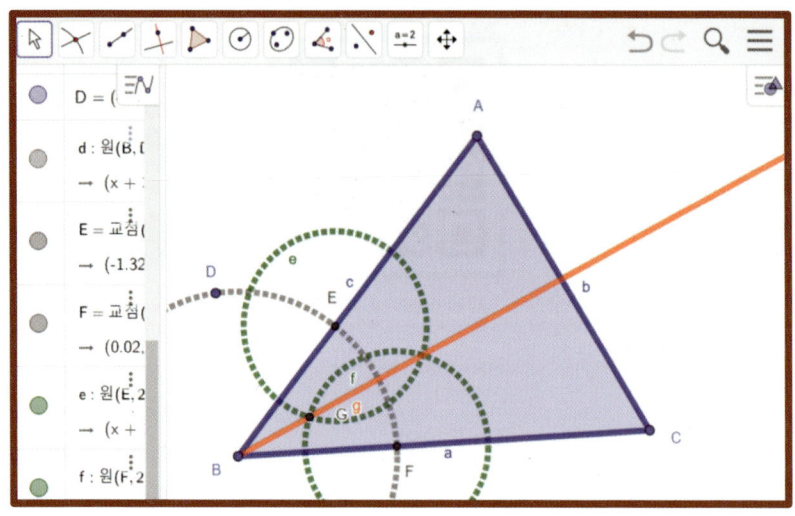

❶ "다각형 ▷ "을 선택하고, 삼각형 ABC를 그린다.

❷ "중심이 있고 한 점을 지나는 원 ⊙ "을 선택하고, 점 B를 중심으로 하고 점 D를 지나는 원을 그린다.

❸ "교점 ✕ "을 선택하고, 원과 선분 AB, BC의 교점 E, F를 각각 그린다.

❹ "원 : 중심과 반지름 ⊙ "을 선택하고, 두 교점 E, F를 중심으로 하고 반지름이 같은 원을 그린다.

❺ "교점 ✕ "을 선택하고, 두 원의 교점 G를 만든다.

❻ "반직선 ╱ "을 선택하고, 점 B를 출발점으로 점 G를 지나는 반직선을 그린다.

이와 같은 방법으로 각 A, C의 이등분선을 작도하면 좋은데요. 앞에서도 설명했듯이 그림이 매우 복잡해집니다. 그래서 각 B의 이등분선 작도과정은 자세하게 설명해주고, 각 A, C의 이등분선작도는 "각의 이등분선 ![icon]" 도구를 이용하여 그리는 것이 좋습니다.

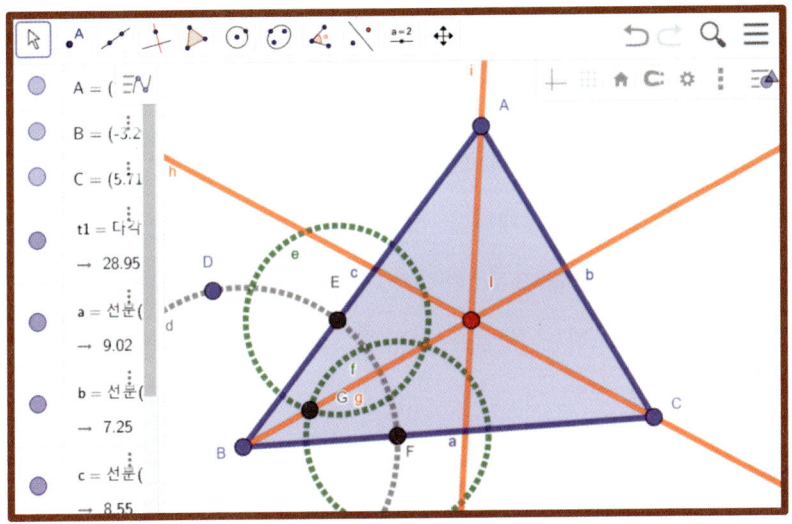

❼ "각의 이등분선 ![icon] "을 선택하고, 세 점 C, A, B를 차례대로 클릭하여 각 A의 이등분선을 그린다.

❽ "각의 이등분선 ![icon] "을 선택하고, 세 점 B, C, A를 차례대로 클릭하여 각 B의 이등분선을 그린다.

❾ "교점 ![icon] "을 선택하고, 각의 이등분선의 교점 I를 만든다.

 **삼각형의 무게중심**

삼각형의 무게중심의 정의는 **"삼각형의 세 중선의 교점"**입니다. 중선은 **"꼭짓점과 대변의 중점을 연결한 선분"**이고요.

삼각형의 무게중심은 수학과 물리를 융합할 수 있는 탐구 주제입니다. 실제 삼각형의 무게중심을 우드락에 그린 후에 점 G의 위치에 실로 매달면 평형을 이루는 **"모빌"**이 됩니다. 다음으로 나무젓가락을 점 G에 꽂으면 **"삼각형 팽이"**가 되고요.

삼각형의 무게중심 개념을 정확하게 이해한 후에는 **"사각형 또는 오각형의 무게중심"**으로 확장할 수 있습니다. 뒤에서 사각형의 무게중심을 작도하는 방법을 설명해 드릴 겁니다.

[삼각형의 무게중심]

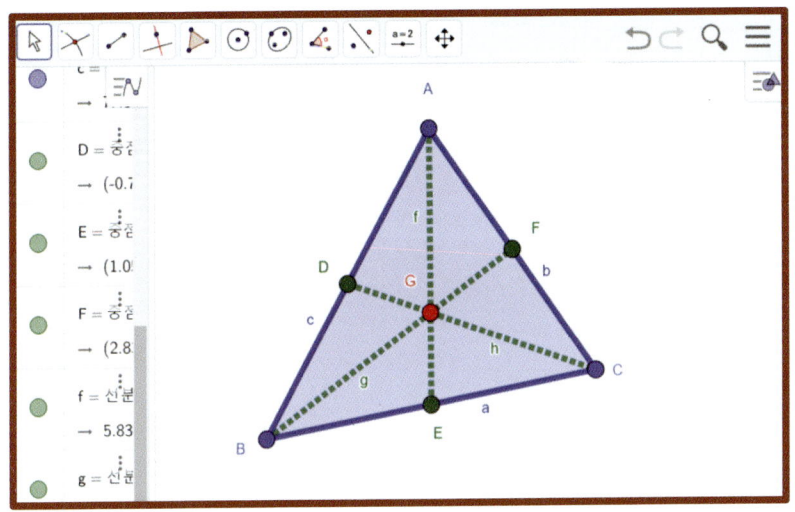

삼각형의 무게중심을 이용하여 "모빌"이나 "삼각형 팽이"를 만드는 학습활동을 매우 적극적으로 추천합니다. 무게중심의 개념이 매우 간단하고, 작도과정이 매우 쉬워서 초등학생부터 고등학생까지 누구나 참여할 수 있는 탐구 활동 주제라고 생각합니다.

❶ "다각형 ▷ "을 선택하고, 삼각형 ABC를 그린다.

❷ "중점 또는 중심 ⋰ "을 선택하고, 세 변의 중점 D, E, F를 그린다.

❸ "선분 ╱ "을 선택하고, 세 중선 AE, BF, CD를 각각 그린다.

❹ "교점 ⨯ "을 선택하고, 세 중선의 교점 G를 지정한다.

LESSON 04 사각형의 성질

 마름모 작도

마름모의 정의는 **"네 변의 길이가 모두 같은 사각형"**입니다. 마름모를 그리는 방법도 여러 가지가 있는데요, 여기서는 대표적인 2가지 방법만 설명해 드릴게요. 마름모를 작도하기 전에 먼저 아이들에게 이런 질문을 던져 보세요.

마름모를 작도하는 방법을 2가지 이상 찾아보세요.

마름모의 정의를 정확하게 이해한 후에 작도개념으로 마름모를 그리기 위해서는 매우 깊은 수준의 "창의적인 사고"가 필요합니다. 작도 시간에 되도록 먼저 도형을 그려주지 마시고, 아이들이 도형의 정의를 이용하여 그림을 그릴 수 있는 시간을 주시기 바랍니다.

"직선에 대하여 대칭 ☒"을 이용하는 경우

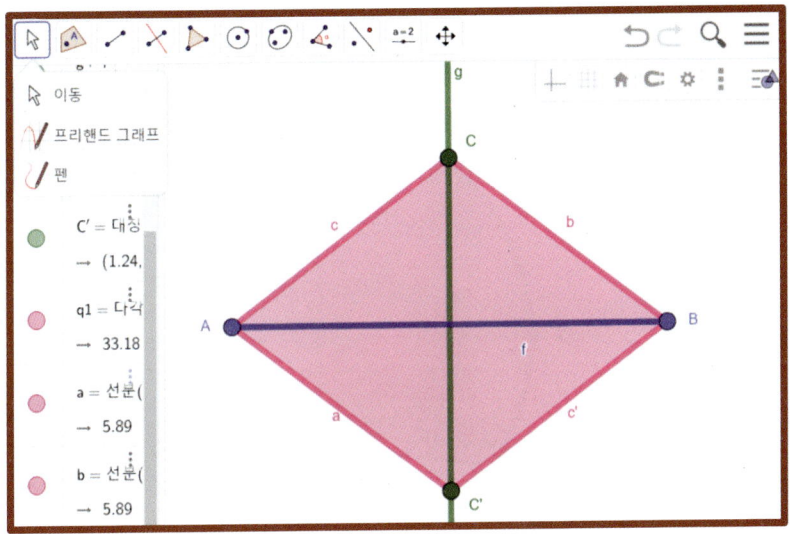

❶ "선분 ☒"을 선택하고, 선분 AB를 그린다.

❷ "수직이등분선 ☒"을 선택하고, 마우스 왼쪽 버튼🖱으로 선분 AB를 클릭하여 수직이등분선을 그린다.

❸ "점 ☒"을 선택하고, 수직이등분선 위에 점 C를 그린다.

❹ "직선에 대하여 대칭 ☒"을 선택하고, 점 C를 클릭하여 대칭점 C'을 그린다.

❺ "다각형 ☒"을 선택하고, 사각형 AC'BC를 그린다.

원을 이용하는 경우

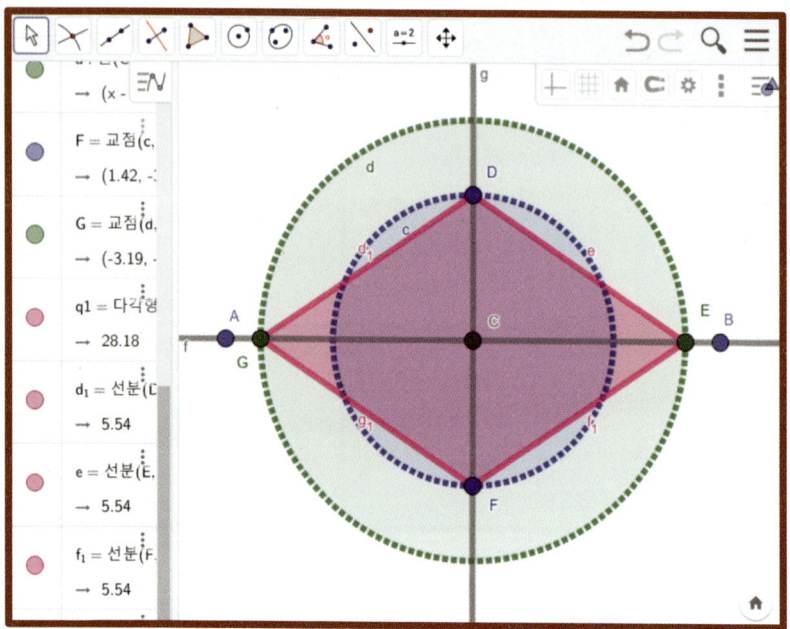

❶ "직선 ⬚"을 선택하고, 직선 AB를 그린다.

❷ "수직이등분선 ⬚"을 선택하고, 두 점 A, B를 차례대로 클릭하여 수선을 그린다.

❸ "교점 ⬚"을 선택하고, 두 직선의 교점 C를 만든다.

❹ "점 ⬚"을 선택하고, 두 직선 위에 각각 점 D, 점 E를 그린다.

❺ "중심이 있고 한 점을 지나는 원 ⊙ "을 선택하고, 점 C를 중심으로 점 D를 지나는 원과 점 E를 지나는 원을 각각 그린다.

❻ "교점 ⊠ "을 선택하고, 원과 직선의 교점 F, G를 각각 그린다.

❼ "다각형 ▷ "을 선택하고, 사각형 DGFE를 그린다.

** 마름모를 완성한 후에 마우스 왼쪽 버튼🖱으로 점 D 또는 점 E를 누른 채 드래그하면서 사각형의 모양을 관찰해 본다.

앞의 두 가지 방법으로 마름모를 그린 후에 아이들에게 다른 방법으로 마름모를 그려보도록 시간을 줘 보세요. 작도는 아이들에게 수학의 의미와 가치, 그리고 수학적 창의력을 길러줄 수 있는 매우 좋은 탐구 주제입니다.

[마름모 작도]

 **직사각형 작도**

직사각형의 정의는 **"네 각의 크기가 모두 같은 사각형"**입니다. 마름모와 마찬가지로 직사각형을 그리는 방법은 많습니다. 따라서 아이들에게 다양한 방법으로 직사각형을 그려보도록 시간을 줄 필요가 있습니다.

여기서는 "수선"을 이용해서 직사각형을 그리는 방법을 설명해 드릴게요.

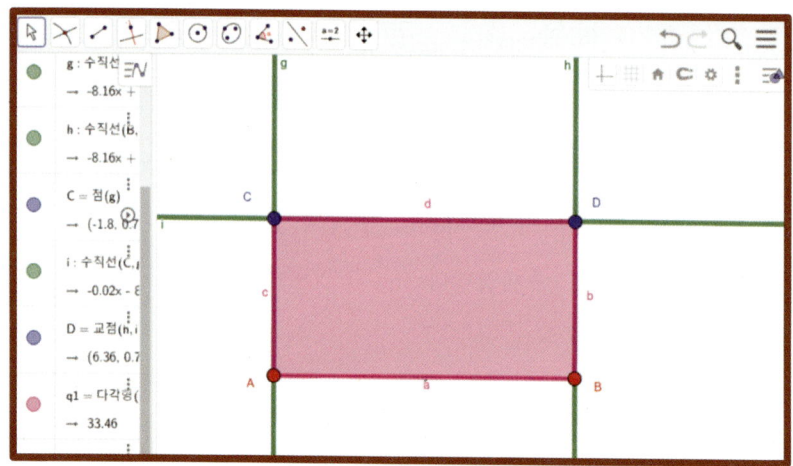

❶ "선분 [✎] "을 선택하고, 선분 AB를 그린다.

❷ "수직선 [✚] "을 선택하고, 두 점 A, B를 지나는 수선을 각각 그린다.

❸ "점 [•ᴬ] "을 선택하고, 점 A를 지나는 수선 위에 점 C를

그린다.

❹ "수직선 ⊞ "을 선택하고, 점 C와 수선을 차례대로 클릭한다.

❺ "교점 ⊠ "을 선택하고, 두 수선의 교점 D를 그린다.

❻ "다각형 ▷ "을 선택하고, 직사각형 ABCD를 그린다.

직사각형을 그린 후에 마우스 왼쪽 버튼🖱으로 점 C를 누른 채 드래그하면 다양한 모양의 직사각형을 관찰할 수 있습니다.

[직사각형 작도]

 사다리꼴 작도

사다리꼴은 "**마주 보는 한 쌍의 대변이 서로 평행한 사각형**"을 말합니다. 평행선 위에 각각 두 개의 점을 찍고, 네 개의 점을 꼭짓점으로 하는 사각형을 그리면 됩니다.

제5장 도형의 작도 | **221**

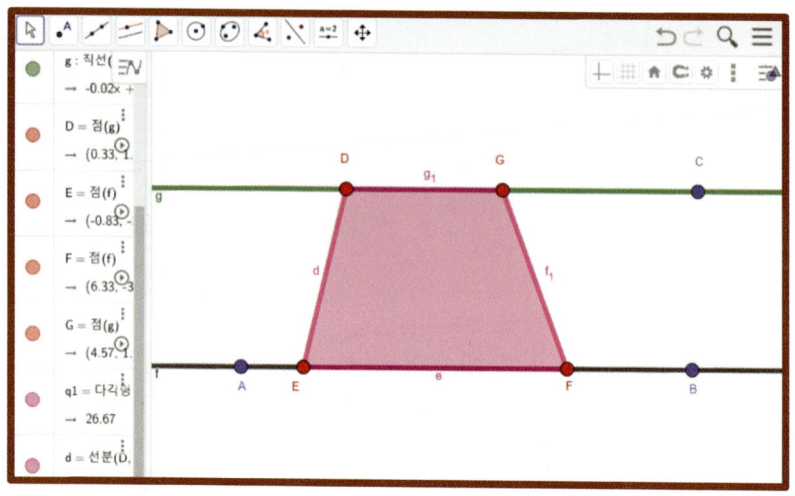

❶ "직선 [/] "을 선택하고, 직선 AB를 그린다.

❷ "점 [•A] "을 선택하고, 직선 AB 밖의 점 C를 그린다.

❸ "평행선 [⫽] "을 선택하고, 직선 AB와 점 C를 차례대로 클릭한다.

❹ "다각형 [▶] "을 선택하고, 사각형 DEFG를 그린다.

사각형을 그린 후에는 마우스로 사다리꼴의 꼭짓점을 드래그하면서 움직임을 보여주세요. 학생들이 학교에서 배우는 사다리꼴은 일반적으로 "등변사다리꼴"이 많습니다. 사다리꼴의 정의에 맞게 도형을 그린 후에 다양한 모양의 사다리꼴을 보여주는 것이 도형의 이해에 도움이 될 것입니다.

등변사다리꼴 작도

등변사다리꼴은 "**서로 평행이 아닌 두 변의 양 끝각의 크기가 같은 사다리꼴**"을 말합니다. 등변사다리꼴을 그리는 방법도 여러 가지가 있지만, 여기서는 "선대칭"을 이용하는 방법을 설명해 드리겠습니다.

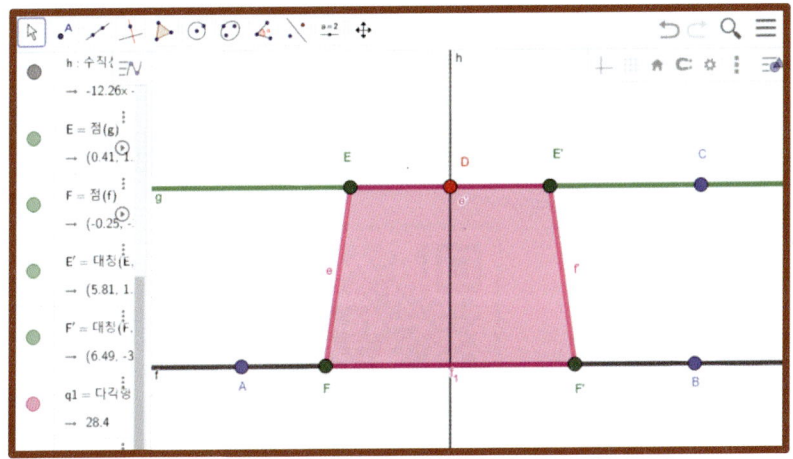

❶ "직선 "을 선택하고, 직선 AB를 그린다.

❷ "점 "을 선택하고, 직선 AB 밖의 점 C를 그린다.

❸ "평행선 "을 선택하고, 직선 AB와 점 C를 차례대로 클릭한다.

❹ "점 "을 선택하고, 평행선 위에 점 D를 그린다.

❺ "수직선 ⊥ "을 선택하고, 직선 AB와 점 D를 차례대로 클릭한다.

❻ "점 •ᴬ "을 선택하고, 평행선 위에 점 E와 점 F를 각각 그린다.

❼ "직선에 대하여 대칭 ⋰ "을 선택하고, 점 E와 수선을 차례대로 클릭하여 대칭점 E′을 그린다.

❽ "직선에 대하여 대칭 ⋰ "을 선택하고, 점 F와 수선을 차례대로 클릭하여 대칭점 F′을 그린다.

❾ "다각형 ▷ "을 선택하고, 사각형 EFF′E′을 그린다.

[등변사다리꼴 작도]

 평행사변형 작도

평행사변형은 "**마주보는 두 쌍의 변이 서로 평행한 사각형**"을 말합니다. 평행사변형은 마주 보는 변의 길이가 같고, 마주 보는 각의 크기도 같은데요. 평행사변형을 그린 후에 변의 길이와 각의 크기를 측정하여 보여줄 수 있습니다.

평행선을 그리는 방법도 여러 가지가 있는데, 여기서는 정의에 맞게 "평행선"을 이용하여 그려볼게요.

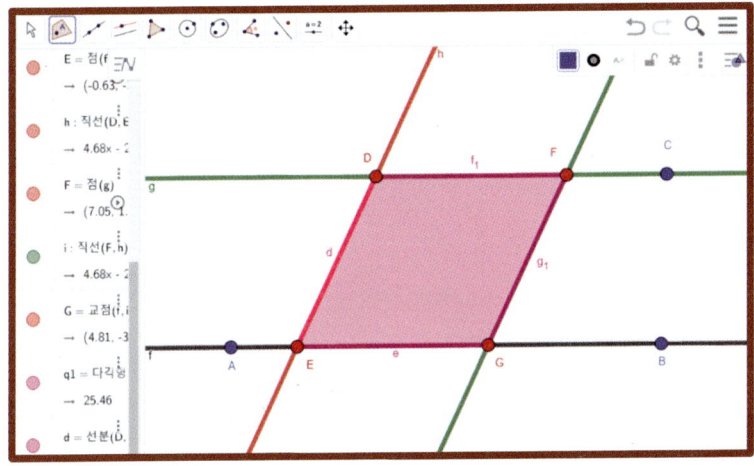

❶ "직선 ⟋ "을 선택하고, 직선 AB를 그린다.

❷ "점 •ᴬ "을 선택하고, 직선 AB 밖의 점 C를 그린다.

❸ "평행선 ⟋ "을 선택하고, 직선 AB와 점 C를 차례대로 클릭한다.

❹ "직선 ⟋ "을 선택하고, 직선 DE를 그린다.

❺ "점 •ᴬ "을 선택하고, 평행선 위의 점 F를 그린다.

❻ "평행선 ⟋ "을 선택하고, 직선 DE와 점 F를 차례대로 클릭한다.

❼ "점 •ᴬ "을 선택하고, 두 직선의 교점 G를 만든다.

❽ "점 •ᴬ "을 선택하고, 사각형 DEGF를 그린다.

닮은 도형 작도

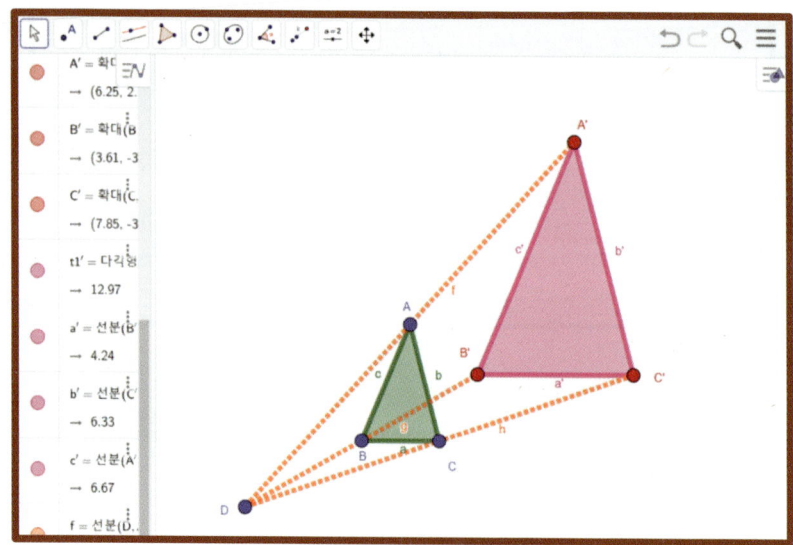

❶ 삼각형 ABC를 그린다.

❷ (닮음의 중심) 점 D를 그린다.

❸ "점으로부터 대상을 확대 ▥ "를 선택하고, 삼각형 ABC와 점 D를 차례대로 선택한다.

** "확대비율" 창에 원하는 숫자를 입력한다.

❹ "선분" ▱ 을 선택하고, 3개의 선분 DA′, DB′, DC′을 그린다.

[닮은 도형 작도]

LESSON 05 원의 성질

 원 밖의 한 점에서 그은 두 접선

원의 성질 중에서 **"원 밖의 한 점에서 원에 그은 두 접선"**을 이용하는 경우는 매우 많은데요. 그런데 이 성질을 지오지브라로 그리는 것이 쉽지 않습니다.

작도로는 "접선"을 그릴 수 없습니다!

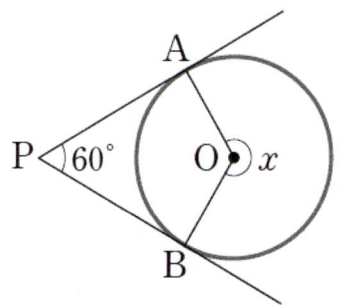

[원 밖의 한 점에서 그은 두 접선]

그렇다면 앞의 그림을 어떤 방법으로 그릴 수 있을까요?

이 질문은 원의 성질을 깊이 이해해야 답을 할 수 있는데요. 아이들의 수학 창의력을 길러주는 심화 발문에 해당합니다. 한 가지 힌트를 줄 수 있는데요. 바로 "**중심각과 원주각 사이의 관계**" 입니다.

지름의 양 끝각에 대한 원주각은 직각이다!

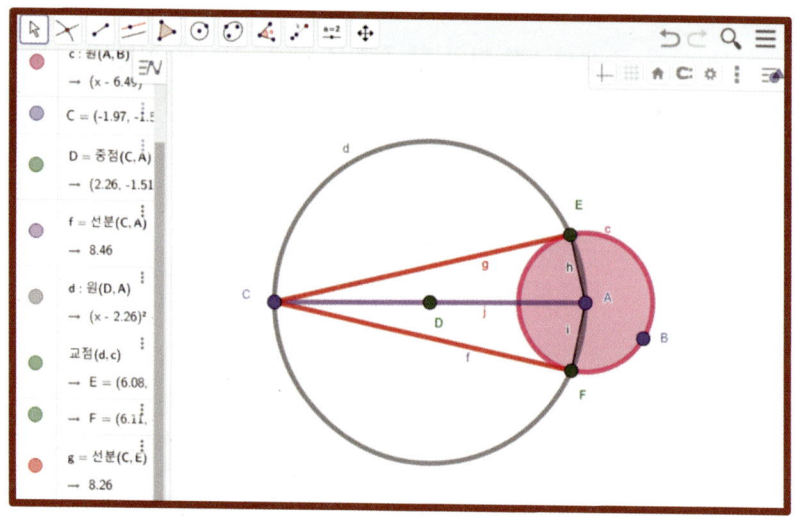

❶ "중심이 있고 한 점을 지나는 원 ⊙ "을 선택하고, 중심이 점 A이고 원주 위의 점이 B인 원을 그린다.

❷ "점 •ᴬ "을 선택하고, 원 밖의 한 점 C를 그린다.

❸ "중점 또는 중심 ⊡ "을 선택하고, 두 점 A, C의 중점 D를 그린다.

❹ "중심이 있고 한 점을 지나는 원 ⊡ "을 선택하고, 점 D를 중심으로 점 A를 지나는 원을 그린다.

❺ "교점 ⊡ "을 선택하고, 두 원을 차례대로 클릭하여 두 교점 E, F를 그린다.

❻ "선분 ⊡ "을 선택하고, 5개의 선분 CE, CA CF, AE, AF를 그린다.

** 선분 AC를 지름으로 하는 원에서 원주각 AEC, AFC의 크기는 90°이다.

원의 중심과 현의 길이

원의 중심과 현의 길이 사이에는 다음과 같은 관계가 있습니다.

한 원에서 중심으로부터 같은 거리에 있는 두 현의 길이는 같다.

지오지브라로 이 성질을 표현하기 위해서는 원에 대한 성질을 이해하고, 그 성질을 이용하여 작도할 수 있는 활용 능력이 있어야 합니다.

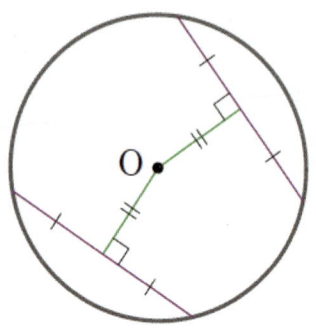

위의 그림에서 두 현의 위치가 변해도 중심으로부터의 거리와 현의 길이가 변하지 않도록 그려야 합니다. 이 그림을 어떻게 그릴 수 있을까요? 이 질문도 아이들의 수학 창의력을 기르는 좋은 발문입니다.

중심이 같고 현의 중심을 지나는 원을 그린다!

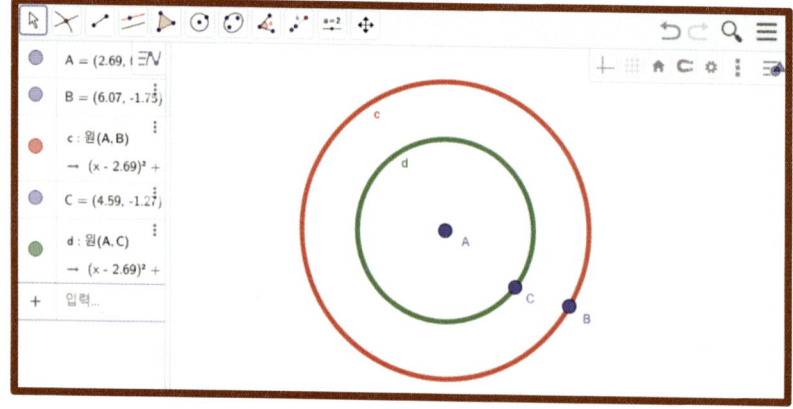

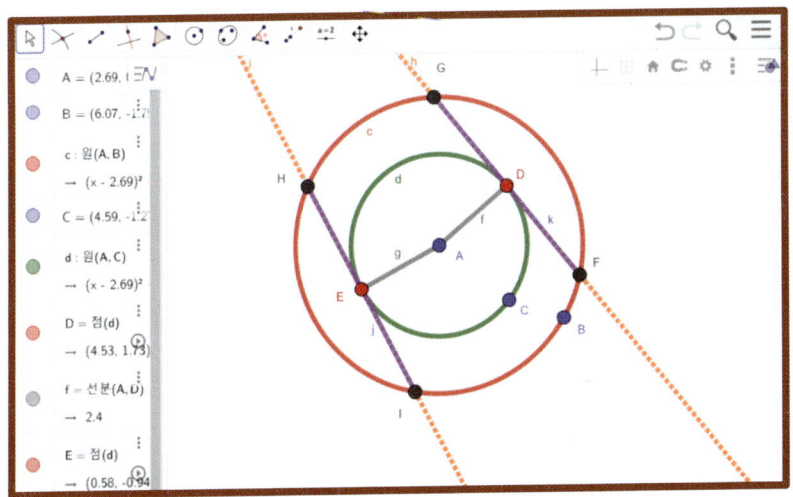

❶ "선분 ✐ "을 선택하고, 두 반지름 AD, AE를 그린다.

❷ "수직선 ┼ "을 선택하고, 두 반지름과 점 D, E를 각각 클릭하여 2개의 수선을 그린다.

❸ "교점 ⋈ "을 선택하고, 수선과 원을 차례대로 선택하여 4개의 교점 F, G, H, I를 만든다.

❹ "선분 ✐ "을 선택하고, 2개의 현 HI, FG를 그린다.

[원의 중심과
현의 길이]

원주각과 중심각 사이의 관계

같은 원 위에 있는 한 호에 대해서 원주각과 중심각 사이에는 다음과 같은 규칙이 있습니다.

(중심각의 크기) = 2 * (원주각의 크기)

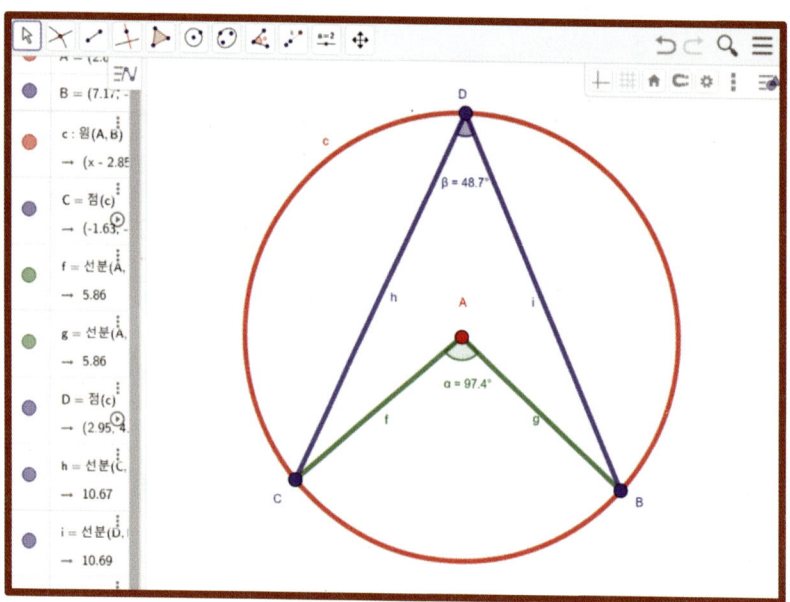

❶ "중심이 있고 한 점을 지나는 원 ⊙ "을 선택하고, 중심이 점 A이고 점 B를 지나는 원을 그린다.

❷ "점 •ᴬ "을 선택하고, 원주 위에 두 점 C, D를 그린다.

❸ "선분 ╱ "을 선택하고, 4개의 선분 AB, AC, DC, DB를 그린다.

❹ "각 "을 선택하고, 3개의 점 C, A, B를 차례대로 선택하여 각 CAB의 크기를 구한다.

** 3개의 점을 시계방향으로 클릭해야 한다.

❺ 마찬가지로, 각 CDB의 크기를 구한다.

** 마우스 왼쪽 버튼🖱으로 점 D를 누른 채 드래그하면서 원주각의 크기가 변하지 않음을 확인한다.

🖱 원의 접선과 현이 이루는 각의 크기

원의 접선과 현이 이루는 각의 크기 사이에는 다음과 같은 성질이 있습니다.

원의 접선과 그 접점을 지나는 현이 이루는 각의 크기는 그 각의 내부에 있는 호에 대한 원주각의 크기와 같다.

∠BAT = ∠BCA

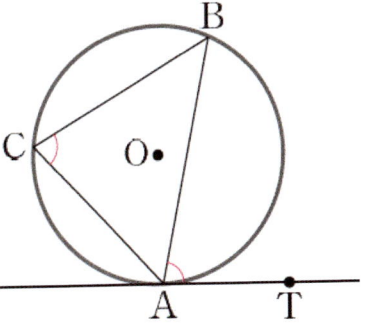

앞의 그림을 그리기 위해서는 원에 접하는 접선을 그릴 수 있어야 합니다. 앞에서도 설명했지만, 접선을 작도 개념으로 그릴 수는 없습니다. 접선은 "반지름과 수직인 직선"으로 그려야 합니다.

원에 접하는 직선 그리기

작도 개념으로는 곡선에 접하는 직선을 그릴 수 없습니다. 원의 접선도 마찬가지인데요. 여기서는 "반지름"과 "수선"을 이용해서 그리는 방법을 설명할게요.

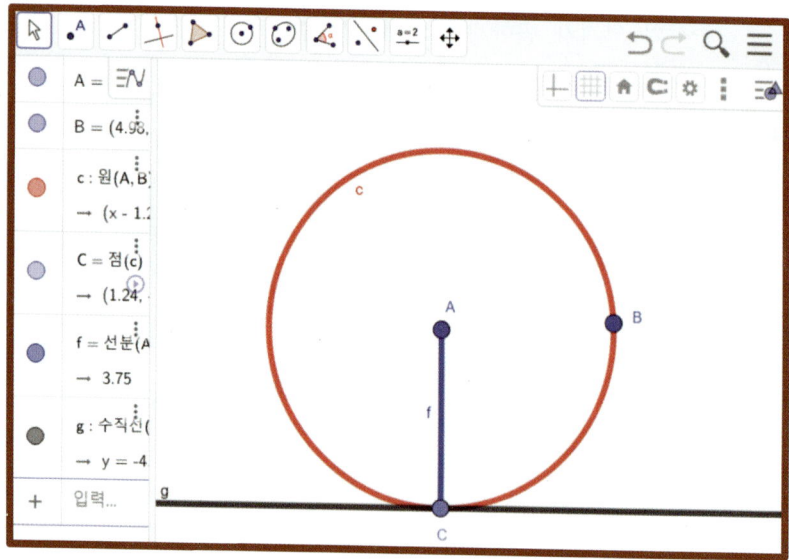

❶ "중심이 있고 한 점을 지나는 원 ⊙ "을 선택하고, 중심이 점 A이고 점 B를 지나는 원을 그린다.

❷ "선분 ✎ "을 선택하고, 반지름 AC를 그린다.

❸ "수직선 ⊥ "을 선택하고, 반지름 AC와 점 C를 차례대로 클릭한다.

2 단계 원에 내접하는 삼각형 그리기

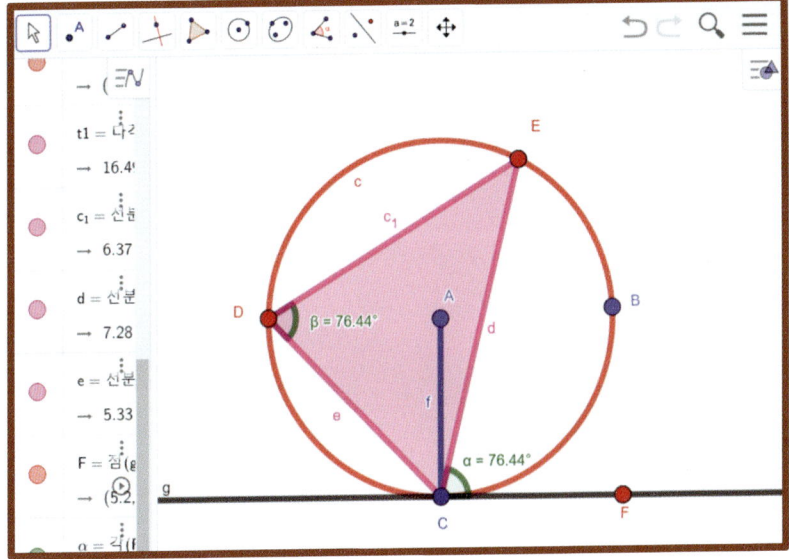

❹ "다각형 ▷ "을 선택하고, 원에 내접하는 삼각형 CDE를 그린다.

❺ "점 •ᴬ "을 선택하고, 접선 위에 점 F를 그린다.

❻ "각 ◁ "을 선택하고, 2개의 각 FCE와 각 CDE의 크기를 구한다.

제6장

수학탐구
프로젝트

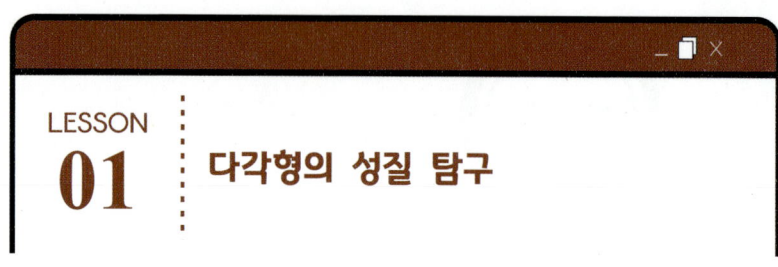

LESSON 01 : 다각형의 성질 탐구

 피타고라스 정리_1

피타고라스 정리는 직각삼각형의 세 변의 길이 사이의 관계를 말합니다. 따라서 피타고라스 정리의 그림을 그리기 위해서는 먼저 직각삼각형을 그려야 합니다.

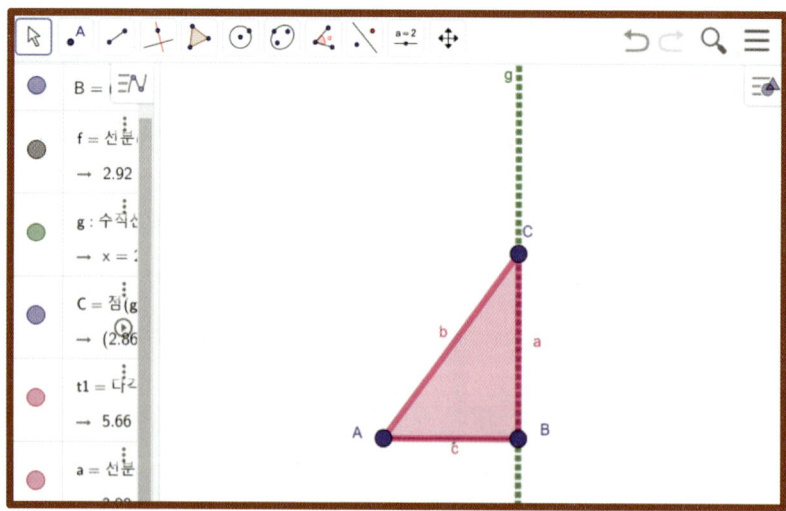

❶ "선분 ✏ "을 선택하고, 선분 AB를 그린다.

❷ "수직선 ![] "을 선택하고, 점 B를 지나는 수선을 그린다.

❸ "다각형 ![] "을 선택하고, 직각삼각형 ABC를 그린다.

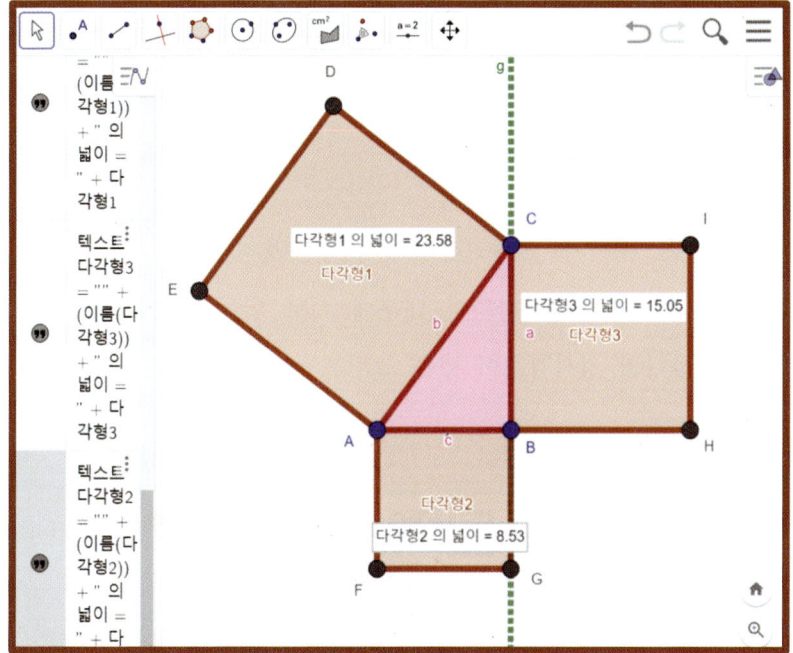

❹ "정다각형 ![] "을 선택하고, 점 A, C를 차례대로 클릭한 후에 "점" 창에 4를 입력하여 정사각형을 그린다.

** 2개의 점을 선택하는 순서는 "시계방향"이어야 한다.

❺ 마찬가지 방법으로, 변 AB와 변 CB를 한 변으로 하는 정사각형을 그린다.

❻ "넓이 ![] "를 선택하고, 정사각형의 내부를 클릭하여 3개의 정사각형의 넓이를 구한다.

앞에서는 정사각형을 그릴 때 "정다각형 "을 사용했지만, "점을 중심으로 회전 "을 이용해서 정사각형을 그릴 수도 있습니다.

🖱 피타고라스 정리_2

이번에는 수학자 피타고라스가 이용했던 그림을 그려볼게요. 피타고라스는 큰 정사각형의 내부에 서로 합동인 4개의 직각삼각형과 하나의 정사각형이 있는 그림을 이용했습니다.

[피타고라스 정리]

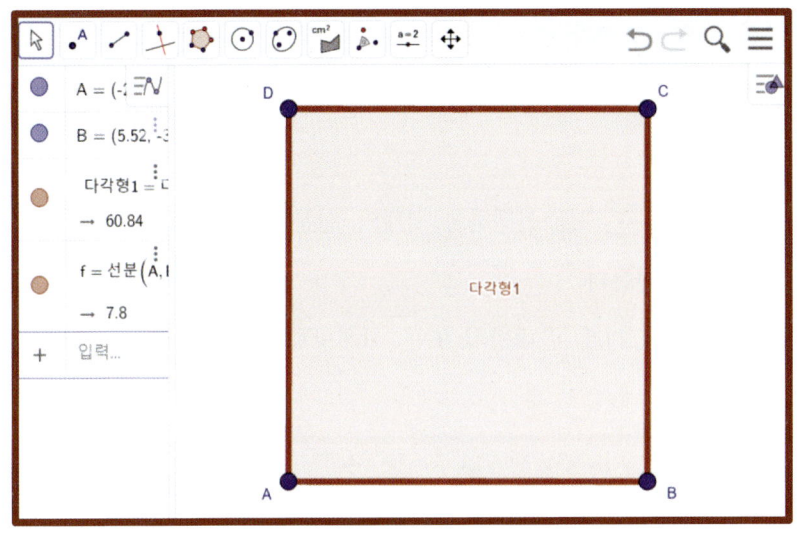

❶ "정다각형 [아이콘]"을 선택하고, 2개의 점 A, B를 클릭한 후에 "점" 창에 4를 입력하여 정사각형을 그린다.

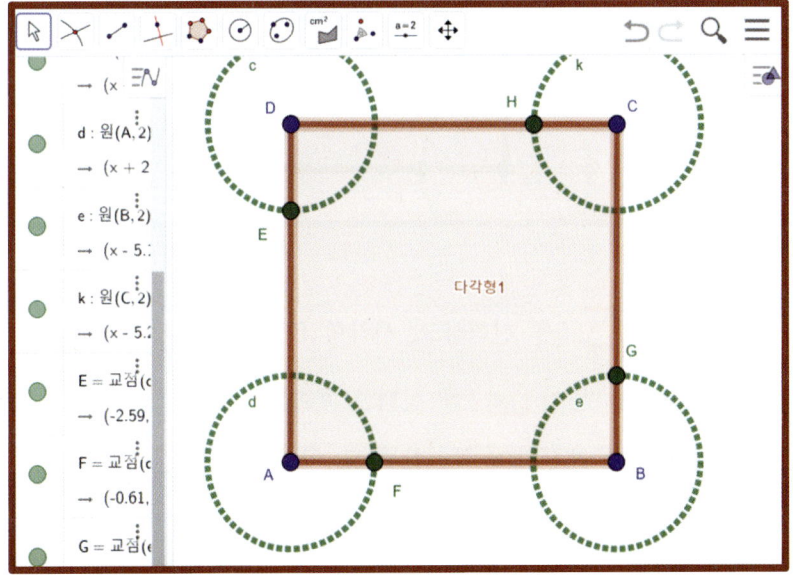

❷ "원 : 중심과 반지름 ⊙ "을 선택하고, 4개의 점 A, B, C, D를 중심으로 반지름의 길이가 모두 2인 네 개의 원을 그린다.

❸ "교점 ⨯ "을 선택하고, 4개의 선분과 원의 교점 E, F, G, H를 만든다.

** 반드시 시계 반대방향(또는 시계방향)으로 교점을 만들어야 한다.

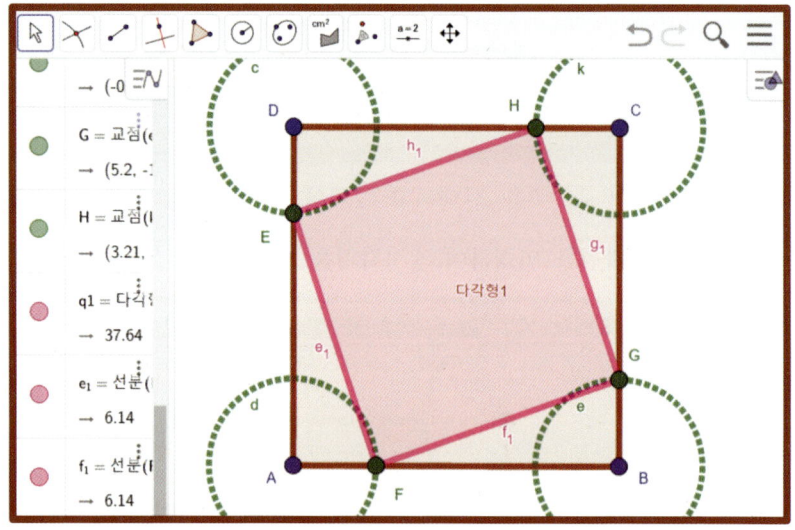

❹ "다각형 ▷ "을 선택하고, 사각형 EFGH를 그린다.

** 필요하면 "넓이 ▣ "를 선택한 후에 정사각형과 직각삼각형의 넓이를 계산하여 확인할 수도 있다.

 삼각비

중학교 3학년에서 배우는 삼각비는 학생들이 많이 어려워하는 수학 개념입니다. 지오지브라로 단위 원과 직각삼각형을 그리기 위해서는 화면 우측의 상단에 있는 "환경설정" ⚙ 을 클릭하여 화면을 조정해야 합니다.

[삼각비]

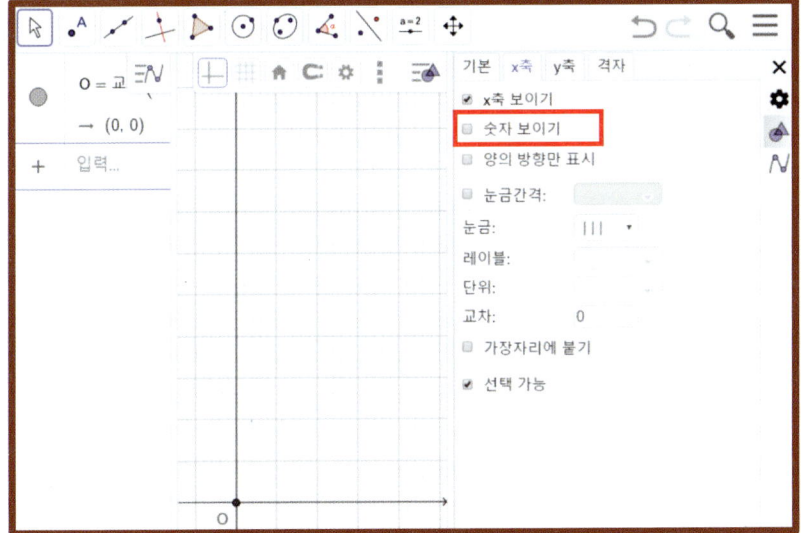

❶ "x축"과 "y축"에서 "숫자 보이기"를 해제한다.

❷ "교점 ╳ "을 선택하고, 원점을 O로 지정한다.

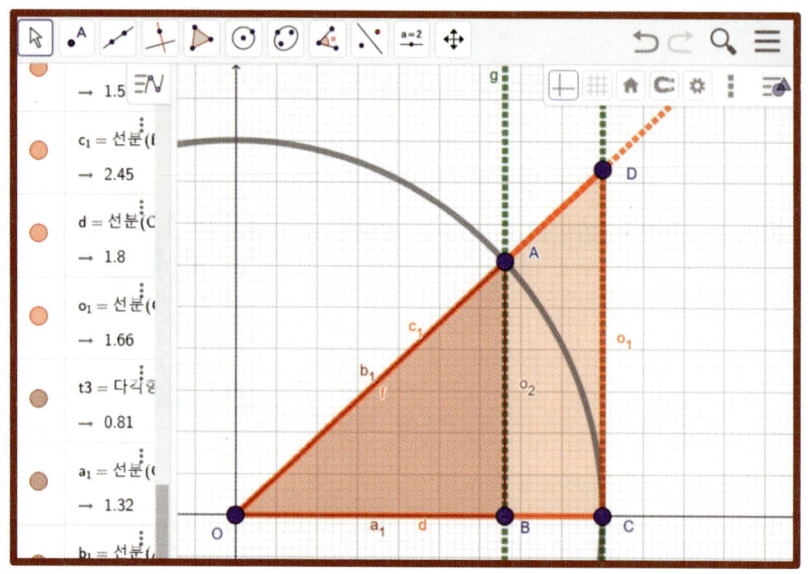

❸ "중심이 있고 한 점을 지나는 원 ⊙ "을 선택하고, 원점 O를 중심으로 x축 위의 점 C를 지나는 원을 그린다.

❹ "점 •A "을 선택하고, 원주 위의 점 A를 그린다.

❺ "수직선 ┼ "을 선택하고, 점 A를 지나고 x축에 수직인 직선을 그리고, x축과의 교점을 B로 지정한다.

❻ "반직선 ⁄ "을 선택하고, 원점 O를 출발점으로 점 A를 지나는 반직선을 그린다.

❼ "수직선 ┼ "을 선택하고, 점 C를 지나고 x축에 수직인 직선을 그리고, 반직선과의 교점을 D로 지정한다.

❽ "다각형 ▷ "을 선택하고, 직각삼각형 OAB, OCD를 그린다.

[심화탐구] 볼록 사각형의 무게중심

사각형의 무게중심은 중학교뿐만 아니라, 고등학교에서도 다루지 않습니다. 주로 중고등학교 수학 영재프로그램의 주제로 사용하는데요. 삼각형에서 사각형으로 **"사고의 확장을 통해 수학 창의성을 기르기"**에 매우 적합한 주제입니다.

실제 사각형의 무게중심은 삼각형의 무게중심을 이용하여 구하기 때문에 "사고의 확장"을 경험하기에 매우 좋은 탐구 주제라고 생각합니다. 먼저 아이들에게 이런 질문을 던져 보세요!

"사각형의 중심은 어떻게 찾을 수 있을까?"

[사각형의 무게중심]

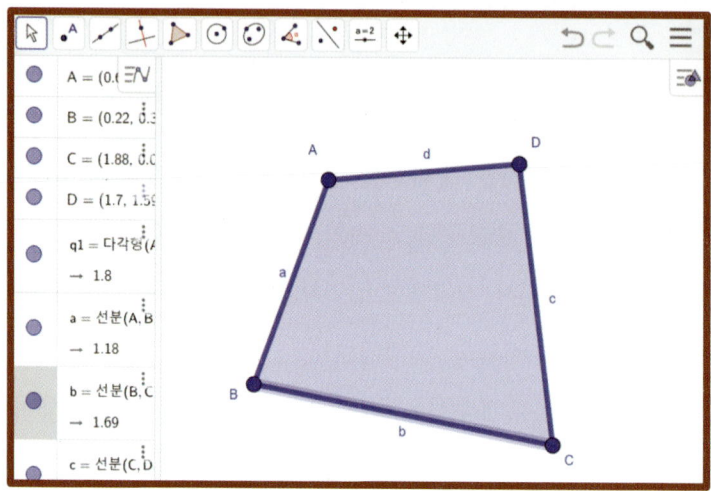

선생님의 질문에 "두 대각선의 교점이요!"라고 대답하는 학생들이 가장 많습니다. 이럴 때 힌트를 주는 겁니다!

"삼각형의 무게중심을 이용해 보세요!"

선생님의 힌트를 들은 학생들은 자신이 알고 있는 지식을 총동원하여 사각형의 무게중심을 찾는데요. 이때 아이들은 사고의 확장 경험을 하게 됩니다.

"사각형의 대각선은 두 개의 삼각형으로 나눕니다!"

아이들의 반응에 따라 추가적인 힌트를 하나씩 제공해야 하는데요. 선생님의 힌트에 따라서 아이들은 더욱 깊은 사고로 빠져들게 됩니다.

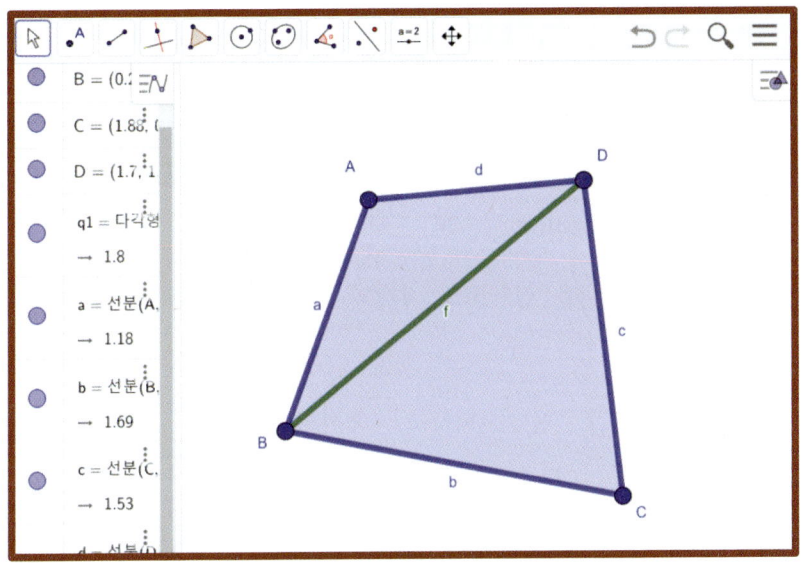

대각선 BD를 그으면 2개의 삼각형 ABD와 BCD가 그려지는데요. 두 삼각형의 무게중심을 찾을 수 있습니다.

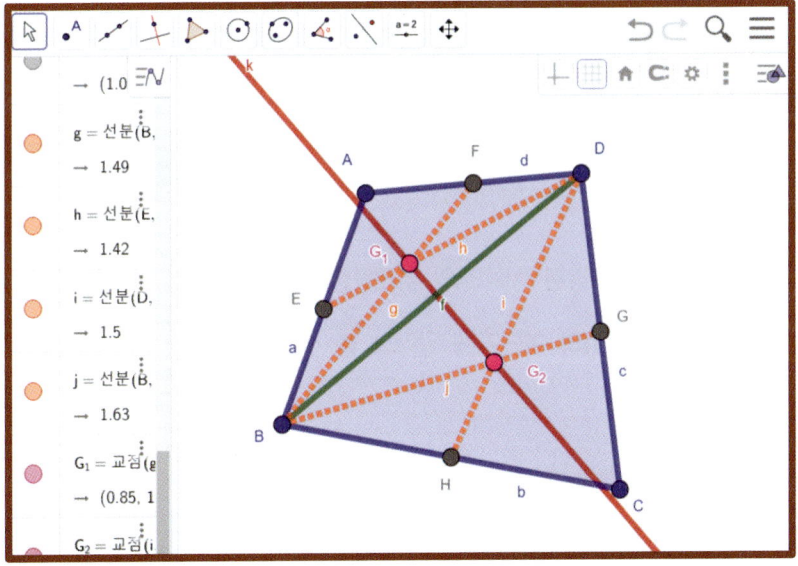

❶ "다각형 ▷ "을 선택하고, 사각형 ABCD를 그린다.

❷ "선분 ╱ "을 선택하고, 대각선 BD를 그린다.

❸ "중점 또는 중심 ∴ "을 선택하고, 네 변의 중점 E, F, G, H를 각각 그린다.

❹ "선분 ╱ "을 선택하고, 4개의 중선 BF, DE, BG, DH를 그린다.

❺ "교점 ╳ "을 선택하고, 중선의 교점을 잡고 이름을 G_1, G_2로 고친다.

❻ "직선 ╱ "을 선택하고, 두 점 G_1, G_2를 지나는 직선을 그린다.

두 삼각형의 무게중심 G_1, G_2를 지나는 직선을 그렸는데요. 여기서도 학생들에게 질문을 던져서 깊은 사고를 유도할 수 있습니다.

"사각형 ABCD의 무게중심이 직선 G_1G_2
위의 어딘가에 있다고 볼 수 있을까?"

이 질문은 수학과 물리학의 만남을 유도하고 있습니다. 실제 이 질문에 답을 하기 위해서는 아르키메데스의 "질량중심"을 이해할 수 있어야 하는데요.

"두 삼각형의 무게가 두 점 G_1, G_2에 위치한다고 생각해 보세요!" 마치 "시소"에 양 끝에 G_1, G_2가 있는 모습을 떠올리면 도움이 될 겁니다. 따라서 당연히 사각형 ABCD의 무게중심은 직선 G_1G_2 위에 있습니다.

"직선 G_1G_2 위의 어디에 사각형 ABCD의 무게중심이 있을까?"

이 질문에 대부분의 학생들이 말하는 답이 있는데요.
"대각선 BD와 직선 G_1G_2의 교점이요!"
물론 틀린 답이지만, 참으로 의미 있는 오답입니다.

"사각형에는 몇 개의 대각선이 있나요?"

이 질문을 들은 학생들은 순간적으로 "유레카!"를 외치곤 합니다. 질문을 듣자마자 "이해"가 되는 경험을 합니다.
"이번에는 대각선 AC를 그어요!"
이와 같은 과정을 통해서 아이들의 수학 창의력을 길러줄 수 있습니다. 단순히 문제를 제시하고 아이들이 사고할 기회도 주지 않은 채 답을 알려주는 수업으로는 아이들의 수학 창의력을 길러줄 수 없습니다.

작도를 시작하기에 앞서서 직선 G_1G_2 만 남겨두고 나머지 도형들은 숨기기를 하는 것이 좋습니다. 무게중심을 찾는 과정에서 많은 보조선을 그어야 하므로 매우 복잡해 보이기 때문입니다.

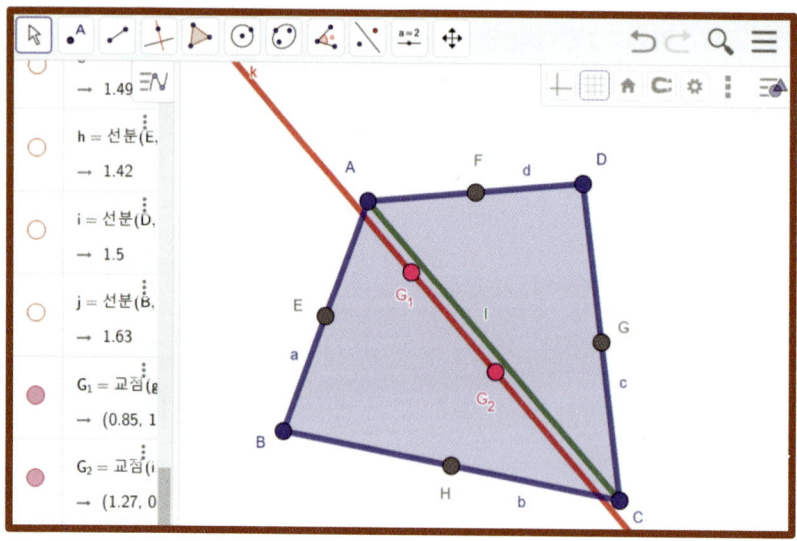

❼ 대각선 BD와 4개의 중선을 '숨기기'한다.

❽ "선분 ✐ "을 선택하고, 대각선 AC를 그린다.

여기까지 설명을 들은 학생들은 **"사각형의 무게중심을 찾는 질문을 완벽하게 해결하는 경험"**을 하게 됩니다. 질문을 통해 아이들의 사고를 유도하고, 깊은 사고를 통해 어려운 문제를 해결하는 경험은 아이들에게 수학의 가치를 느낄 수 있는 경험을 제공하게 됩니다.

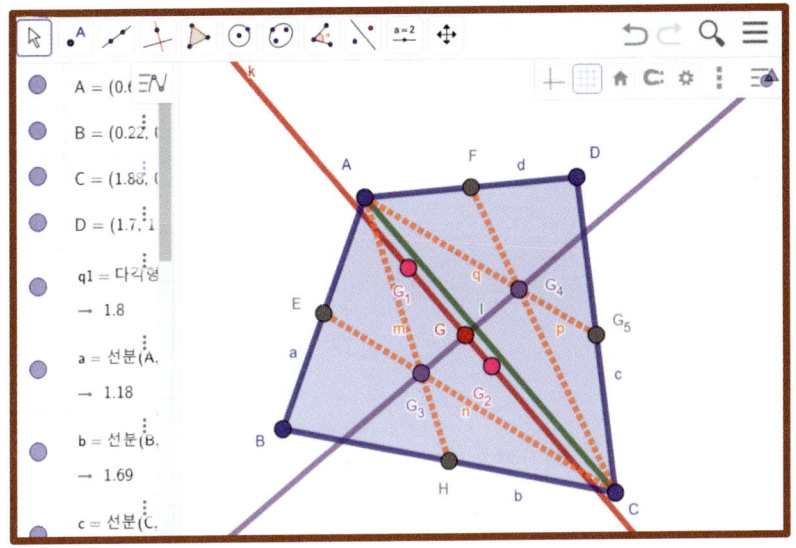

❾ "선분 [/] "을 선택하고, 4개의 중선 AH, AG, CE, CF를 그린다.

❿ "교점 [X] "을 선택하고, 두 중선의 교점을 만들고 각각 G_3, G_4로 이름을 고친다.

⓫ "직선 [/] "을 선택하고, 두 점 G_3, G_4을 지나는 직선을 그린다.

⓬ "교점 [X] "을 선택하고, 두 직선의 교점을 만들고 이름을 G로 고친다.

[심화탐구] 오목 사각형의 무게중심

사각형부터는 "볼록"과 "오목"이 가능합니다. 물론 중학교나 고등학교 교육과정에서는 볼록 사각형만을 배우지만, 심화탐구 주제로 오목 사각형의 무게중심을 찾아보는 것도 교육적으로 큰 의미가 있습니다.

"오목 사각형의 무게중심은 어떻게 찾을까?"

볼록 사각형에서는 2개의 대각선을 그어서 각각의 경우에 그려지는 2개의 삼각형의 무게중심을 지나는 직선을 그었잖아요. 그런데 오목 사각형에서는 대각선을 하나만 그을 수 있는 것처럼 보입니다.

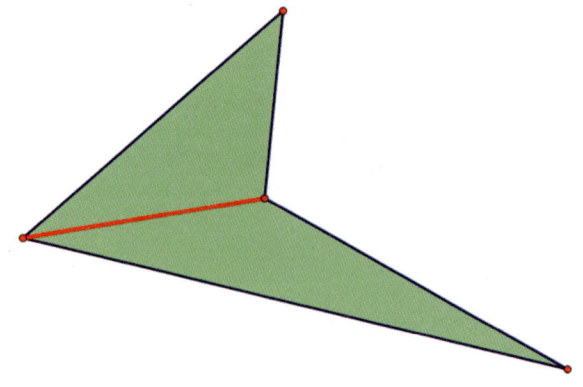

그림에서 볼 수 있듯이, 하나의 대각선을 그은 후에 2개의 삼각형에서 각각 무게중심을 찾을 수는 있습니다.

"그런데, 그 다음에는 어떻게 해야 할까요?"

이때 다음 질문으로 아이들에게 수학과 물리의 융합적 사고를 유발할 수 있습니다.

"도형 밖에서 그어지는 선분을 대각선이라고 할 수 있을까?"

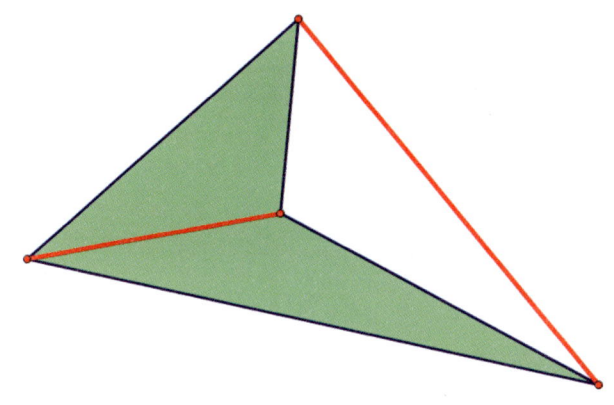

대각선일까요? 아니면 대각선이 아닐까요?

아마도 이 글을 읽고 있는 선생님조차도 쉽게 답을 할 수 없을 겁니다. 결론부터 말씀드리자면, **"오목 사각형에서 도형 밖에 그어지는 선분도 대각선"**입니다.

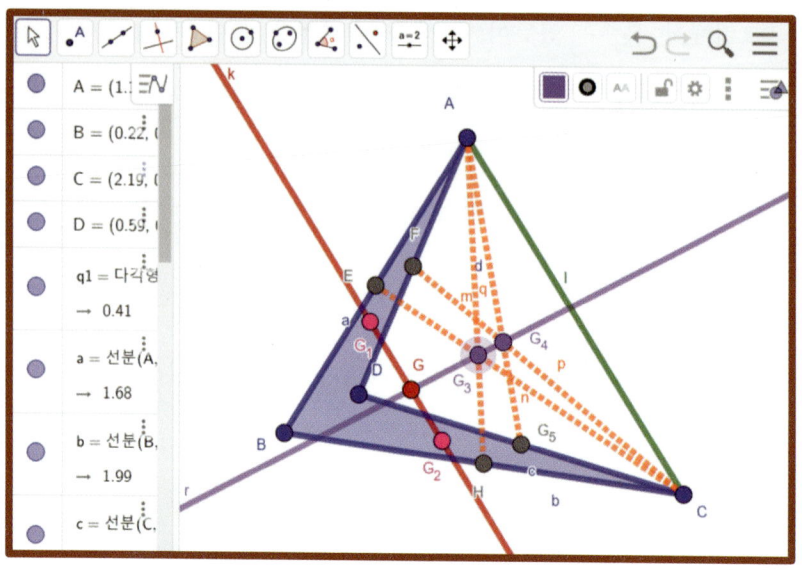

　　오목 사각형의 무게중심은 별도로 그릴 필요도 없습니다. 마우스 왼쪽 버튼으로 사각형의 꼭짓점을 누른 채 드래그하여 오목 사각형을 만들면 되니까요! 그림에서 보듯이, 삼각형 ACD의 무게중심 G_4를 잡을 수 있음도 확인할 수 있습니다. 오목 사각형의 무게중심 G는 도형의 내부뿐만 아니라, 모양에 따라서는 도형의 외부에 있을 수도 있습니다. 삼각형의 무게중심을 확장하여 사각형의 무게중심을 찾았습니다. 마찬가지로 삼각형과 사각형의 무게중심을 이용해서 오각형의 무게중심을 찾을 수도 있는데요. 아이들에게 탐구 주제로 제시해 보는 것도 좋을 것 같습니다.

"오각형의 무게중심을 찾는 방법은?"

LESSON 02 : 수학 주제 탐구

 페르마 포인트 (Fermet Point)

페르마 포인트(Fermat Point)를 작도하는 방법을 설명해 드릴게요. 페르마 포인트는 **"삼각형 ABC의 각 꼭짓점과 삼각형 내부의 한 점 P가 있을 때, AP+BP+CP가 최소가 되게 하는 점 P"**를 말하는데요. 페르마 포인트 점 P는 유일하게 존재하고, 다음의 두 가지 성질을 만족합니다.

- $\angle APB = \angle BPC = \angle CPA = 120°$
- 한 변의 길이가 a인 정삼각형에서 $\overline{AP}+\overline{BP}+\overline{CP}$의 최솟값은 $\sqrt{3}a$ 이다.

페르마 포인트는 "비누막 실험"으로도 찾을 수 있는데요. 세 꼭짓점으로부터의 거리의 합이 최소가 되는 점에서 3개의 비누막이 만남을 확인할 수 있습니다.

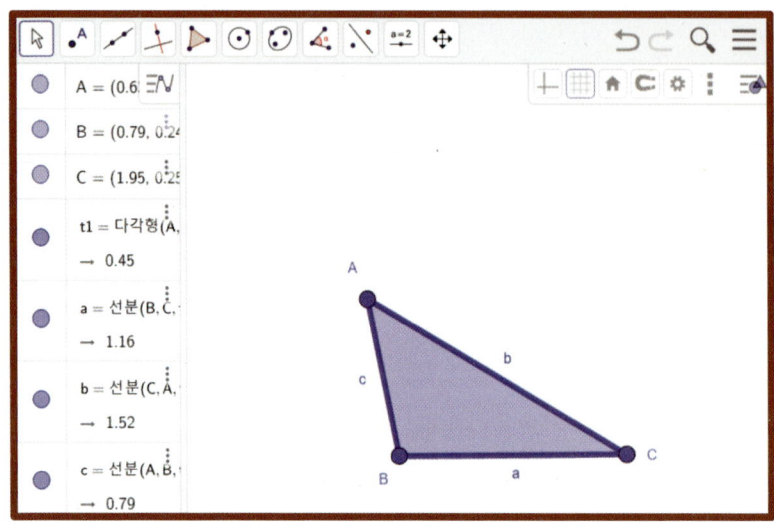

❶ "다각형 ▷ "을 선택하고, 삼각형 ABC를 그린다.

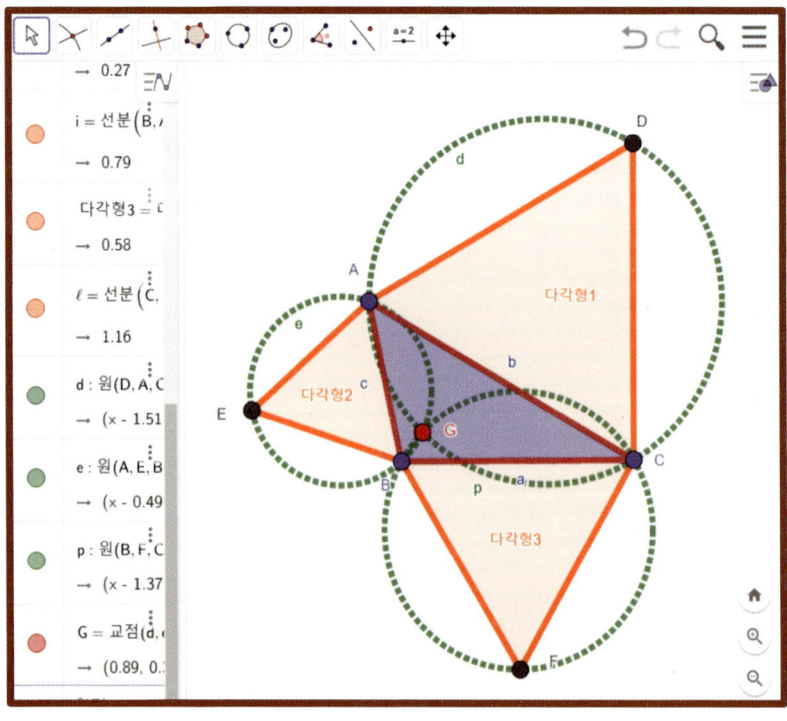

❷ "정다각형 ⬡ "을 선택하고, 세 변 AB, BC, CA를 한 변으로 하는 3개의 정삼각형을 그린다.

❸ "세 점을 지나는 원 ⊙ "을 선택하고, 3개의 정삼각형의 외접원을 각각 그린다.

❹ "교점 ✕ "을 선택하고, 3개의 외접원이 만나는 교점 G를 그린다.

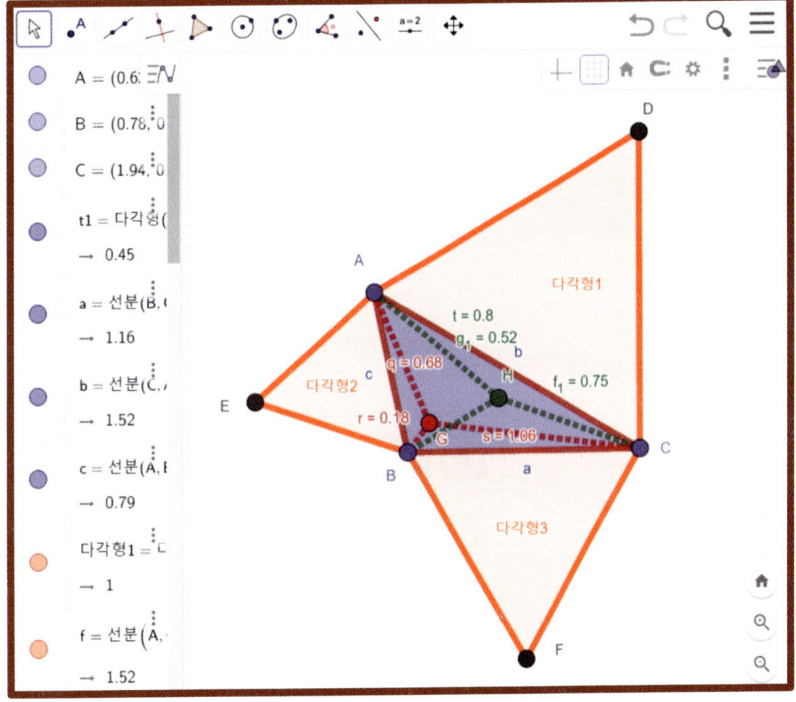

❺ 3개의 외접원을 숨기기한다.

❻ "선분 ╱ "을 선택하고, 3개의 선분 GA, GB, GC를 그린다.

❼ "점 "을 선택하고, 삼각형 ABC의 내부에 점 H를 그린다.

❽ "선분 "을 선택하고, 3개의 선분 HA, HB, HC를 그린다.

❾ "거리 또는 길이 "를 선택하고, 3개의 선분 GA, GB, GC의 길이 q, r, s를 각각 구한다.

❿ 대수창에 "q + r + s"를 입력한다.

⓫ "거리 또는 길이 "를 선택하고, 3개의 선분 HA, HB, HC의 길이 t, g_1, f_1을 각각 구한다.

⓬ 대수창에 "t+g_1+f_1"을 입력한다.

** 마우스 왼쪽 버튼🖱으로 점 H를 누른 채 드래그하면서 대수창에 계산된 두 개의 값을 비교해 본다.

[페르마 포인트]

아폴로니우스의 원 (Apollonius' Circle)

아폴로니우스의 원은 "**두 점 A, B에 이르는 거리의 비가** $m : n$**인 점의 자취는 선분 AB를** $m : n$**으로 내분하는 점과 외분하는 점을 지름의 양 끝으로 하는 원**"을 말합니다. 이때 m, n의 값이 같으면, 즉 $m : n = 1 : 1$이 되는 점의 자취는 "**직선**"이 됩니다.

 $m : n = 1 : 1$ 인 경우

m:n = 1:1 인 경우에 교점 C, D의 자취를 알아볼게요.

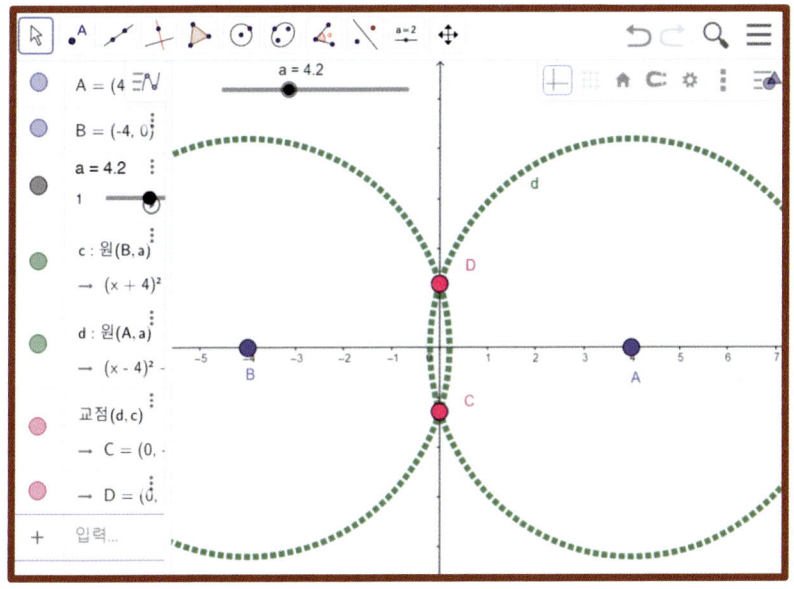

제6장 수학탐구 프로젝트 259

❶ 대수창에 점 A(4, 0), B(-4, 0)을 각각 입력한다.

❷ "슬라이더 ▭ "를 선택하고, 슬라이더 a를 만든다.

** 최댓값 10, 최솟값 1로 수정한다.

❸ "원 : 중심과 반지름 ⊙ "을 선택하고, 점 A를 클릭한 후에 반지름 입력창에 "a"를 입력한다.

❹ "원 : 중심과 반지름 ⊙ "을 선택하고, 점 B를 클릭한 후에 반지름 입력창에 "a"를 입력한다.

** 마우스 왼쪽 버튼 🖱으로 슬라이더를 누른 채 드래그하여 두 원이 만나도록 만든다.

❺ "교점 ✕ "을 선택하고, 두 원의 교점 C, D를 만든다.

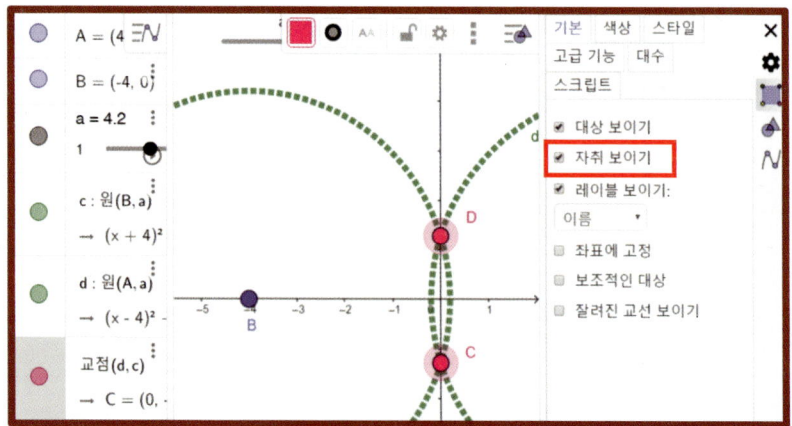

❻ "이동 ▭ "을 선택하고, 두 점 C, D를 지정한 후에 "설정 ⚙ "을 눌러서 "자취 보이기"를 체크한다.

❼ 슬라이더의 플레이 버튼을 눌러서 자취를 확인한다.

m : n ≠ 1 : 1 인 경우

m : n = 2 : 1인 경우의 아폴로니우스 원을 그려볼게요. 아폴로니우스 원을 그리는 과정에서 다양한 도구 메뉴들을 사용할 수 있고, 비례식에 관한 수학적 개념들도 이해할 수 있습니다.

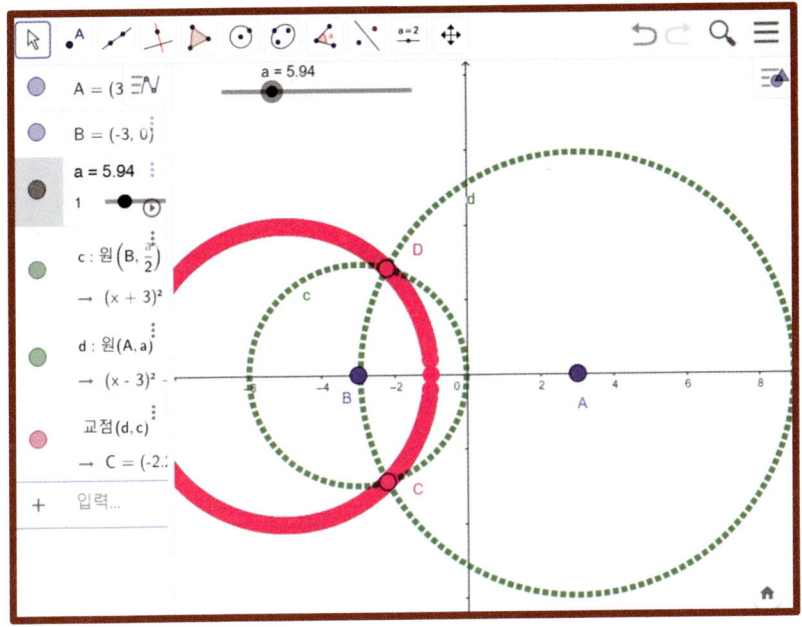

위의 그림에서 사용하는 기본적인 원리는 "m:n=1:1"인 경우와 비슷합니다. 여기서는 m:n=2:1을 표현하는 방법이 무엇인지에 대해 집중해 볼 필요가 있습니다. 이제 아폴로니우스 원을 그리는 방법을 설명해 볼게요.

❶ 대수창에 점 A(3, 0)을 입력한다.

❷ 대수창에 점 B(-3, 0)을 입력한다.

** 아폴로니우스 원이 그려지기 위해서는 두 점 A, B 사이의 거리가 가까워야 한다.

❸ "슬라이더 "를 선택하고, 슬라이더 a를 만든다.

** 슬라이더 a의 최댓값을 20, 최솟값을 1로 수정한다.

❹ "원 : 중심과 반지름 "을 선택하고, 점 B를 클릭하고 반지름 입력창에 a/2를 입력한다.

❺ "원 : 중심과 반지름 "을 선택하고, 점 A를 클릭하고 반지름 입력창에 a를 입력한다.

** 마우스 왼쪽 버튼 으로 슬라이더 a를 누른 채 드래그하여 두 원이 두 점에서 만나도록 만든다.

❻ "교점 "을 선택하고, 두 원의 교점 C, D를 만들고 "설정 "에서 두 점의 "자취 그리기"를 체크한다.

[아폴로니우스의 원]

구르는 원(Rolling Circle)의 자취

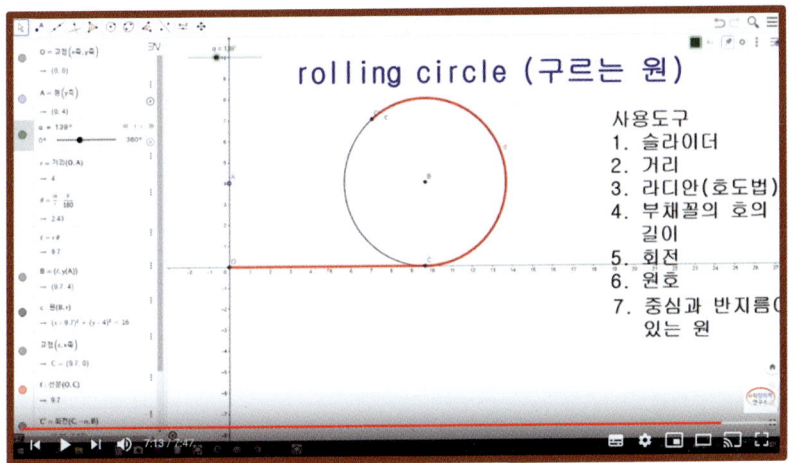

위의 화면은 유튜브에 업로드되어있는 동영상입니다. "구르는 원"을 그리는 과정에서 다양한 수학 개념들을 사용하는데요. 내용이 어려우니까 처음에는 단순하게 무작정 따라해 볼 것을 권합니다.

"구르는 원"을 그리는 과정에서는 각의 크기를 "호도법"에서 "라디안"으로 바꾸는 과정이 있는데요. 그 식은 다음과 같습니다.

$$\theta = \frac{\alpha}{\circ} \times \frac{\pi}{180}$$

제6장 수학탐구 프로젝트 263

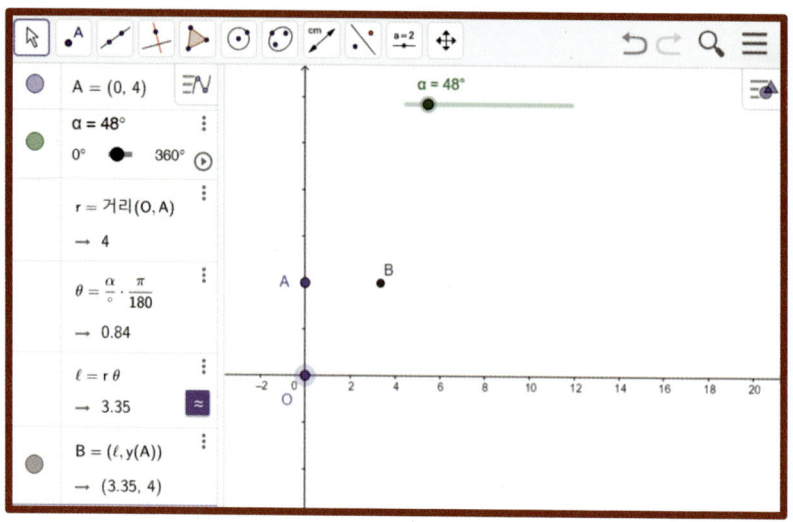

❶ 대수창에 점 O(0, 0)을 입력한다.

❷ 대수창에 점 A(0, 4)를 입력한다.

❸ "슬라이더 ▭ "를 선택하고, 슬라이더 α를 만든다.

** 슬라이더는 "각", 시작값 "0°", 끝값 "360°"로 수정한다.

❹ "거리 또는 길이 ▭ "를 선택하고, 두 점 O, A를 차례대로 클릭한다.

** 두 점 O, A의 거리를 r로 수정한다.

❺ 대수창에 $\theta = \dfrac{\alpha}{180°} \times \pi$ 를 입력한다.

** 입력식은 ▭ 를 누른 후에 다음과 같이 입력한다.

$\theta = \alpha \div ° \times \pi \div 180$

❻ 대수창에 $l = r \times \theta$ 를 입력한다.

** 여기서 l은 "부채꼴의 호의 길이"로 사용할 것이다.

❼ 대수창에 점 B를 입력한다.

** 점 B의 좌표는 $(l, y(A))$이다.

다음으로, 점 B를 중심을 하고 두 점 O, A 사이의 거리를 반지름으로 하는 원을 그린 후에 x축 위를 구르는 효과를 만들어 보겠습니다. 원이 굴러가면서 원에 감겨있는 줄이 풀리는 것 같은 효과도 만들 건데요. 과정이 어려우니 처음에는 그냥 따라해 보기 바랍니다.

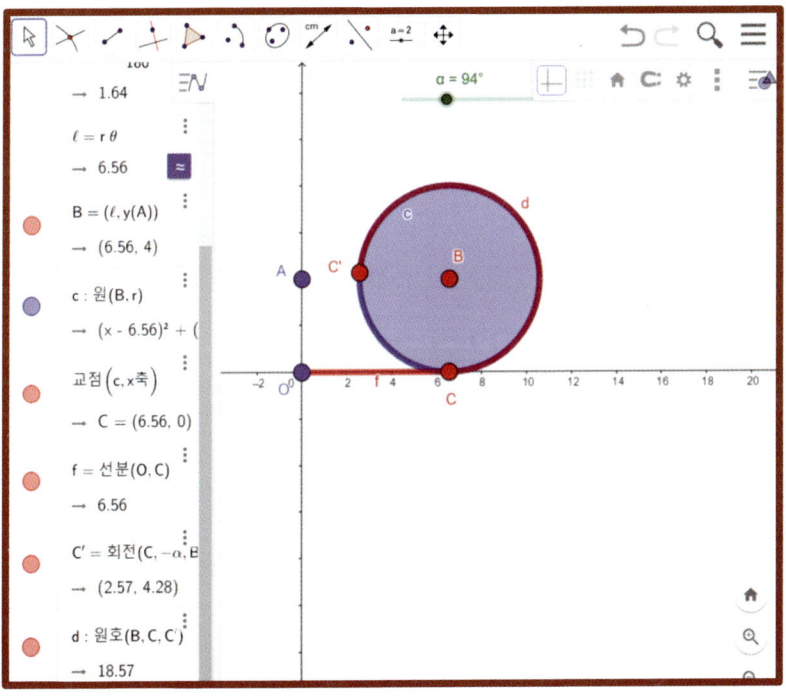

❽ "원 : 중심과 반지름 ⊙ "을 선택하고, 점 B를 클릭하고 반지름 입력창에 r을 입력한다.

** 중심이 점 B이고 반지름의 길이가 r인 원 c가 그려진다.

❾ "교점 ⊠ "을 선택하고, 원 c와 x축을 차례대로 클릭하여 교점 C를 만든다.

❿ "선분 ✐ "을 선택하고, 선분 OC를 그린다.

** "설정 ⚙ "에서 선분의 "굵기"와 "색깔"을 수정한다.

⓫ 입력창에 "회전(C, $-\alpha$, B)"를 입력한다.

** 회전 후의 점의 이름은 C'으로 입력되고, 부채꼴의 호의 끝점으로 상용할 것이다.

⓬ "원호 ⌒ "를 선택하고, 세 점 B, C, C'을 차례대로 클릭한다.

** "설정 ⚙ "에서 원호의 "굵기"와 "색깔"을 수정한다.

⓭ 슬라이더 α의 플레이 버튼을 누른다.

[구르는 원]

사이클로이드 곡선 (Cycloid Curve)

사이클로이드 곡선은 "직선 위를 구르는 원에서 원주 위의 한 점이 그리는 자취"를 말합니다. "최단강하곡선"으로도 알려져 있는 사이클로이드 곡선을 그리는 방법을 설명해 드릴게요. 사이클로이드 곡선을 그리는 과정이 어렵고, 많은 수학 개념들을 사용하기 때문에 처음에 한 번 보고 바로 이해할 수는 없습니다. 처음에는 몇 번 무작정 따라해 볼 것을 권합니다.

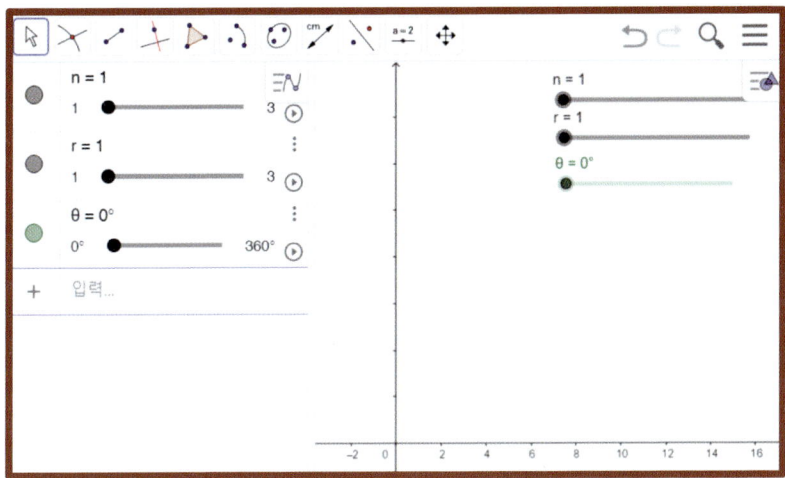

❶ "슬라이더 [a=2] "를 선택하고, 2개의 슬라이더 n, r을 만든다.

** 슬라이더의 최댓값은 3, 최솟값은 1로 수정한다.

** n은 원이 회전하는 횟수, r은 원의 반지름으로 사용할 것이다.

❷ "슬라이더 [a=2] "를 선택하고, 슬라이더 θ를 만든다.

** 슬라이더 θ는 "각", 최댓값은 360°, 최솟값은 0°로 수정한다.

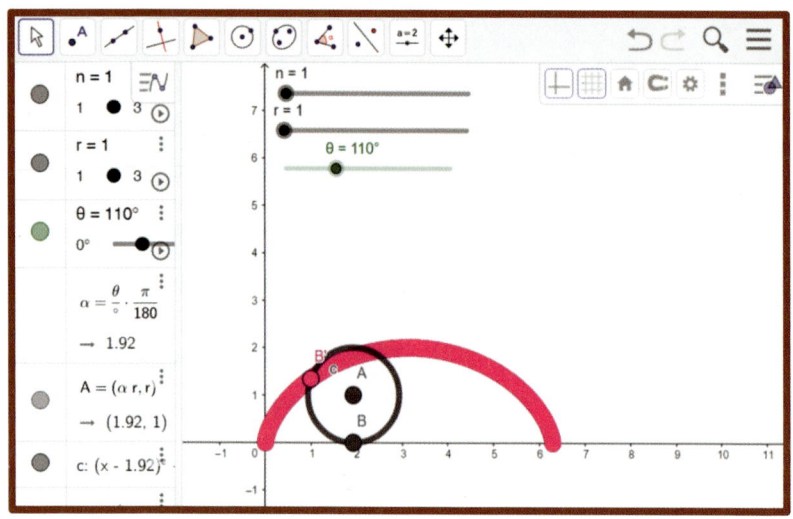

❸ 대수창에 $\alpha = \dfrac{\theta}{°} \times \dfrac{\pi}{180}$ 을 입력한다.

** 각의 표현을 "호도법"에서 "라디안"으로 바꾸어 주는 식으로, ⌨ 을 눌러서 내장된 자판을 이용한다.

❹ 대수창에 점 $A(\alpha r, r)$을 입력한다.

❺ 대수창에 원의 방정식 $c : (x - \alpha r)^2 + (y - r)^2 = r^2$ 을 입력한다.

❻ "교점 ⤬ "을 선택하고, 원 c와 x축을 차례대로 클릭한다.

** 교점의 이름은 B로 지정한다.

❼ "점을 중심으로 회전 ⟳ "을 선택하고, 점 B와 점 A를 차례대로 클릭한 후에 각의 입력창에 $-\alpha$를 입력한다.

** 점 B가 점 A를 중심으로 $-\alpha$ 만큼 회전이동하여 만들어진 점은 B'으로 지정한다.

❽ "이동 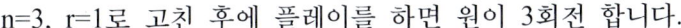 "을 선택하고, 점 B를 활성화한 후에 "설정 "에서 "자취 남기기"를 체크한다.

❾ 슬라이더 θ의 플레이 버튼을 누르면, n=r=1일 때는 원이 1회전 하면서 곡선을 그린다.

n=3, r=1로 고친 후에 플레이를 하면 원이 3회전 합니다.

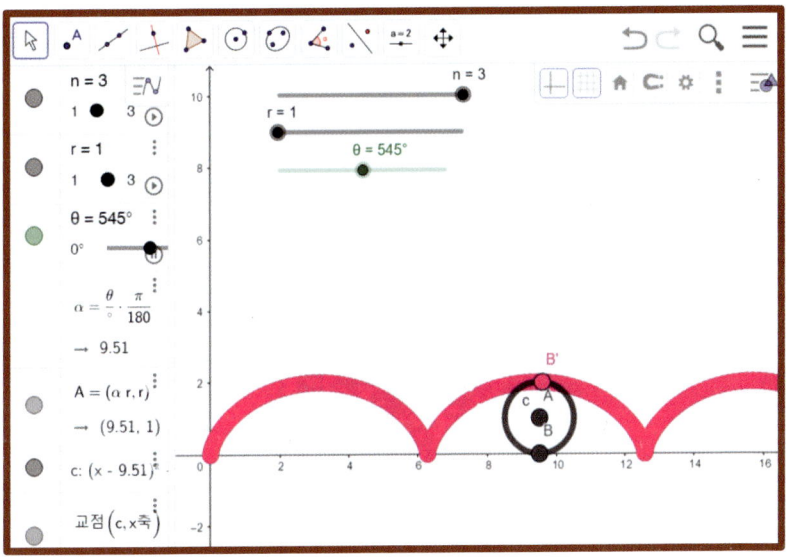

그림에서 반지름 r의 크기를 2로 바꾸면 원의 반지름도 2가 되고, 화면에는 반지름의 길이가 2인 원이 그리는 사이클로이드가 그려집니다. 다음 그림은 반지름의 길이가 2인 원이 2회전 하면서 그리는 사이클로드 입니다.

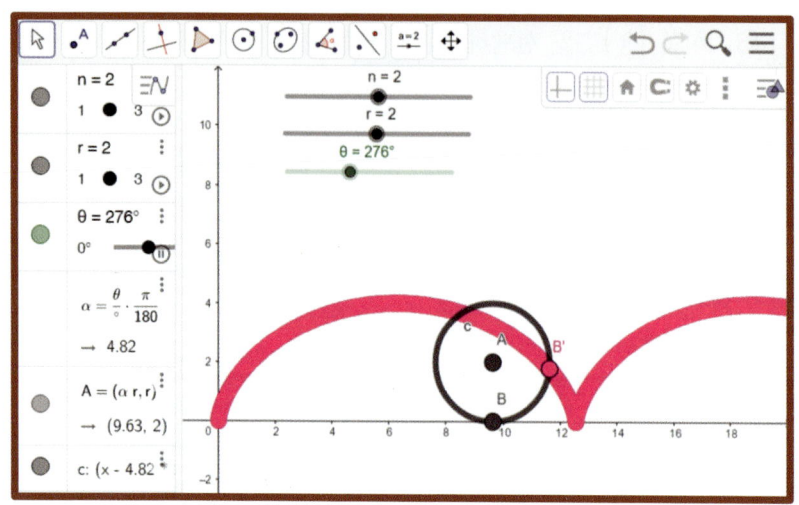

[사이클로이드]

사인함수 y=sinx 의 그래프

사인함수 $y=\sin x$의 그래프가 그려지는 원리를 이해하는 것은 결코 쉬운 일이 아닙니다. 사인함수를 포함해서 삼각함수는 아이들이 어려워하는 내용인데요. 여기서는 아래 그림과 같은 사인함수 $y=\sin x$의 그래프를 그려보겠습니다.

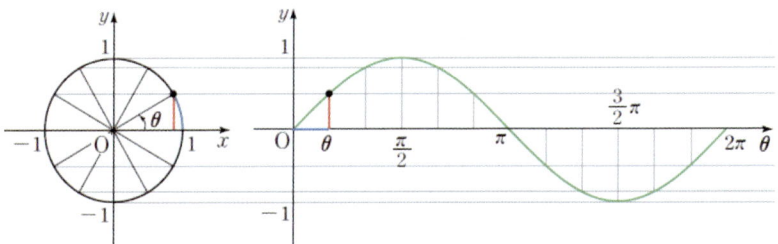

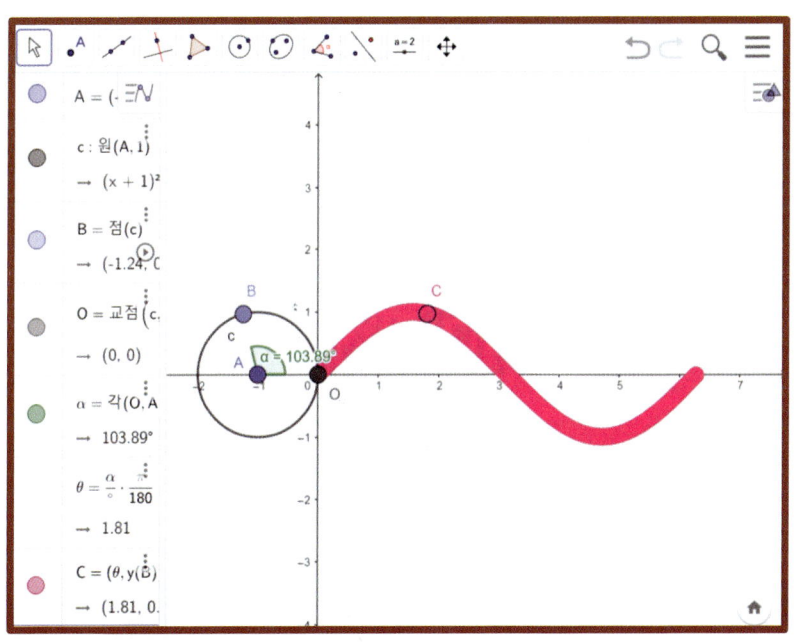

❶ 대수창에 점 A(-1, 0)을 입력한다.

❷ "원 : 중심과 반지름 ⊙ "을 선택하고, 점 A를 중심으로 하고 반지름의 길이가 1인 원 c를 그린다.

❸ "점 •ᴬ "을 선택하고, 원 c 위에 점 B를 그린다.

❹ "점 •ᴬ "을 선택하고, 원점 O(0, 0)을 그린다.

❺ "각 ⊿ "을 선택하고, 세 점 O, A, B를 차례대로 클릭하여 ∠OAB의 크기를 구하고 이름을 α로 지정한다.

❻ 대수창에 $\theta = \dfrac{\alpha}{180°} \times \pi$ 를 입력한다.

❼ 대수창에 점 $C(\theta, y(B))$를 입력한다.

❽ "이동 ▷ "을 선택하고, 점 C를 활성화한 후에 "설정 ⚙ "에서 "자취 남기기"를 체크한다.

대수창에 있는 점 B의 플레이 버튼을 누르면 사인함수의 그래프가 그려집니다.

[사인함수 y=sinx 의 그래프]

 **탄젠트함수 y=tanx의 그래프**

    삼각함수 중에서도 탄젠트함수 $y=\tan x$의 그래프는 매우 독특해 보입니다. 주기함수이면서 최댓값과 최솟값이 무한대인데요. 이번에는 탄젠트함수의 그래프를 그려 볼게요.

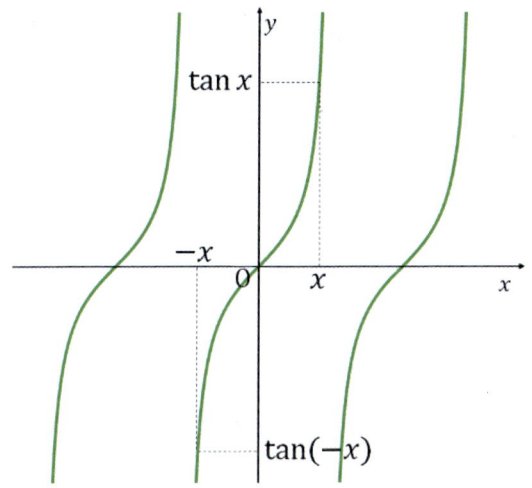

❶ 대수창에 점 A(0, 0)을 입력한다.

❷ "원 : 중심과 반지름 ⊙ "을 선택하고, 점 A를 중심으로 하고 반지름의 길이가 1인 원 c를 그린다.

❸ "교점 ⨯ "을 선택하고, 원 c와 x축을 차례대로 클릭하여 교점 B, C를 만든다.

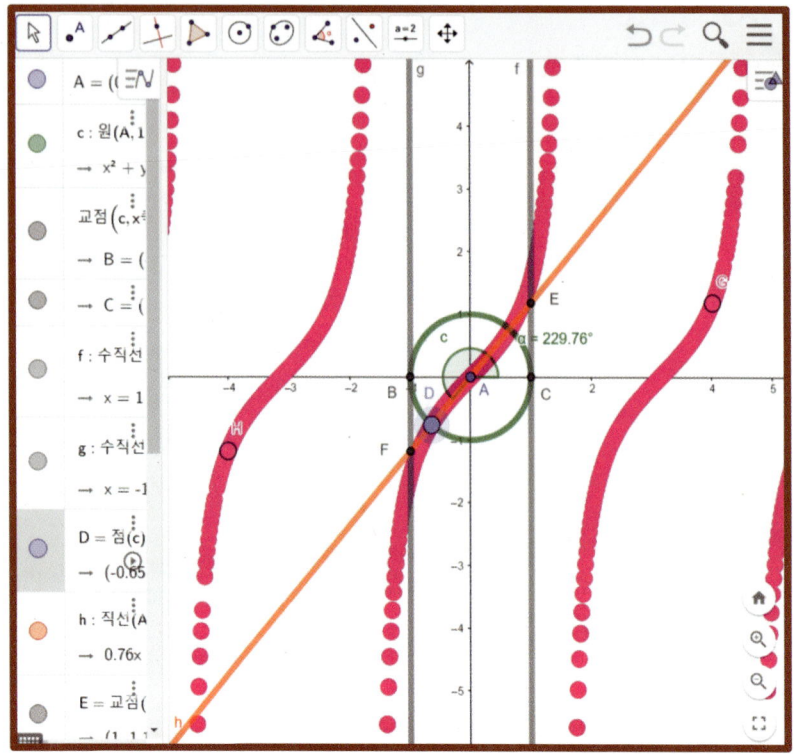

❹ "수직선 ⊥ "을 선택하고, 점 B와 점 C를 지나고 x축에 수직인 두 개의 수직선을 각각 그린다.

❺ "점 •ᴬ "을 선택하고, 원 c 위에 점 D를 그린다.

❻ "직선 ╱ "을 선택하고, 두 점 A, D를 지나는 직선을 그린다.

❼ "교점 ╳ "을 선택하고, 직선 AD와 두 수직선의 교점 E, F를 각각 그린다.

❽ "각 ⊿ "을 선택하고, 세 점 C, A, D를 차례대로 클릭하여 ∠CAD의 크기를 구하고 α로 지정한다.

❾ 대수창에 $\theta = \dfrac{\alpha}{180°} \times \pi$ 를 입력한다.

❿ 대수창에 점 G$(\theta, y(E))$를 입력한다.

⓫ 대수창에 점 H$(-\theta, y(F))$를 입력한다.

⓬ "이동 ▣ "을 선택하고, 점 G와 점 H를 활성화한 후에 "설정 ✦ "에서 "자취 남기기"를 체크한다.

⓭ 대수창에서 점 D의 플레이 버튼을 누른다.

** 원 c 위의 점 D는 원 c의 원주 위를 반복해서 회전하고, 두 점 G, H는 탄젠트함수의 그래프를 그린다.

[탄젠트 함수 y=tanx의 그래프]

 **매개변수 방정식 (이차곡선)**

"지오지브라 클래식 6"에서는 양함수나 음함수 꼴의 대수식뿐만 아니라, 매개변수 방정식의 그래프도 그릴 수 있습니다. 먼저 매개변수 방정식의 그래프를 그리는 명령어를 알려드릴게요.

곡선(x에 관한 식, y에 관한 식, 매개변수, 시작 값, 마지막 값)

예를 들어, 포물선 $y^2 = 4px$의 그래프를 매개변수 방정식으로 표현하고, 그래프를 그려볼게요. 먼저 매개변수 방정식으로 바꾸는 과정을 설명하면

$$\left(\frac{y}{2}\right)^2 = px, \ \frac{y}{2} = p\tan\theta \ \left(-\frac{\pi}{2} \leq \theta \leq \frac{\pi}{2}\right)$$ 라 하면

$$x = p\tan^2\theta, \ y = 2p\tan\theta$$

따라서 포물선 $y^2 = 4px$를 매개변수 명령어로 나타내면 다음과 같습니다.

$$곡선\left(p\tan^2\theta, \ 2p\tan\theta, \ \theta, \ -\frac{\pi}{2}, \ \frac{\pi}{2}\right)$$

여기서 매개변수 θ는 따로 슬라이더를 지정하지 않아도 됩니다. θ의 값은 정해진 범위 내의 모든 값을 의미하며, 범위 내에서 그래프가 그려진다.

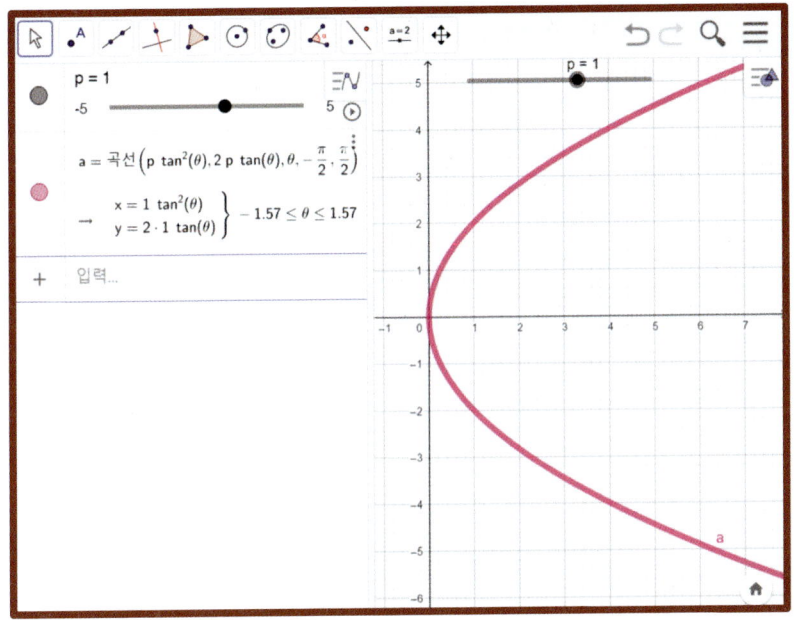

❶ "슬라이더 ⬚ "를 선택하고, 슬라이더 p를 지정한다.

** 슬라이더 p의 값은 기본값으로 설정한다.

❷ 대수창에 커서를 놓고 ⬚ 를 누른 후에 자판을 이용해서 '곡'자를 치면 내장된 명령어가 나타난다.

❸ 대수창에 "**곡선**(p*tan^2 (θ), 2p*tan(θ), θ, $-\dfrac{\pi}{2}$, $\dfrac{\pi}{2}$)"를 입력한다.

이번에는 "**사이클로이드 곡선**"을 매개변수로 그래프를 그려보겠습니다. 사이클로이드 곡선의 매개변수 방정식은 다음과 같습니다.

$$x = r(t - \sin t), \ y = r(1 - \cos t), \ 0 \leq t \leq 2\pi$$

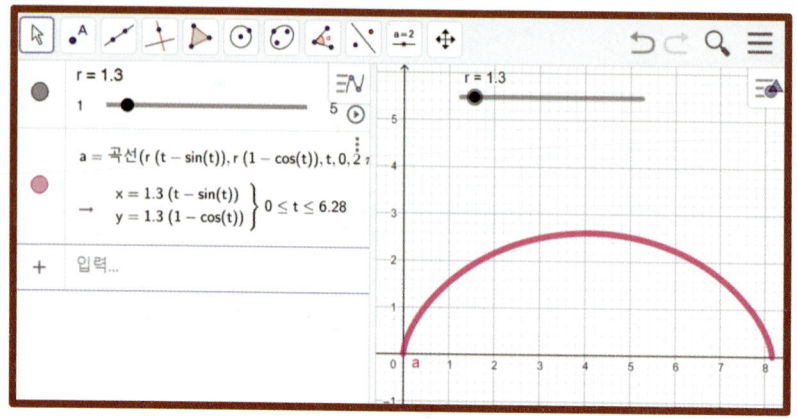

❶ "슬라이더 ▦ "를 선택하고, 슬라이더 r을 지정한다.

** 슬라이더 r의 값은 기본값으로 설정한다.

❷ 대수창에 사이클로이드 매개변수 방정식을 입력한다.

** 입력식은 "**곡선** (r(t-sin(t)), r(1-cos(t)), t, 0, 2π)"

[매개변수 방정식]

LESSON 03 스트링 아트

스트링 아트(String Art)는 "곡선을 사용하지 않고 직선만을 이용하여 여러 가지 모양을 만들어 내는 것"으로, 현재 스트링 아트는 예술의 한 분야가 되었습니다.

"지오지브라 클래식 6"에서도 스트링 아트를 그릴 수 있습니다. "도형의 자취"를 이용할 수도 있고, "수열" 명령어를 이용하여 그릴 수도 있는데요. 여기서는 "자취"를 이용하여 스트링 아트를 그리는 방법을 설명해 드리겠습니다.

 미끄럼틀 모양

도형의 자취는 실제 도형이 그려지는 것이 아니므로 도형이 지나간 자취만으로 스트링 아트가 그려집니다. 따라서 실제 그려진 도형은 "하나"이고 모든 자취는 설정을 통해 지울 수 있습니다.

예를 들어, 길이가 10인 선분으로 제 1 사분면에 자취를 이용한 스트링 아트를 그려보겠습니다. 사용할 명령어는 다음과 같습니다.

선분((a, 0), (0, 10-a))

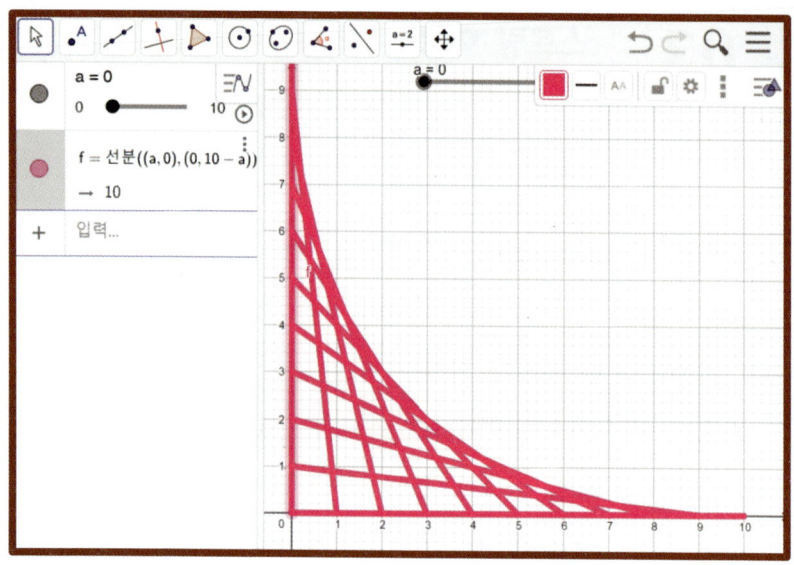

❶ "슬라이더 ✏️ "를 선택하고, 슬라이더 a를 만든다.

** 슬라이더 설정 창에서 "최솟값 0", "최댓값 10", "증가 1"로 변경한다.

❷ 대수창에 "선분((a,0),(0,10-a))"를 입력한다.

❸ 선분을 활성화한 후에 설정 ⚙️ 에서 "자취 남기기"를 선택한다.

 정사각형 모양

"선분" 명령어를 4개 이용하여 "정사각형 모양"의 스트링 아트도 그릴 수 있습니다. "선분"의 양 끝점을 정사각형의 꼭짓점에 위치하도록 좌표를 설정하면 됩니다.

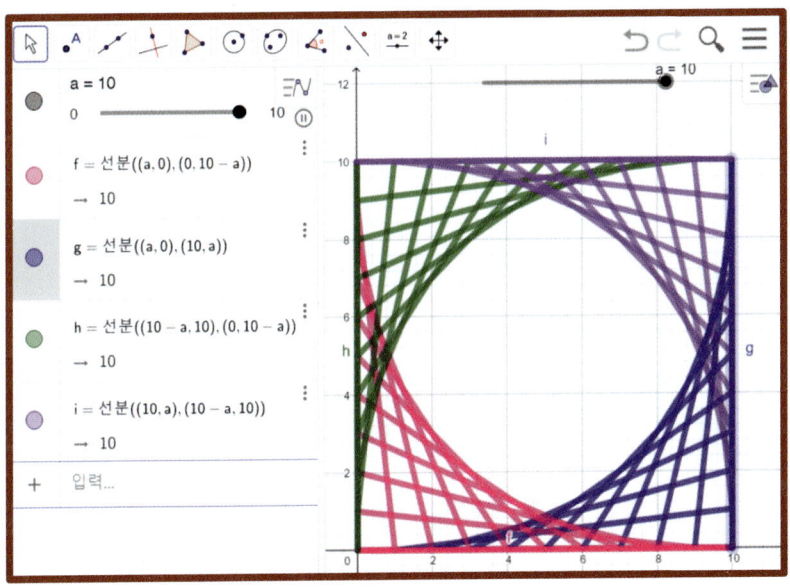

❶ "슬라이더 ▭ "를 선택하고, 슬라이더 a를 만든다.

** 슬라이더 설정 창에서 "최솟값 0", "최댓값 10", "증가 1"로 변경한다.

❷ 대수창에 다음과 같은 4개의 명령어를 각각 입력한다.

** **입력식**

　　선분((a,0),(0,10-a))

　　선분((a,0),(10,a))

　　선분((10-a,10),(0,10-a))

　　선분((10,a),(10-a,10))

❸ 각 선분을 활성화한 후에 설정 ⚙ 에서 "자취 남기기"를 선택한다.

여기서 슬라이더의 "증가값"을 조정하여 원하는 만큼 세밀한 스트링 아트를 그릴 수 있다는 점입니다.

예를 들어, 정사각형 모양의 스트링 아트에서 슬라이더 a의 증가값을 "1"에서 "0.5"로 수정하는 것만으로도 2배 더 세밀한 스트링 아트가 그려지게 됩니다. 다음 그림은 슬라이더 a의 증가값을 0.5로 수정했을 때 자취가 그리는 스트링 아트입니다.

[정사각형 모양의 스트링 아트]

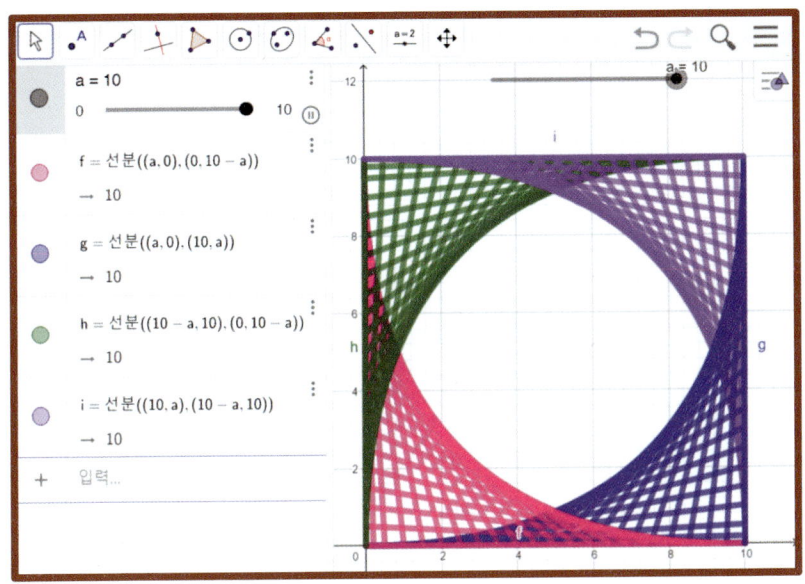

 하트 모양

   스트링 아트 중에서 가장 유명한 모양이 바로 "하트 모양 스트링 아트"일 겁니다. "지오지브라 클래식 6"에 내장된 명령어 중에서 "회전" 명령어를 이용하여 "하트 모양"을 그릴 수 있습니다. 다음 명령어는 <대상>을, "원점"을 중심으로 <각>만큼 회전하는 명령어입니다.

회전(<대상>, <각>)

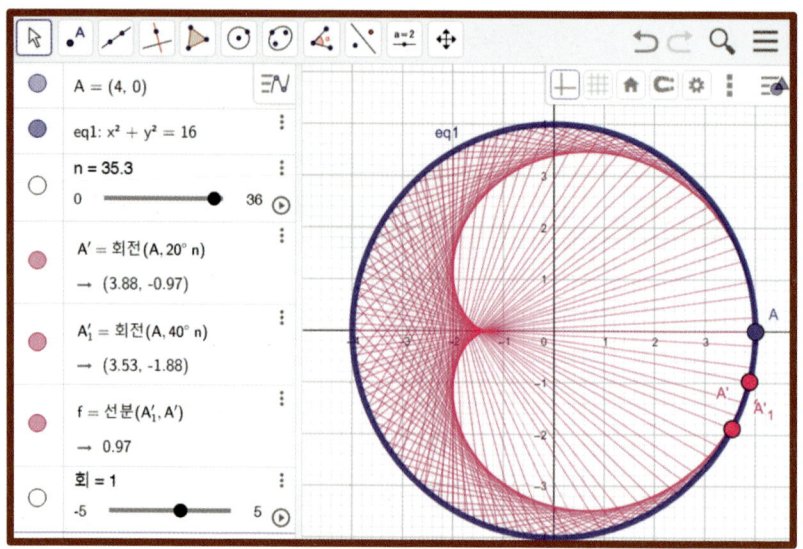

❶ 대수창에 점 A(4, 0)을 입력한다.

❷ 대수창에 원의 방정식 $x^2 + y^2 = 16$을 입력한다.

** 입력식은 "x^2 +y^2 =16"이다.

❸ "슬라이더 ▭ "를 선택하고, 슬라이더 n을 만든다.

** 슬라이더 n 의 설정에서 "최솟값 0", "최댓값 36", "증가 1"로 변경한다.

❹ 입력창에 "**회전**(A, 20°×n)"을 입력한다.

** 회전하여 만들어진 점 A' 이 만들어진다.

❺ 입력창에 "**회전**(A, 40°×n)"을 입력한다.

** 회전하여 만들어진 점 A_1' 이 만들어진다.

❻ "선분 ▭ "을 선택하고, 선분 $\overline{A'A_1'}$을 만든다.

❼ "이동 [🔲] "을 선택하고, 선분 $\overline{A'A_1'}$을 활성화한 후에 "설정 [⚙] "에서 "자취 보이기"를 체크한다.

❽ 슬라이더 n의 플레이 버튼을 누른다.

** 슬라이더 n 의 값이 증가하면서 하트 모양의 스트링 아트가 그려지는 것을 관찰한다.

여기서 회전각의 크기를 변경하면 전혀 다른 모양의 스트링 아트를 그릴 수 있습니다. 예를 들어, 두 회전각의 크기를 변경할 때 만들어지는 모양 두 가지를 볼게요.

첫 번째 — "$10° \times n$"과 "$50° \times n$"으로 변경한 경우

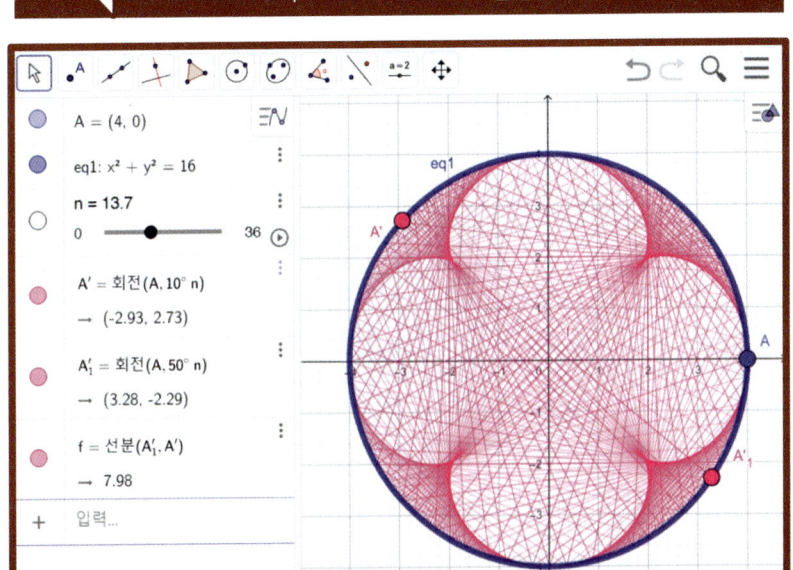

제6장 수학탐구 프로젝트 | 285

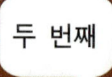 두 번째

"20°×n"과 "50°×n"으로 변경한 경우

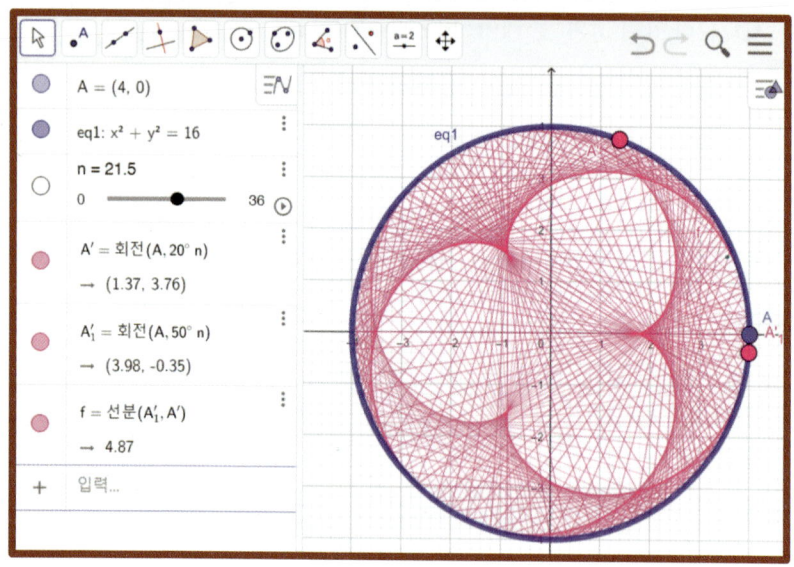

[하트 모양
스트링 아트]

제7장

함수와 방정식의 그래프

LESSON 01 : 함수 명령어

지오지브라에는 프로그램에 내장되어있는 함수식이 있습니다. 대수창에 컴퓨터 자판으로 직접 함수식이나 방정식을 입력할 수 있고요. 자주 사용하는 "함수 명령어"는 다음과 같습니다.

함수	수식	명령어
제곱근	$\sqrt{x-10}$	sqrt(x−10)
다항함수	$2x^4 - 3x + 1$	2 x^4 −3x +1
지수함수	$2^{x^3 - x + 2}$	2^(x^3 −x +2)
로그함수	$\log_2 x$	log_3 (x)
상용로그	$\log_{10} x$	log_10 (x)
자연로그	$\ln x$	ln (x)
절댓값	$|x+3|$	abs(x+3)
사인함수	$\sin x$	sin(x)
코사인함수	$\cos x$	cos(x)
탄젠트함수	$\tan x$	tan(x)

LESSON 02 중학교 수학

지오지브라는 함수나 방정식의 그래프를 그리는데 최적화된 수학 프로그램입니다. 대수창에 함수식이나 방정식을 입력만 하면 바로 그래프가 그려집니다.

특히 슬라이더를 따로 지정하지 않은 채 미지수가 있는 함수식을 입력해도 그래프가 그려집니다. 예를 들어, "슬라이더 도구를 지정하지 않고 대수창에 $y=ax+b$를 입력하면 자동으로 a, b에 관한 슬라이더가 지정됩니다.

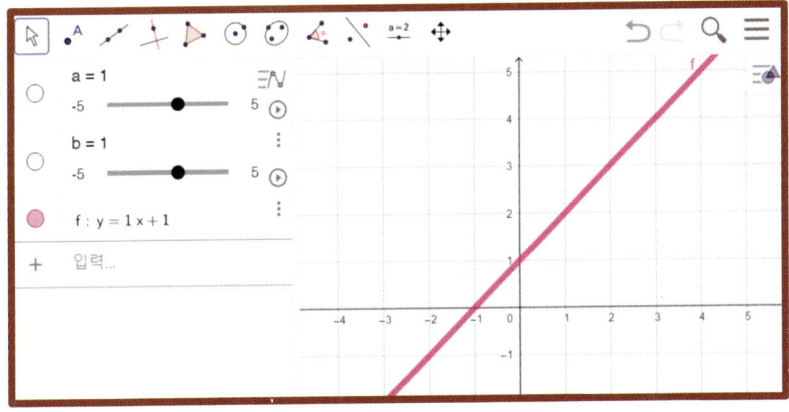

 슬라이더 만들기

슬라이더는 움직이는 도형뿐만 아니라, 함수값의 변화에 따른 그래프의 움직임을 관찰할 때 사용합니다. 실제 함수나 방정식을 입력할 때 계수가 미지수인 그래프를 그릴 때는 어김없이 "슬라이더 " 도구를 사용합니다.

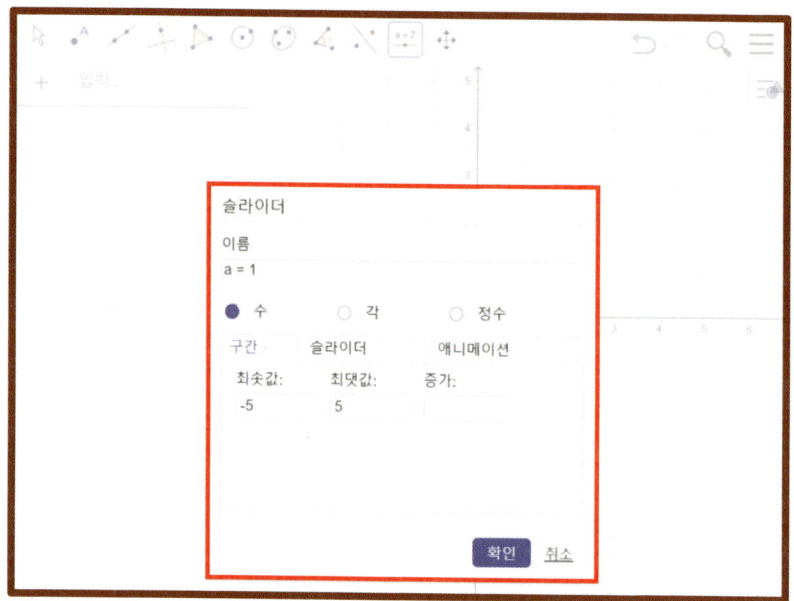

❶ "슬라이더 "를 선택하고, 기하창에 마우스 왼쪽 버튼으로 클릭하면 슬라이더 속성창이 나타난다.

❷ 슬라이더 속성창에서 "이름", "수", "각", "정수", "최솟값", "최댓값", "증가" 등을 입력할 수 있다.

❸ "확인" 버튼을 누르면 대수창과 기하창에 각각 슬라이더가 만들어진다.

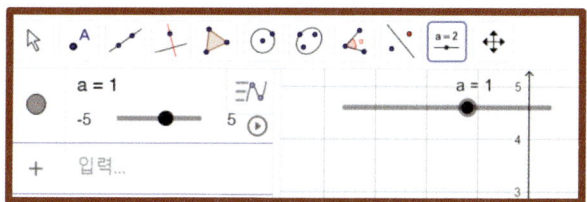

** 대수창에 있는 "플레이 버튼"을 누르면 "애니메이션" 기능이 시작되고, 마우스 왼쪽 버튼으로 누른 채 드래그하여 슬라이더의 값을 변하게 만들 수도 있다.

[슬라이더 만들기]

[정비례 y=ax, 반비례 y=a/x 그래프]

정비례 $y=ax$

이번에는 슬라이더 도구를 이용하여 정비례 함수 $y=ax$의 그래프를 그려볼게요. 매우 간단해서 별도로 설명하지 않아도 될 것 같습니다.

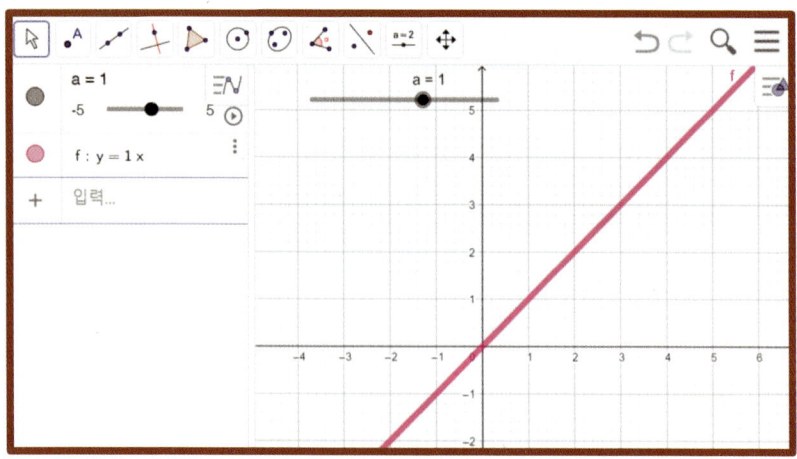

❶ "슬라이더 "를 선택하고, 마우스 왼쪽 버튼으로 기하 창에 클릭한다.

** 슬라이더의 위치를 옮기기 위해서는 "이동"을 선택하고, 슬라이더를 누른 채 드래그하면 된다.

❷ 대수창에 $y=ax$를 입력한다.

** 마우스 왼쪽 버튼으로 슬라이더의 버튼을 누른 채 드래그하면서 그래프의 변화를 관찰한다.

 반비례 $y = \dfrac{a}{x}$

반비례의 그래프도 대수창에 식을 입력하는 것만으로 그릴 수 있습니다. 물론 슬라이더를 사용하지 않고 계수가 숫자인 대수식을 입력해서 그래프를 그려도 됩니다.

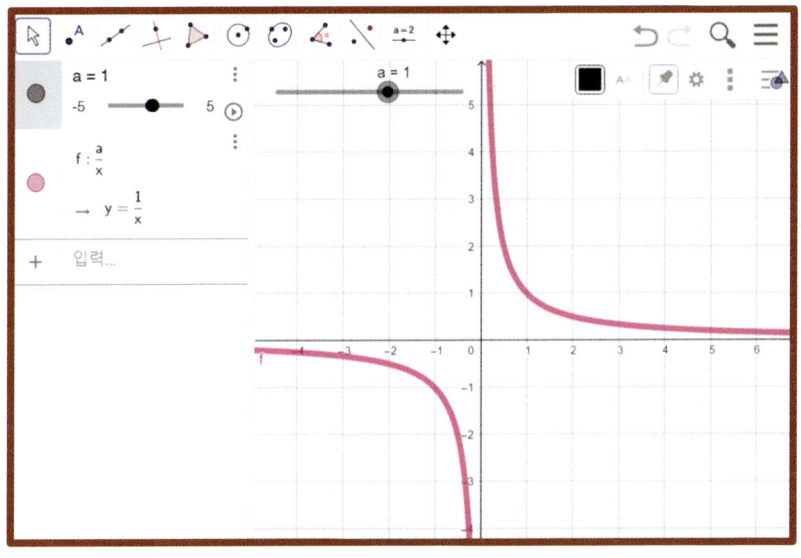

❶ 슬라이더 a를 만든다.
❷ 대수창에 "$y = a/x$"를 입력한다.
** 마우스 왼쪽 버튼으로 슬라이더 a의 값을 누른 채 드래그하면서 그래프의 변화를 살펴본다.

일차함수 $y=ax+b$의 그래프

일차함수의 표준형은 $y=ax+b$ 꼴입니다. 이때 x의 계수 a는 "기울기", 상수항 b는 "y절편"이 됩니다. 일차함수의 그래프를 가르칠 때, 기울기와 y절편의 변화에 따라 일차함수의 그래프가 어떻게 변하는지를 보여주면 이해에 큰 도움이 됩니다.

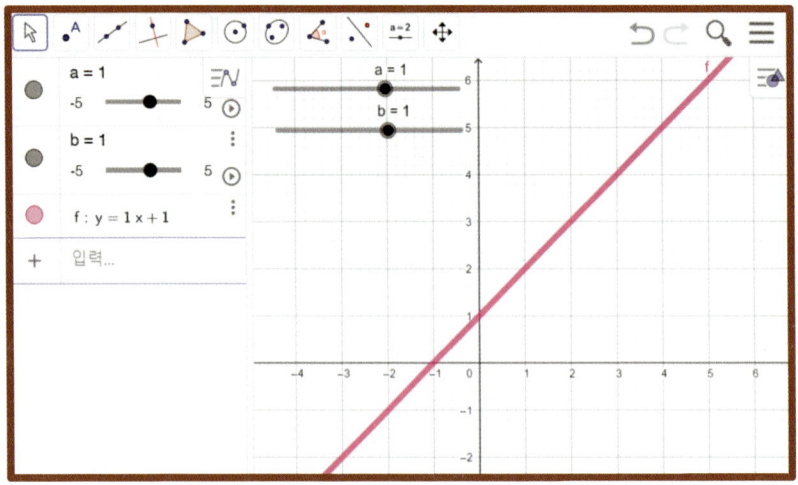

❶ 글라이더 a, b를 만든다.

❷ 대수창에 "$y=ax+b$"를 입력한다.

❸ "이동 [ ]"을 선택하고, 기울기 a와 y절편 b의 값을 마우스 왼쪽 버튼으로 누른 채 드래그하면서 그래프의 변화를 관찰한다.

연립일차방정식의 해

연립방정식의 해는 **"두 방정식을 함수꼴로 변형하여 그래프를 그렸을 때, 두 그래프의 교점의 x좌표"**를 말합니다. 따라서 그래프를 그려서 연립방정식의 해를 구할 줄 아는 학생은 높은 수준의 성취도를 보인다고 할 수 있습니다. "함수의 그래프"와 "방정식" 사이의 관계를 이해시키는데 지오지브라로 두 함수의 그래프를 그려주면 좋을 것 같습니다.

예를 들어 볼게요.

연립일차방정식 $\begin{cases} x+2y=1 \\ 2x+3y=5 \end{cases}$의 해는 가감법이나 대입법을 이용해서 구할 수 있습니다. 그런데 연립방정식의 해가 무엇을 의미하는지를 이해하는 것은 쉽지 않은 일입니다.

지오지브라를 이용해서 연립일차방정식의 해가 어떤 의미가 있는지를 설명하는 과정을 설명해 보겠습니다.

먼저 두 일차방정식을 함수꼴 $\begin{cases} y=-\dfrac{1}{2}x+\dfrac{1}{2} \\ y=-\dfrac{2}{3}x+\dfrac{5}{3} \end{cases}$로 고친 후에 지오지브라로 그래프를 그린 후에 두 직선의 "교점"과 "교점의 x좌표"를 보여줄 수 있습니다. 그 과정을 설명해 드릴게요.

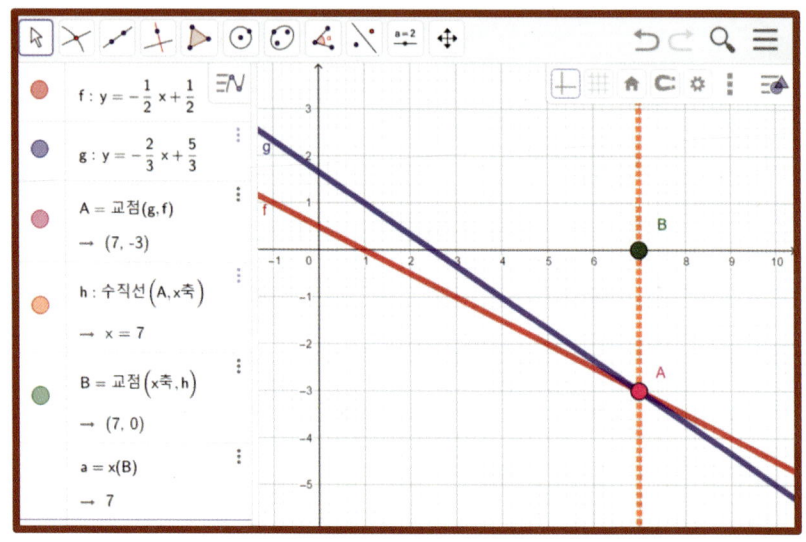

❶ 대수창에 "y=- 1/2 x + 1/2"을 입력한다.

** 대수식이 정확하게 입력되었는지 확인해야 한다.

❷ 대수창에 "y=- 2/3 x + 5/3"를 입력한다.

❸ "교점 ⊠ "을 선택하고, 두 직선의 교점 A를 지정한다.

❹ "수직선 ⊠ "을 선택하고, 점 A와 x축을 차례대로 클릭하여 점 A를 지나고 x축에 수직인 직선을 그린다.

❺ "교점 ⊠ "을 선택하고, 수직선과 x축의 교점 B를 지정한다.

❻ 대수창에 "x(B)"를 입력하여 점 B의 x좌표를 찾는다.

** 이 과정에서 두 연립방정식의 해는 두 직선의 교점의 x좌표임을 확인할 수 있다.

이차함수 $y=a(x-p)^2+q$의 그래프

이차함수의 그래프의 일반형은 $y=ax^2+bx+c$ 인데요. 일반형으로는 이차함수의 그래프를 그릴 수 없습니다. 이차함수의 그래프를 그리기 위해서는 일반형을 표준형으로 고쳐야 하는데요. 이차식을 "완전제곱식" 꼴로 나타낸 것을 표준형이라고 합니다.

이차함수의 표준형 $y=a(x-p)^2+q$

따라서 이차함수의 그래프를 그리기 위해서는 3개의 슬라이더 a, p, q가 필요합니다. 슬라이더의 속성창에서 이름을 각각 a, p, q로 지정하고 필요에 따라서 "최솟값"과 "최댓값"을 변경한다.

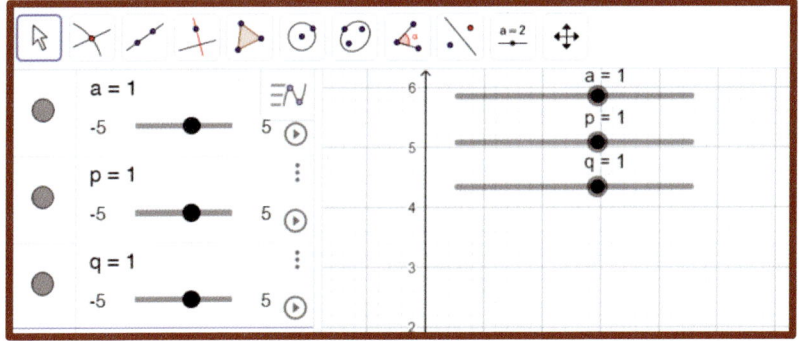

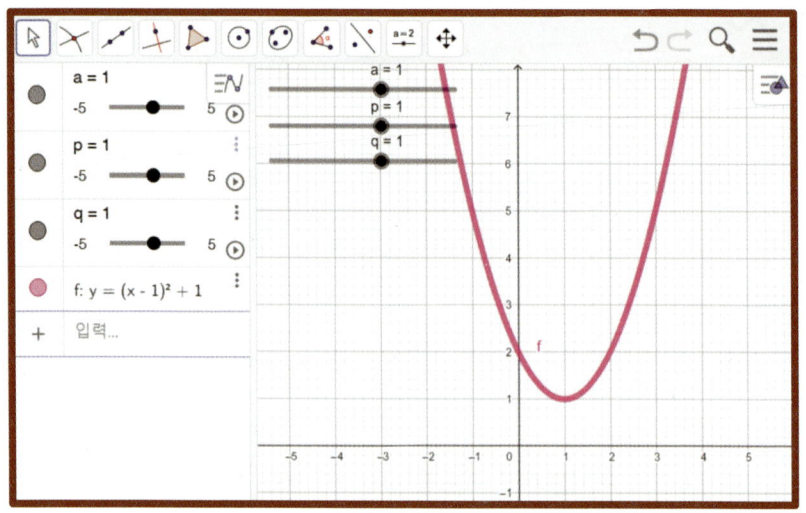

❶ 대수창에 이차함수 $y=a(x-p)^2+q$를 입력한다.

** **함수식** y=a(x-p)^2 +q

❷ "이동 [↖] "을 선택하고, 마우스 왼쪽 버튼🖱 슬라이더를 드래그하면서 그래프의 변화를 관찰한다.

** 슬라이더 a : 포물선의 폭이 변한다.

** 슬라이더 p : 포물선이 x축으로 평행이동한다.

** 슬라이더 q : 포물선이 y축으로 평행이동한다.

[이차함수의 그래프]

LESSON 03

고등학교 수학

고등학교 수학은 "함수"와 "방정식"이 핵심내용입니다. 방정식을 풀고 해를 구하는 것에서 끝나지 않고, 지오지브라를 이용해서 방정식의 해를 그래프를 그려서 찾을 수 있어야 합니다.

두 점 사이의 거리

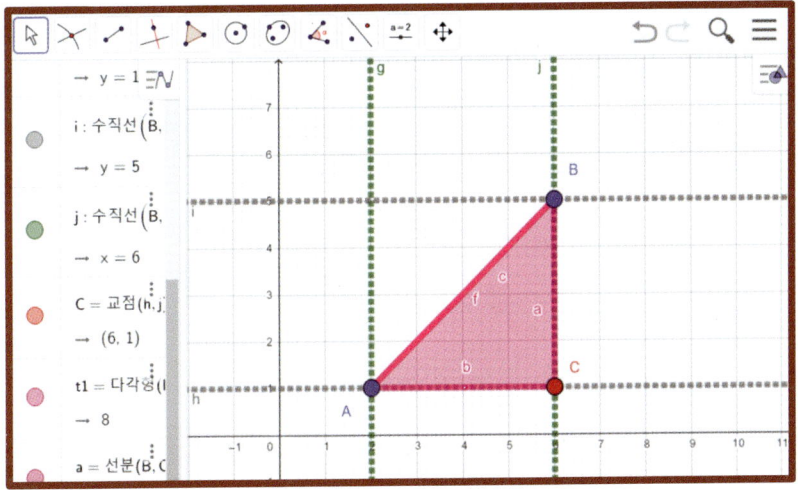

❶ "선분 "을 선택하고, 선분 AB를 그린다.

❷ "수직선 ⊥ "을 선택하고, 두 점 A, B를 지나고 x, y축에 수직인 직선을 그리고 교점을 C로 지정한다.

❸ "다각형 ▷ "을 선택하고, 직각삼각형 ABC를 그린다.

두 점 A, B 사이의 거리는 "피타고라스 정리"를 이용하여 계산할 수 있음을 직관적으로 보여줄 수 있습니다.

$$\overline{AB}^2 = \sqrt{\overline{AC}^2 + \overline{BC}^2}$$

 직선의 방정식 $ax+by+c=0$

직선의 방정식 $ax+by+c=0$은 방정식을 함수 $y=f(x)$꼴로 변형하여 그래프를 그릴 수 있습니다. 일반적으로 일차함수의 기울기와 y절편을 이용하여 그래프를 그리기 때문입니다.

$$y = -\frac{a}{b}x - \frac{c}{b}$$

지오지브라에서는 함수꼴로 변형할 필요가 없이, 직선의 방정식을 그대로 대수창에 입력하기만 하면 그래프가 그려집니다.

예를 들어, 직선의 방정식 $x+y-5=0$을 대수창에 입력해 볼게요.

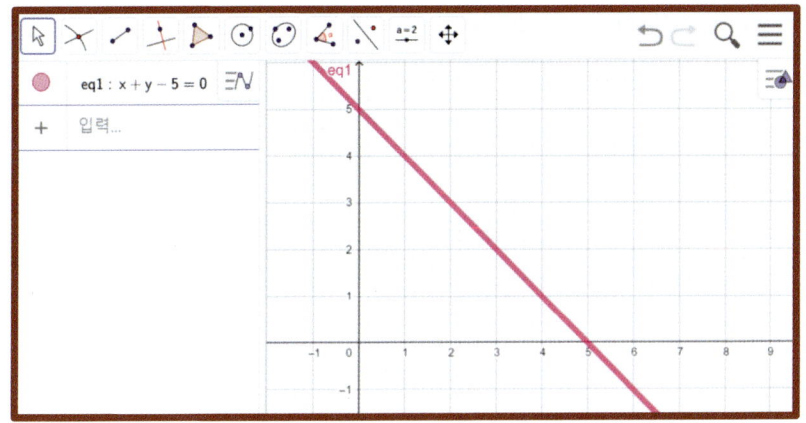

다음으로, 3개의 슬라이더 a, b, c를 이용해서 직선의 방정식 $ax+by+c=0$을 그리는 방법을 설명해 볼게요. 중학교 수학에서 설명한 슬라이더 사용 방법을 참고하면 어렵지 않게 직선의 방정식을 그릴 수 있습니다.

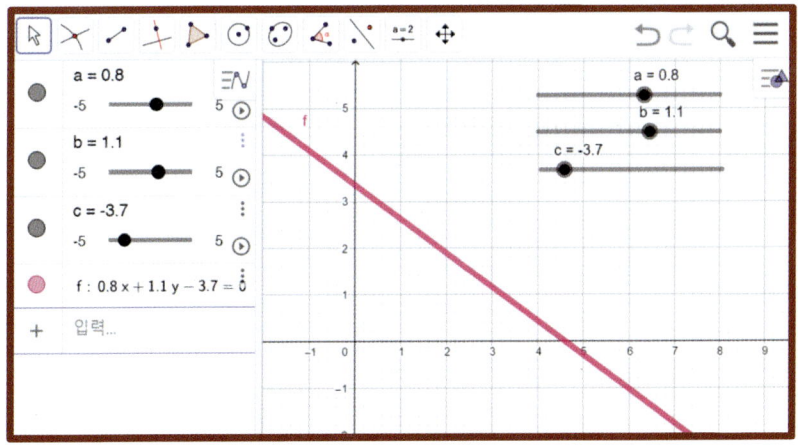

❶ "슬라이더 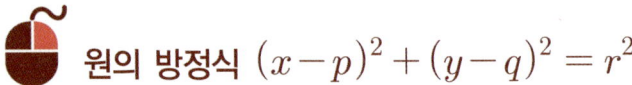 "를 선택하고, 3개의 슬라이더 a, b, c 를 만든다.

❷ 대수창에 "ax+by+c=0"을 입력한다.

❸ 마우스 왼쪽 버튼🖱으로 슬라이더를 누른 채 드래그하면서 그래프의 변화를 관찰한다.

🖱 원의 방정식 $(x-p)^2 + (y-q)^2 = r^2$

지오지브라에서는 대수창에 원의 방정식을 입력하기만 하면 바로 원이 그려집니다. 원의 방정식은 함수식이 아님에도 불구하고 그래프가 그려지는 건데요. 그만큼 학생들이 배우거나 사용하는데 편리하다고도 생각할 수 있습니다.

예를 들어, 원의 방정식 $x^2 + y^2 - 4x - 2y - 1 = 0$의 그래프를 그려볼게요.

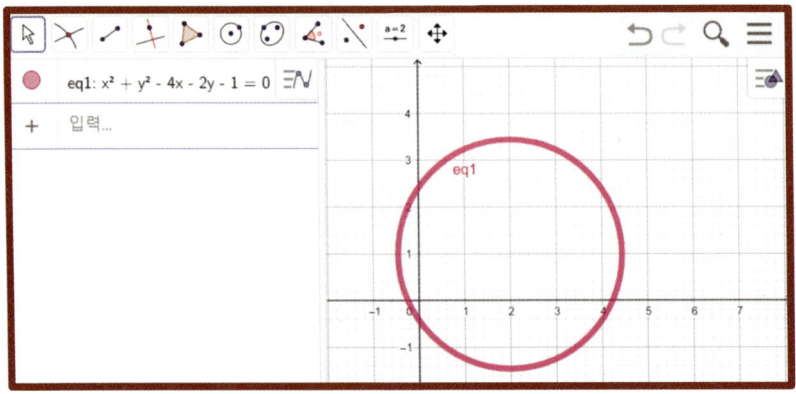

❶ 대수창 입력식 : x^2 + y^2 −4x-2y-1=0

** 지오지브라에서 제곱식은 꺽쇠 ^를 이용한다. 이때 꺽쇠 ^를 쓴 다음에는 자판의 "**오른쪽 화살표**"를 눌러서 제곱식에서 빠져나와야 한다.

원의 방정식에도 일반형과 표준형이 있습니다. 지오지브라에서는 일반형이나 표준형을 구분하지 않고, 도형의 방정식을 대수창에 입력하기만 하면 원이 그려지는데요. 일반적으로는 원을 그리기 위해서는 표준형으로 변형해야 합니다.

원의 방정식의 표준형 : $(x-p)^2+(y-q)^2=r^2$

이번에는 3개의 슬라이더 p, q, r를 이용하여 원을 그려보겠습니다.

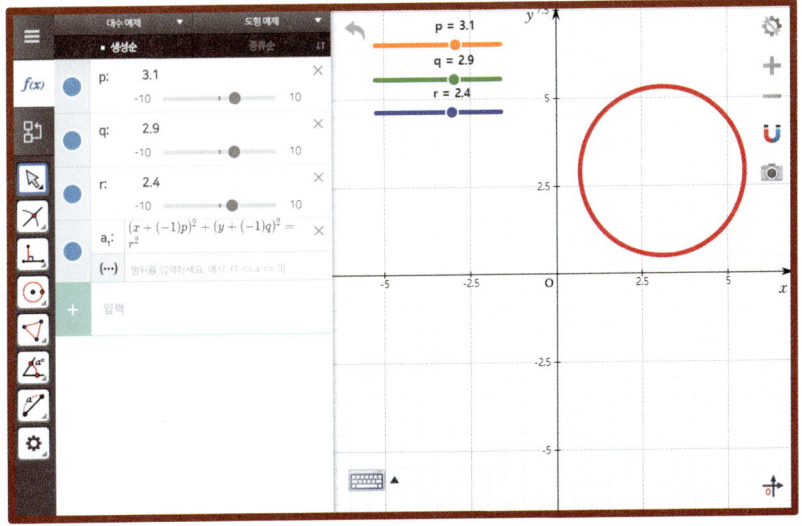

❶ "슬라이더 "를 선택하고, 3개의 슬라이더 p, q, r을 만든다.

❷ 대수창에 원의 방정식을 입력한다.

(x-p)^2 +(y-q)^2 =r^2

[원의 방정식]　　[원과 직선의 위치관계]

원과 직선의 위치 관계

원 또는 직선에 슬라이더 기능을 주고, 그래프가 변하면서 원과 직선의 위치 관계를 관찰할 수 있도록 도형을 그릴 수 있습니다.

 원 $x^2+y^2=5$와 직선 $y=x+b$의 위치 관계

직선의 y절편에 슬라이더 기능을 주고 직선이 평행이동할 때의 위치 관계를 보도록 하겠습니다.

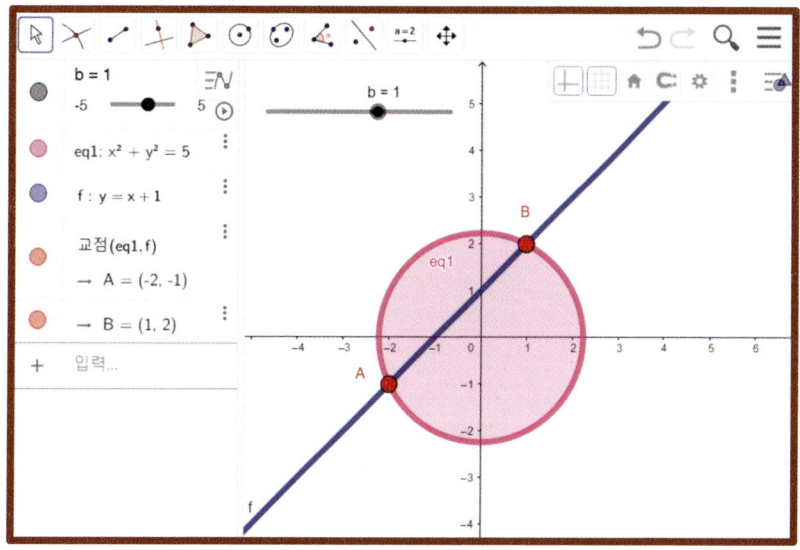

❶ "슬라이더 [a=2] "를 선택하고, 슬라이더 b를 만든다.

❷ 대수창에 x^2 +y^2 =5를 입력한다.

❸ 대수창에 y=x+b를 입력한다.

❹ "교점 [X] "을 선택하고, 원과 직선을 차례로 클릭한다.

❺ "이동 [▷] "을 선택하고, 교점을 각각 A, B로 지정하고 크게 편집한다.

** 마우스 왼쪽 버튼🖱으로 슬라이더 b를 누른 채 드래그하면서 원과 직선의 위치 관계를 살펴본다.

원 $x^2+y^2=5$와 직선 $y=ax+5$의 위치 관계

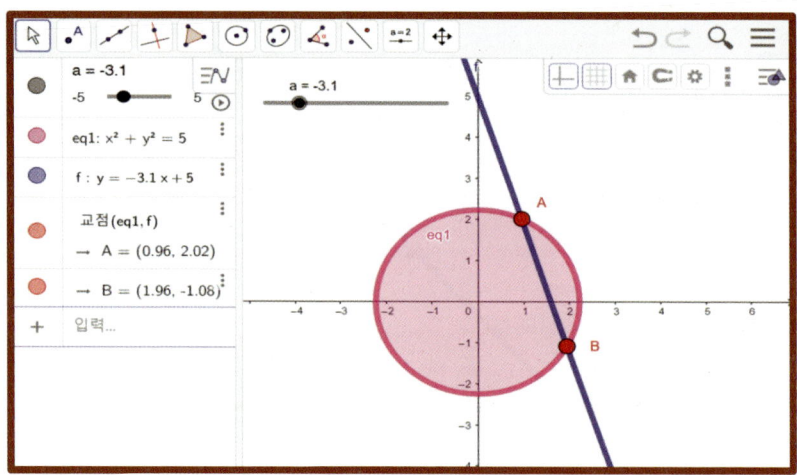

이번에는 직선의 기울기 a에 슬라이더 기능을 주고 원과 직선의 위치 관계를 살펴보겠습니다. 방법은 [1]과 거의 동일합니다.

❶ "슬라이더 [a=2] "를 선택하고, 슬라이더 a를 만든다.

❷ 대수창에 x^2 +y^2 =5를 입력한다.

❸ 대수창에 y=ax+5를 입력한다.

❹ "교점 [⋈] "을 선택하고, 원과 직선을 차례로 클릭한다.

❺ "이동 [↖] "을 선택하고, 교점을 각각 A, B로 지정하고 크게 편집한다.

** 마우스 왼쪽 버튼🖱으로 슬라이더 a를 누른 채 드래그하면서 원과 직선의 위치 관계를 살펴본다.

유리함수 $y = \dfrac{b}{a(x-p)} + q$ 의 그래프

유리함수 또는 분수함수 $y = \dfrac{b}{a(x-p)} + q$의 그래프도 슬라이더 기능을 이용하면 쉽게 그릴 수 있습니다. 여기서 a, b, p, q의 값이 변함에 따라 유리함수의 그래프가 어떻게 변하는지를 관찰하면, 유리함수를 이해하는데 많은 도움을 줄 수 있습니다.

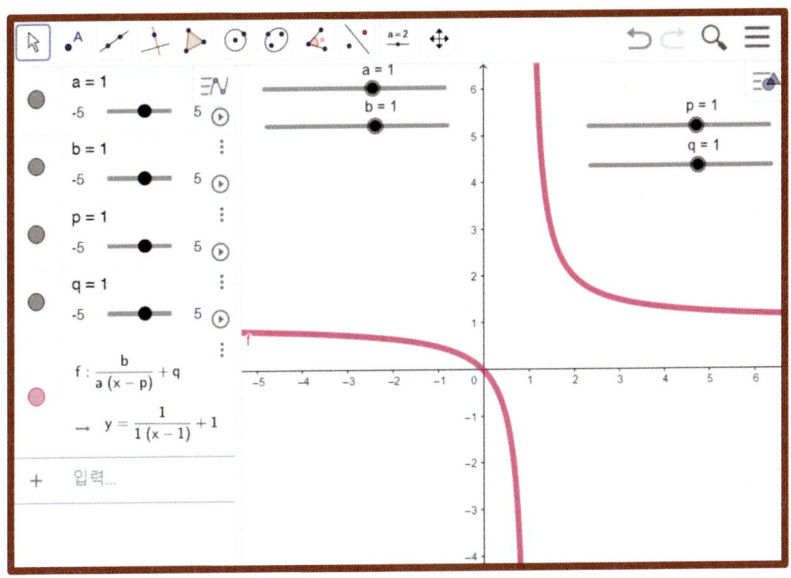

❶ "슬라이더 ⬚ "를 선택하고, 4개의 슬라이더 a, b, p, q를 만든다.

❷ 대수창에 유리함수식을 입력한다.

y=b/a(x-p) +q

** 마우스 왼쪽 버튼🖱으로 슬라이더를 하나씩 드래그하면서 그 래프의 움직임을 관찰한다.

이때 유리함수 그래프의 특징을 좀 더 쉽게 이해하기 위해서는 유리함수의 "점근선"을 함께 그어줄 필요가 있습니다. 유리함수 $y=\dfrac{b}{a(x-p)}+q$ 의 점근선은 $x=p, y=q$ 이므로, 대수창에 입력하면 됩니다.

[유리함수의 그래프]

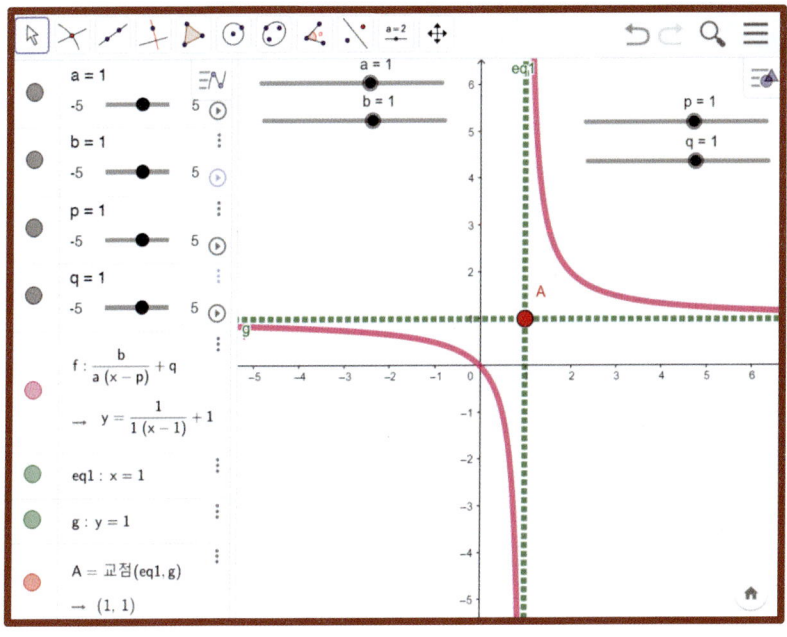

❸ 대수창에 x=p를 입력한다.

❹ 대수창에 y=q를 입력한다.

❺ "교점 ⊠ "을 선택하고, 두 점근선의 교점을 잡는다.

** 유리함수의 그래프는 두 점근선의 교점 A에 대칭이 되는 그래프이다.

유리함수의 그래프를 그릴 때는 언제나 점근선을 함께 그려주면 아이들이 이해하는데 도움이 됩니다. 특히 마우스로 슬라이더를 누른 채 드래그하면서 그래프의 변화를 보여주면 유리함수의 특징을 쉽게 이해할 수 있습니다.

무리함수 $y=\sqrt{a(x-p)}+q$의 그래프

슬라이더 기능을 이용하면 무리함수 $y=\sqrt{a(x-p)}+q$의 그래프가 미지수 a, p, q의 값의 변화에 따라서 변화하는 모양을 관찰할 수 있습니다.

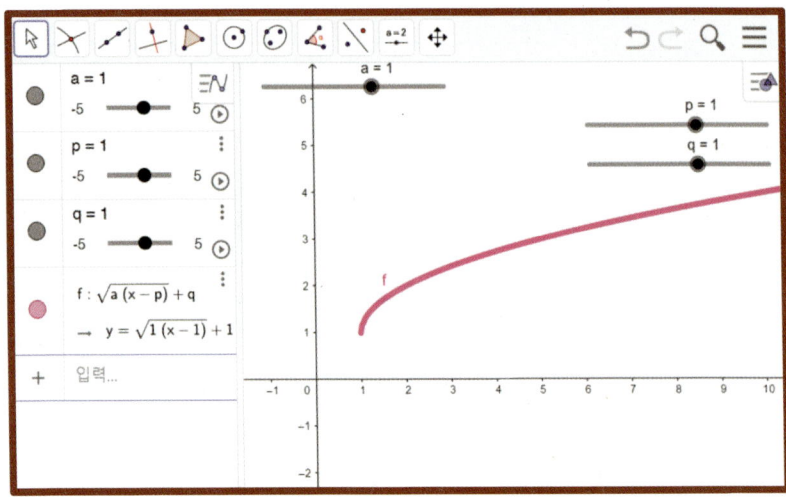

❶ "슬라이더 "를 선택하고, 3개의 슬라이더 a, p, q를 만든다.

** 대수창에 무리함수식을 입력하기 위해서는 "자판 " 에서 "$f(x)$"를 선택한 후에 "루트식"을 선택해야 한다.

[무리함수의 그래프]

❷ 대수창에 무리함수식을 입력한다.

$$y = \sqrt{a(x-p)} + q$$

** 마우스 왼쪽 버튼🖱으로 슬라이더를 하나씩 드래그하면서 그 래프의 움직임을 관찰한다.

유리함수의 그래프처럼 점근선은 아니지만, 무리함수의 그래프 에는 "출발점" 또는 "꼭짓점"이 있습니다.

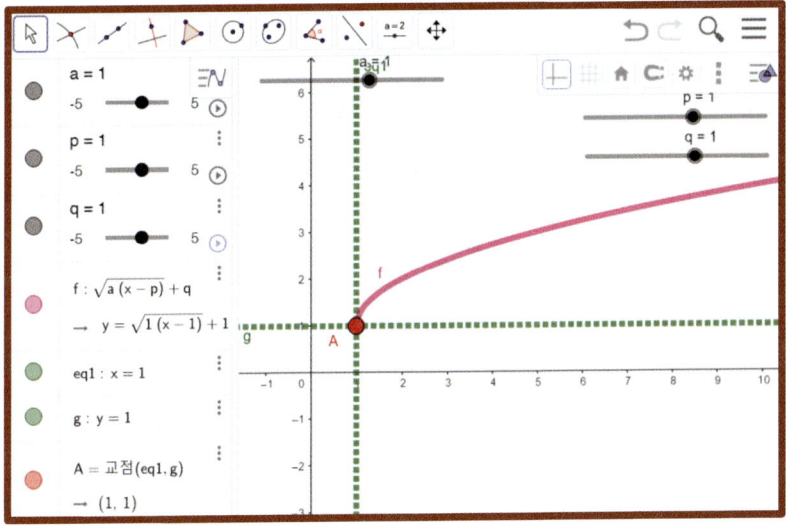

❸ 대수창에 x=p를 입력한다.

❹ 대수창에 y=q를 입력한다.

❺ "교점 ✕ "을 선택하고, 두 직선의 교점을 잡는다.

** 무리함수의 그래프는 두 직선의 교점 A를 출발점으로 하는 포물선의 반쪽이다.

지수함수와 로그함수

지오지브라에서는 고등학교 수학에서 다루는 대부분의 함수 또는 방정식의 그래프를 그릴 수 있습니다. 지수함수와 로그함수의 그래프도 그릴 수 있는데요. 지오지브라 자판  에 있는 $f(x)$에 있는 함수식을 이용해서 입력할 수 있고, 컴퓨터 자판에서 직접 입력할 수도 있습니다.

[지수함수와 로그함수]

 지수함수의 그래프

"지오지브라 클래식 6"에서 지수함수나 로그함수의 그래프를 그리는 것은 매우 간단하고 또 쉽습니다. 대수창에 함수식을 입력하기만 하면 기하창에 그래프가 그려지기 때문인데요. 예를 들어, 지수함수 $y=a^x$의 그래프는 슬라이더 a를 지정한 후에 대수창에 y=a^x 만 입력하면 지수함수의 그래프가 그려집니다. 여기서는 지수함수의 일반형의 그래프를 그리는 방법을 설명해 드릴게요.

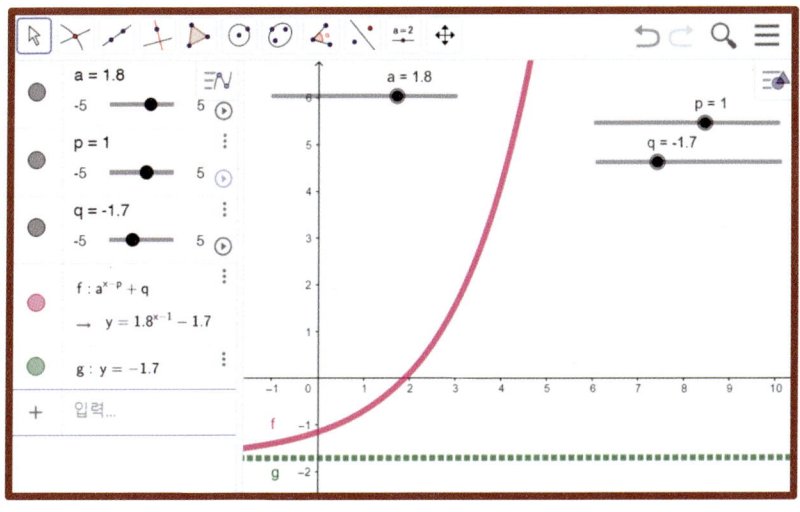

❶ 3개의 슬라이더 a, p, q를 만든다.

❷ 대수창에 지수함수 $y = a^{x-p} + q$를 입력한다.

** 입력식은 y=a^(x-p) +q를 입력한다.

❸ 대수창에 y=q를 입력한다.

❹ 마우스 왼쪽 버튼 🖱으로 그래프를 누른 채 드래그하여 위치를 옮긴다.

** 지수함수에서 직선 $y = q$는 지수함수 $y = a^{x-p} + q$의 점근선이 된다.

 로그함수

로그함수에는 자연로그와 상용로그가 있는데요. 자연로그나 상용로그에 구분 없이 대수창에 함수식이나 대수식을 입력하면 바로 그래프가 그려집니다.

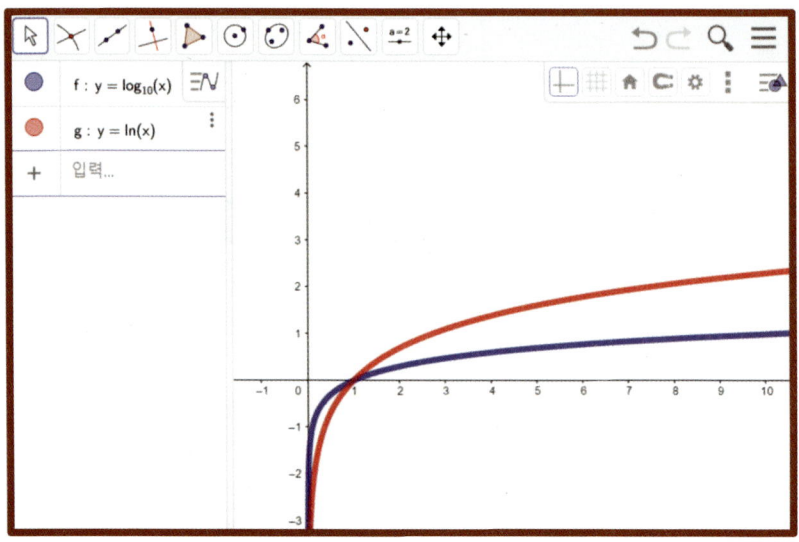

❶ 대수창에 상용로그함수 $y = \log_{10}(x)$를 입력한다.

** 입력식은 y=log10(x)를 입력한다.

** **파란색** 그래프

❷ 대수창에 자연로그함수 $y = \ln(x)$를 입력한다.

** 대수창에 y=ln(x)를 입력한다.

** **빨간색** 그래프

지수함수와 로그함수

지수함수와 로그함수는 서로 "역함수 관계"가 있습니다. 역함수 관계에 있는 두 함수의 그래프는 직선 $y=x$에 대칭이 되는데요. 서로 역함수 관계에 있는 지수함수와 로그함수, 그리고 직선 $y=x$를 한 화면에 그리면 역함수 관계를 이해하는데 많은 도움이 됩니다.

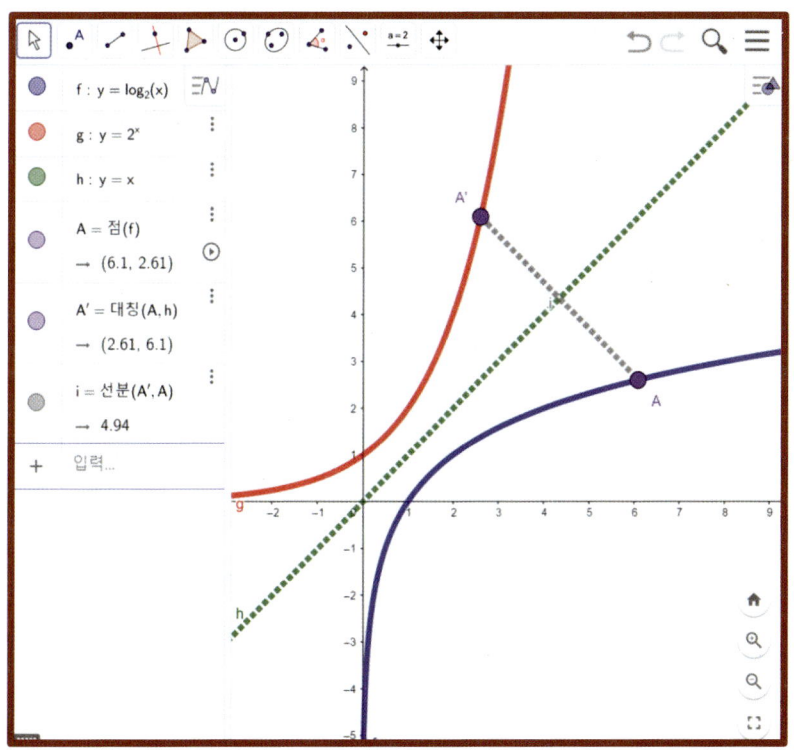

❶ 대수창에 지수함수 $y=2^x$을 입력한다.

** 입력식은 y=2^x이다.

❷ 대수창에 로그함수 $y=\log_2 x$를 입력한다.

** 입력식은 y=log_2 x이다.

❸ 대수창에 일차함수 $y=x$를 입력한다.

** 입력식은 y=x이다.

** 두 함수 $y=2^x$와 $y=\log_2 x$는 서로 역함수 관계에 있고, 직선 $y=x$에 대하여 대칭되는 함수이다.

❹ "점 [·A] "을 선택하고, 지수함수 $y=\log_2 x$ 위에 점 A를 그린다.

❺ "직선에 대하여 대칭 [N] "을 선택하고, 점 A와 직선 $y=x$를 차례대로 클릭한다.

** 점 A의 대칭점 A′이 만들어진다.

❻ "선분 [/] "을 선택하고, 선분 AA′을 그린다.

지수함수와 로그함수의 그래프가 직선 $y=x$에 대칭관계에 있음을 보여주는 방법은 매우 간단합니다. 위의 그림에서 마우스 왼쪽 버튼으로 점 A를 누른 채 드래그하면서 직선 $y=x$에 대한 대칭점 A′이 지수함수 $y=2^x$ 위에 있음을 보여주면 됩니다.

 **삼각방정식의 그래프**

삼각함수와 삼각방정식은 거의 모든 학생들이 어려워하는 수학 개념입니다. 특히 삼각방정식의 해를 삼각함수의 그래프로 해결하는 문제는 여간 어려운 것이 아닙니다. 지오지브라로 삼각함수나 삼각방정식의 그래프를 그려보면 공부에 많은 도움이 됩니다.

예를 들어, 삼각방정식 $\sin x - \cos x = 0$의 해를 구하는 문제를 생각해 보죠!

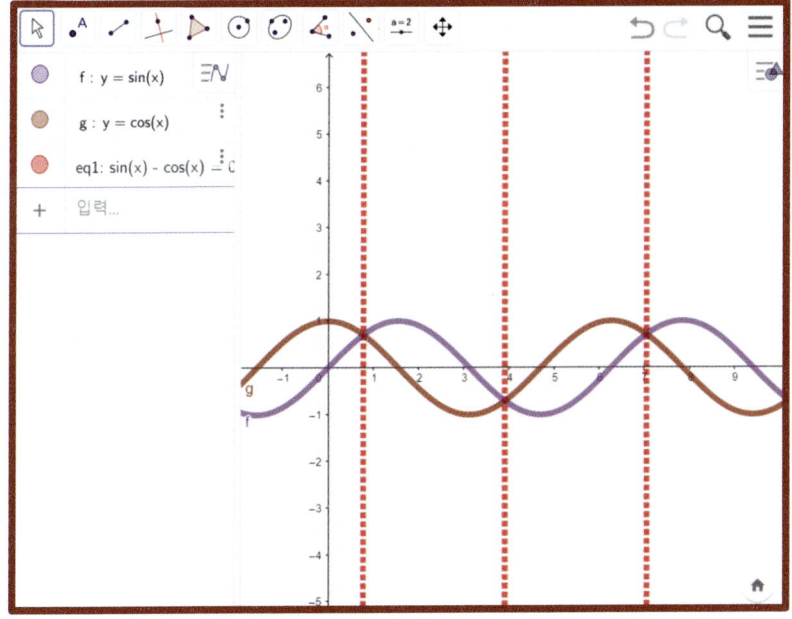

❶ 대수창에 y=sinx를 입력한다.

** **보라색** 그래프

❷ 대수창에 y=cosx를 입력한다.

** **갈색** 그래프

❸ 대수창에 sinx-cosx=0을 입력한다.

** **빨간색** 직선들

❹ "교점 ✕ "을 선택하고, $y = \sin x$, $y = \cos x$ 그래프의 교점을 만든다.

계속하여 삼각방정식의 해를 그래프로 나타내는 방법을 설명해 볼게요. 예를 들어, 삼각방정식 $x - x\sin x = 0$ 의 해는 어떤 의미를 가지고 있을까요?

이 질문의 답을 얻기 위해서는 삼각방정식 $x - x\sin x = 0$을 두 개의 함수로 변형해야 합니다.

방정식 $x - x\sin x = 0$**은**

$x = x\sin x$ **이므로**

두 함수 $y = x$**와** $y = x\sin x$**의 교점의** x**좌표입니다**.

따라서 두 함수의 그래프를 그리고, 그래프의 교점을 찾으면 되는 겁니다.

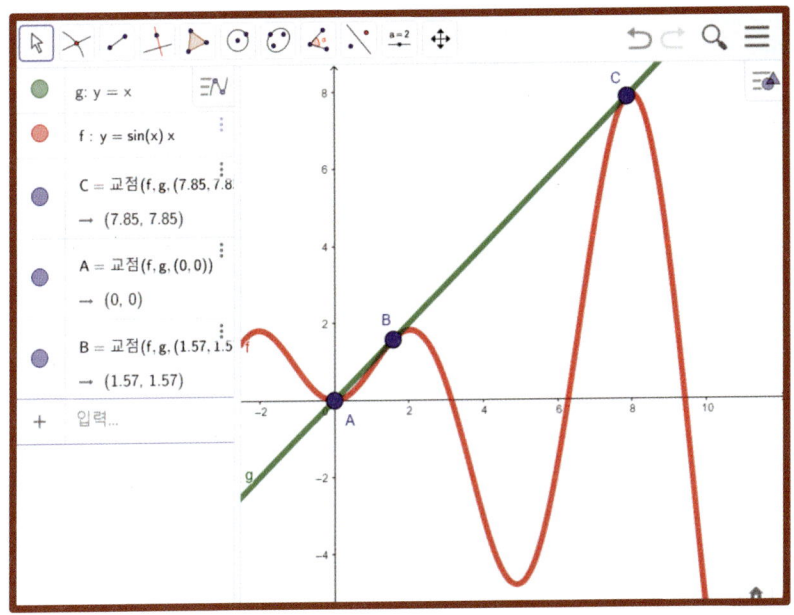

❶ 대수창에 두 함수 $y=x$, $y=\sin(x)\times x$를 입력한다.

❷ "교점 "을 선택하고, 두 함수를 차례대로 클릭하여 교점 A, B, C를 만든다.

❸ 삼각방정식의 해가 두 함수의 교점의 x좌표임을 확인한다.

[삼각방정식의 그래프]

합성함수의 그래프

지오지브라로 합성함수의 그래프도 그릴 수 있습니다. 단, 지오지브라처럼 두 함수 $f(x), g(x)$의 합성함수 $f(g(x))$꼴로는 나타낼 수 없습니다. 이 기능도 앞으로 개선될 것이라 기대합니다. 여기서는 두 함수 $y=\dfrac{1}{x^2}$과 $y=\sin x$의 합성함수 $y=\sin\left(\dfrac{1}{x^2}\right)$의 그래프를 그려보도록 하겠습니다.

[합성함수의 그래프]

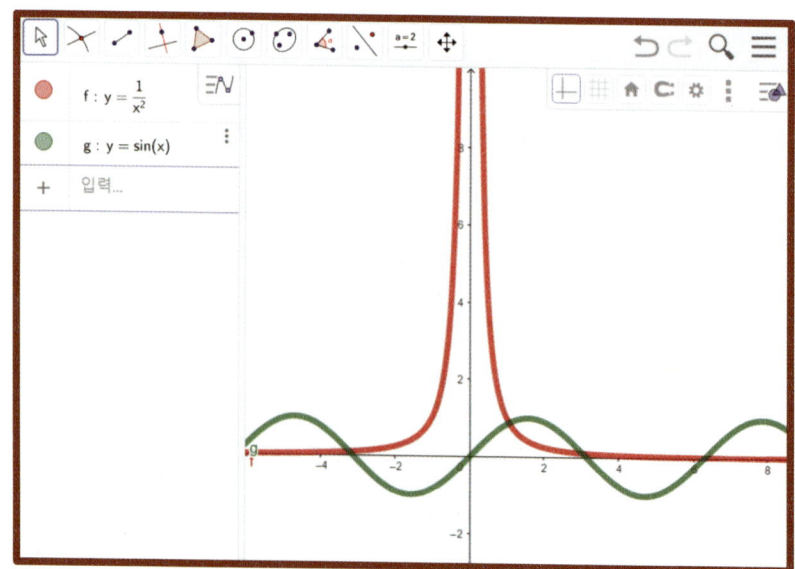

❶ 대수창에 y=1/x^2을 입력한다.

** **빨간색** 그래프

❷ 대수창에 y=sinx를 입력한다.

** **녹색** 그래프

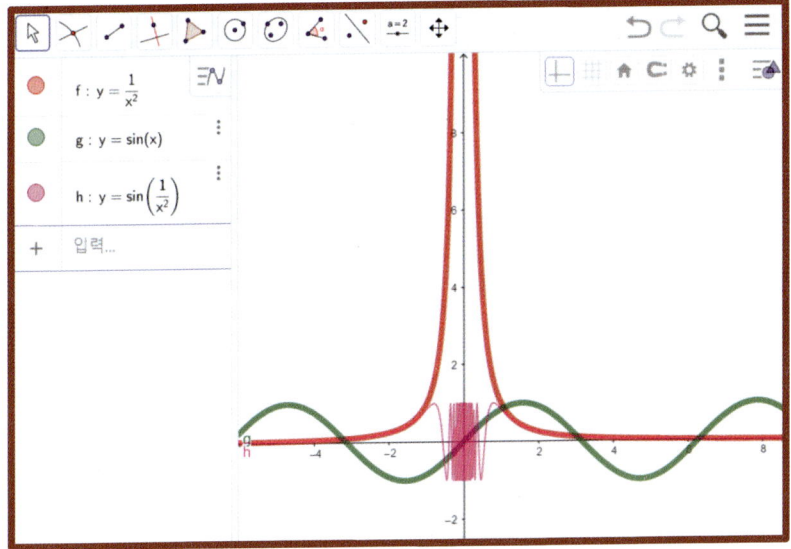

❸ 대수창에 y=sin(1/x^2)을 입력한다.

** **핑크색** 그래프

위 그림에서 보듯이 "지오지브라 클래식 6"을 이용하면 복합한 합성함수의 그래프도 매우 쉽고 간단하게 그릴 수 있습니다.

 **음함수의 그래프**

$y=f(x)$꼴의 그래프를 "양함수"라 하고, 양함수 꼴로 나타낼 수 없는 함수를 "음함수"라고 합니다.

[음함수의 그래프]

양함수의 그래프를 그리는 것도 어렵지만, 음함수의 그래프를 그리는 것은 더 어렵습니다. 지오지브라에서는 대수창에 음함수식을 입력하기만 하면 바로 그래프가 그려지는데요. 원의 방정식 $x^2+y^2=4^2$도 간단한 음함수라고 볼 수 있습니다

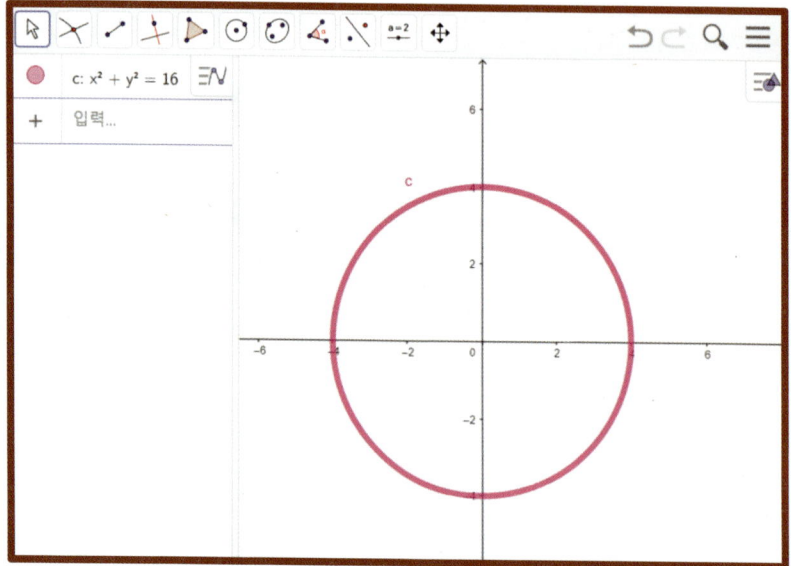

이번에는 좀 더 복잡한 음함수의 그래프를 그려보도록 하겠습니다. 음함수 $x^4+y^3-2xy=0$의 그래프를 그린다는 것은 정말 쉽지 않습니다. 복잡한 음함수를 공부할 때, 지오지브라로 그래프를 그려보면 많은 도움이 될 것입니다.

음함수 $x^4+y^3-2xy=0$의 그래프

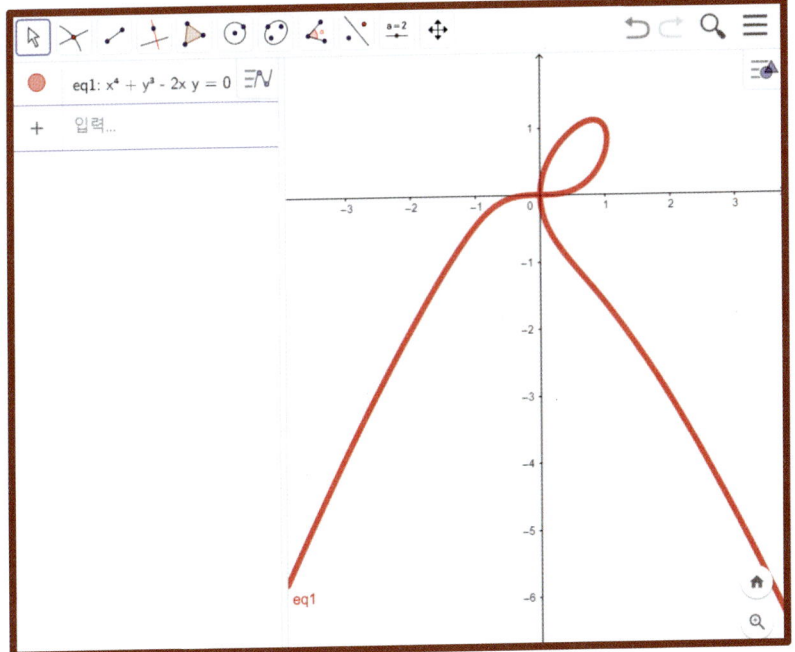

❶ 대수창에 x^4 +y^3 −2xy=0을 입력한다.

** **빨간색** 그래프

음함수의 그래프 중에 **"사랑 방정식"**으로 유명한 대수식이 있습니다. 음함수의 그래프 모양이 "하트"와 닮았기 때문인데요. 음함수를 그릴 때 사랑 방정식을 알려주면 학생들이 재밌어 합니다.

사랑 방정식 $(x^2+y^2-1)^3-x^2y^3=0$

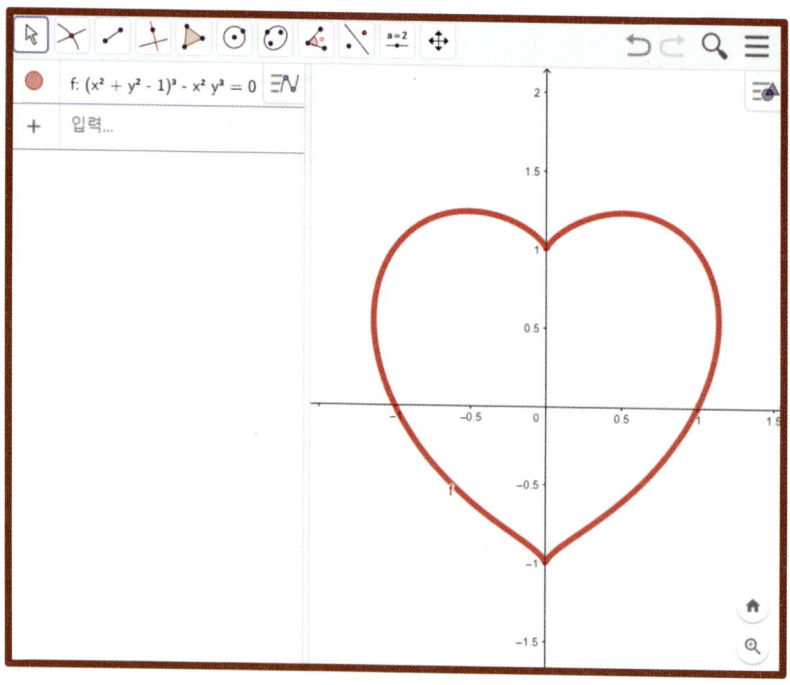

❶ 대수창에 (x^2 +y^2 −1)^3 −x^2 y^3 =0을 입력한다.
** **빨간색** 그래프

LESSON 04　극좌표

$r = \sin\theta$의 그래프

"지오지브라 클래식 6"에서는 직교좌표뿐만 아니라 극좌표를 사용할 수도 있습니다.

먼저 극좌표를 여는 방법을 알려드릴게요. 기하창 우측상단에 있는 "설정 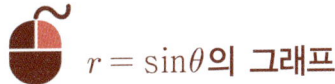"을 마우스 왼쪽 버튼으로 클릭하면 아래와 같은 하위 메뉴가 나타납니다.

여기서 "격자무늬 "를 클릭하면 다음과 같은 하위 메뉴를 볼 수 있는데요. 여기서 극좌표 를 선택하면 됩니다.

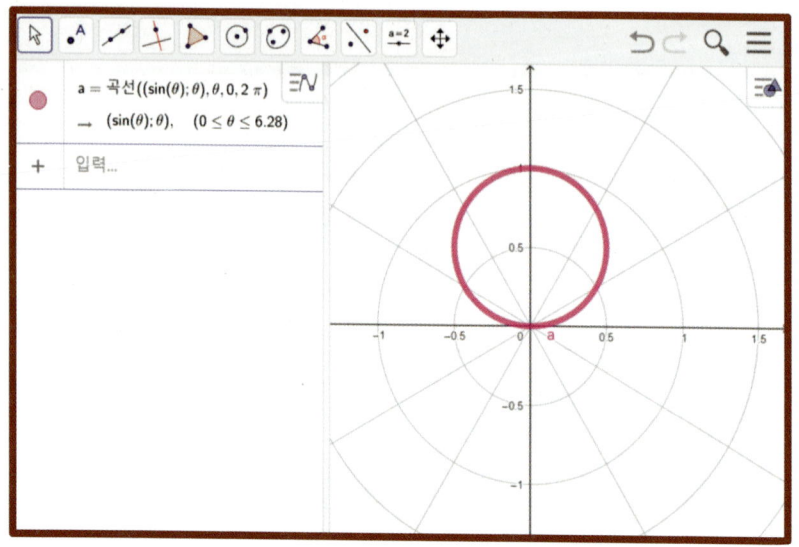

❶ "설정 " 도구에서 극좌표 를 선택한다.

❷ 대수창에 극좌표 방정식 $r = \sin\theta$를 입력한다.

** 극좌표 방정식 $r = \sin\theta$에서 θ의 범위는 자동적으로 $(0, 2\pi)$로 설정된다.

$r = \sin2\theta$의 그래프

"지오지브라 클래식 6"에서는 직교좌표나 극좌표에 상관없이 대수창에 정확한 방정식을 입력하는 것만으로도 방정식의 그래프가 그려집니다. 이번에는 극좌표 방정식을 조금 바꿔서 "$r = \sin2\theta$"를 그려볼게요.

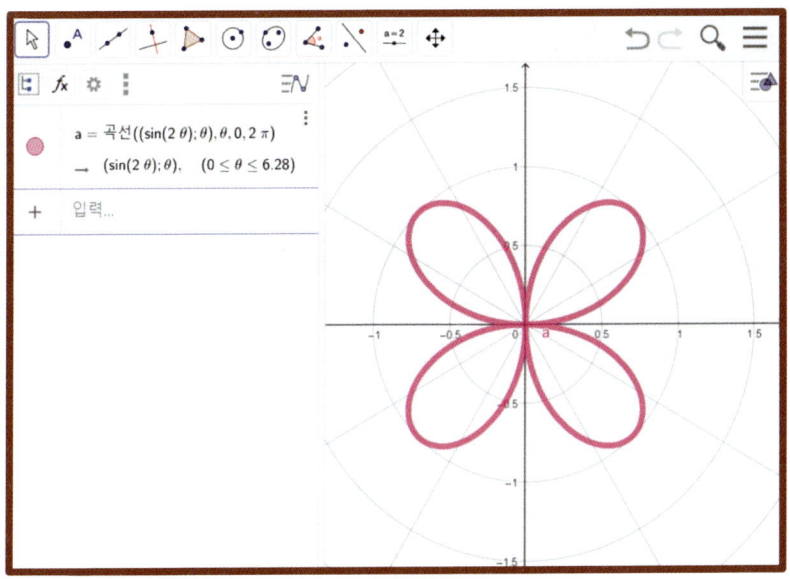

❶ 대수창에 극좌표 방정식 $r = \sin(2\theta)$를 입력한다.

** 대수창에는 "곡선(sin(2θ);θ), θ,0, 2π)"로 표시된다.

** θ의 범위는 자동적으로 (0, 2π)로 설정된다.

[극좌표 방정식]

 $r = 2(1-\cos\theta)$ / $r = \cos\left(\dfrac{\theta}{3}\right)$의 그래프

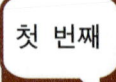 첫 번째

$r(\theta) = 2(1 - \cos\theta) \quad (0 \leqq \theta \leqq 2\pi)$

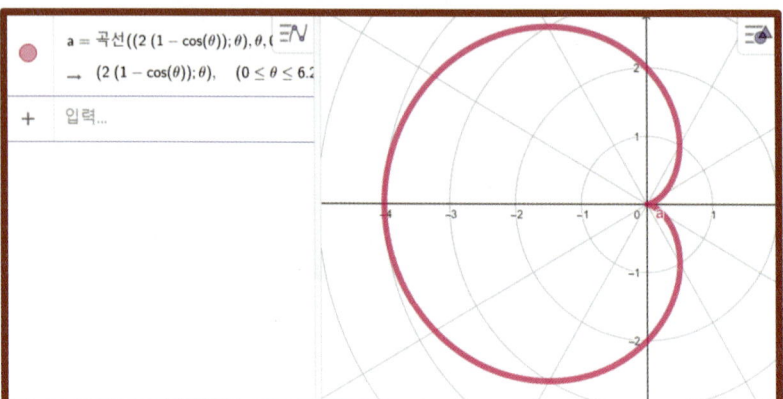

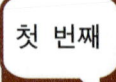 두 번째

$r(\theta) = \cos\left(\dfrac{\theta}{3}\right) \quad (0 \leqq \theta \leqq 4\pi)$

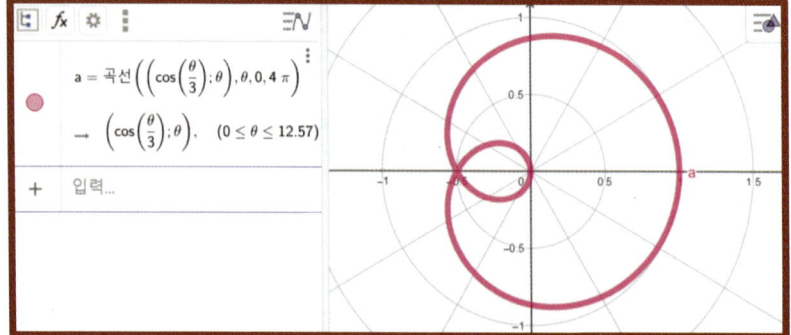